全国中级注册安全工程师职业资格

"魔冲鸭"魔题库

安全生产专业实务
(其他安全)

(2024版)

优路教育注册安全工程师考试研究中心　组编

机械工业出版社
CHINA MACHINE PRESS

本书是全国中级注册安全工程师职业资格考试的考前加油包，以模拟、冲刺、预测为主线，精选高频率考点，映射高质量考题，模拟考场氛围，激发考试灵感，预测考题精髓。

本书按照"章—专题"的结构编写，章下设"考纲要求"，统领本章内容，打好冲刺基础；"真题必刷"让考生熟悉常考考点及真题考法，"基础必刷"和"提升必刷"提升考生的实际应试能力。本书附赠精讲视频和精选题库，帮助考生掌握考试的重难点。

本书包含以下内容：机械安全技术、电气安全技术、特种设备安全技术、防火防爆安全技术、危险化学品安全基础知识、其他安全类案例专项。

本书可供注册安全工程师考生参考使用。

图书在版编目（CIP）数据

安全生产专业实务．其他安全：2024版/优路教育注册安全工程师考试研究中心组编．—北京：机械工业出版社，2024.4
全国中级注册安全工程师职业资格考试"魔冲鸭"魔题库
ISBN 978-7-111-75509-8

Ⅰ．①安… Ⅱ．①优… Ⅲ．①安全生产-生产管理-资格考试-习题集 Ⅳ．①X92-44

中国国家版本馆CIP数据核字（2024）第070801号

机械工业出版社（北京市百万庄大街22号　邮政编码100037）
策划编辑：汤　攀　　　　　责任编辑：汤　攀　刘　晨
责任校对：肖　琳　李小宝　　封面设计：张　静
责任印制：单爱军
保定市中画美凯印刷有限公司印刷
2024年4月第1版第1次印刷
184mm×260mm·13.5印张·304千字
标准书号：ISBN 978-7-111-75509-8
定价：49.00元

电话服务　　　　　　　网络服务
客服电话：010-88361066　机　工　官　网：www.cmpbook.com
　　　　　010-88379833　机　工　官　博：weibo.com/cmp1952
　　　　　010-68326294　金　书　网：www.golden-book.com
封底无防伪标均为盗版　机工教育服务网：www.cmpedu.com

前　言

注册安全工程师是指通过注册安全工程师职业资格考试，取得《中华人民共和国注册安全工程师职业资格证书》，并经注册的专业技术人员。注册安全工程师职业资格考试实行全国统一大纲、统一命题、统一组织的考试制度，原则上每年举行一次。

根据 2021 年 9 月 1 日起施行的《安全生产法》规定，矿山、金属冶炼、建筑施工、运输单位和危险物品的生产、经营、储存、装卸单位，应当设置安全生产管理机构或者配备专职安全生产管理人员。由此可见我国对安全生产的重视，同时也说明社会对注册安全工程师的需求将会越来越大。可以说，注册安全工程师是非常有前途的职业。

注册安全工程师级别设置为高级、中级、初级。其中，中级注册安全工程师的社会需求量大、报考人数较多，且考试难度较大，命题趋向于考查安全知识的实际应用。因此，在备考过程中，需要有针对性地刷题。刷题有两大好处：一是及时复习知识点，二是锻炼解题思维。基于此，优路教育注册安全工程师考试研究中心精心编写了本套丛书。

本书的特点如下：

1. 系统性强

本书根据考试大纲和历年考试情况，将各章节重难点编制成题，并附加两套截分试卷，让考生在学完章节知识点后，能够及时自测、查漏补缺，确保学习的系统性。

2. 实践性强

本书不仅提供了理论知识，还结合了实际案例，让考生在理解和掌握理论知识的同时，也能够提高解决实际问题的能力。

3. 易于理解

本书在解析的编写上参考了相关法律法规、规范及标准，语言通俗易懂，逻辑清晰明了，让考生能够轻松地理解和掌握知识点。

4. 高效实用

本书将历年经典真题分散编入各章节，使章节真题考查比例一目了然，模拟题由专业老师精心挑选和设计，能够帮助考生高效地复习，提高考试成绩。

本书是中级注册安全工程师考试的必备资料，无论是有一定基础的考生，还是初次参加考试的新手，只要认真学习、积极努力，就一定能够取得好成绩。

在此，我们要感谢所有参与本书编写的老师们，他们的辛勤工作和专业知识使得本书的内容更加丰富和准确。同时，我们也要感谢所有使用本书的考生，你们的支持和反馈是我们不断改进和完善的动力。

编者寄语:

很多人对"题海战术"很反感,然而对于这个题量的多少可以根据自己对知识的理解和能力来把控。从某种意义上讲,不盲目的"刷题"对学习是有好处的。虽然考高分需要一定的刷题量来支撑,但绝不是搞"题海战术",也不是盲目地做题,而是有针对性地做题、做高质量的题。正确地刷题能够帮助我们查缺补漏,找到知识盲点,不断地完善自身的知识框架。

希望大家在"刷题"中了解、掌握、巩固知识点,"刷"出自信,"刷"出好成绩,并最终顺利通过考试。

目录 CONTENTS

安全生产专业实务（其他安全）

用好点滴时间　破解每一个知识点

- 前言
- 应试指导 …………………………………………………（001）

(试题)(答案)

- **第1章　机械安全技术**
  - 真题必刷 …………………………………………（003）（144）
  - 基础必刷 …………………………………………（006）（145）
  - 提升必刷 …………………………………………（009）（147）

- **第2章　电气安全技术**
  - 真题必刷 …………………………………………（024）（153）
  - 基础必刷 …………………………………………（028）（155）
  - 提升必刷 …………………………………………（030）（156）

- **第3章　特种设备安全技术**
  - 真题必刷 …………………………………………（040）（159）
  - 基础必刷 …………………………………………（043）（160）
  - 提升必刷 …………………………………………（045）（161）

- **第4章　防火防爆安全技术**
  - 真题必刷 …………………………………………（050）（163）
  - 基础必刷 …………………………………………（052）（164）
  - 提升必刷 …………………………………………（054）（165）

- **第5章　危险化学品安全基础知识**
  - 真题必刷 …………………………………………（059）（167）
  - 基础必刷 …………………………………………（060）（167）
  - 提升必刷 …………………………………………（062）（169）

V

第6章　其他安全类案例专项

专题1　客观题专项练习

真题必刷 ……………………………………………………（064）（169）

模拟必刷 ……………………………………………………（069）（171）

专题2　主观题专项练习

真题必刷 ……………………………………………………（082）（175）

模拟必刷 ……………………………………………………（092）（179）

- 截分金题卷一………………………………………………………（127）（197）
- 截分金题卷二………………………………………………………（135）（203）

应试指导

考情概述

"安全生产专业实务其他安全"是注册安全工程师专业实务最特殊的一个类别。烟花爆竹、民用爆炸物品、石油天然气开采、燃气、电力、机械、食品等行业的都属于其他安全专业类别。导致其他安全涉及的行业广而杂。其他安全的教材中并无实际的知识点,而是52个案例,导致考生无法把握到重点,无形中增加了备考难度。从近几年的考试分析来看,专业实务选择题主要来自技术基础课程,考查的是考生的知识储备量。所以,技术基础的学习至关重要,但是,同样是学习技术基础,掌握程度不同,侧重点也不完全一致,技术基础考试注重"选出来",而其他安全考试更注重"写出来"。故,其他安全备考时,首要任务是结合大纲要求,掌握相应的知识点,需要在理解的基础上进行记忆。

考试题型

考试科目	考试时间	题型题量	满分	合格线
安全生产法律法规	2.5小时 (9:00—11:30)	单选题(70×1分) 多选题(15×2分)	100分	60分
安全生产管理	2.5小时 (14:00—16:30)	单选题(70×1分) 多选题(15×2分)	100分	60分
安全生产技术基础	2.5小时 (9:00—11:30)	单选题(70×1分) 多选题(15×2分)	100分	60分
安全生产专业实务 其他安全	2.5小时 (14:00—16:30)	单选题(20×1分) 案例题(10分+2×22分+26分)	100分	60分

题型解读

从考试题型表可以看出,"安全生产专业实务其他安全"科目考试的题型分为单选题和案例分析题。其中,案例分析题又分为主观题和客观题。

1. 填空型

填空型考题在历年考试中考查的频率比较高,对高频考点会重复考查,这类考题侧重对细节点的考查,看似以记忆为主,实则重在理解,且具有比较强的规律性。面对此类考题,考生在学习的时候就要注意对知识点进行重点标注、归纳总结。

2. 判断型

这种题型是考试的难点题型,需要考生对技术基础的专业概念、理论、规范有着深入而清醒的认识和理解。运用有关知识和工具对安全生产中出现的实际问题进行分析判断,以及进行合理有效的处理。这部分知识点需要考生借助专业人士或辅导老师深入浅出的讲解，在理解的基础上系统掌握，而不是机械地背诵或记忆。

3. 简答型

主要考查考生的记忆能力，考生在答题过程中凭借自己的记忆将内容呈现出来。这种题型大都比较简单，而且知识点考查面也比较窄，一般难度并不大。

4. 分析型

分析型的题目不会直接给考生提供解答依据，主要考查考生通过题干找到问题的突破口的能力。对于分析型的案例题，不仅要写出分析后的答案，还要将自己的分析过程写出来。这种题型稍微有些复杂，涉及的知识内容也相对较多。

5. 计算型

这种类型的题目要求考生不仅要会分析还要会计算，要在理解计算方法的前提下正确列式计算，同时保证计算结果正确。在回答计算型的题目时，要深入阅读题干，认真仔细地进行计算。此类题型一定要细心，以免因为计算错误而前功尽弃。

6. 综合型

综合型题目是考试中较为重要的题型，也是难度较高的题型。不仅案例背景复杂，涉及的内容也很多，一个题目中会涉及多个问题，而且这些问题一般并没有直接表现出来，而是需要考生自己找问题并解答。此类题型需要考生对知识点有深刻而清晰的认识和理解，能够站在实际工作的角度去考虑问题。

备考建议

1. 提炼总结，归纳知识点

注册安全工程师知识量巨大，想要一下全部掌握不太现实，也没有必要。因此，考生在备考时需要将常考的重点内容进行总结归纳，如有必要还可以购买一些课程，跟着老师系统地学习。当然，最重要的是各位考生需要通过自己的归纳，把知识点牢记于心。

2. 学练结合，以练促学

在备考过程中，建议考生勤于思考，灵活运用所学知识进行答题。在学完一个章节时配合必要的练习题进行学习就会加深对知识点的理解。此外，在做题的过程中，还要特别关注错题，结合本书给出的解析，对错误之处进行整理和分析。通过对错题的分析可以更加清晰地分辨易混淆的知识点。

3. 夯实基础，高效备考

备考要关注做题质量，不仅要多做题、做高质量的题，还要对每道题所涉及的考点做到心中有数，做到知其然并知其所以然，这样才能够夯实基础，提高做题正确率。对于不能理解的知识难点，可以建立专题专门攻克，收集同一考点的相似题型，再整理成一个题集，培养一套自己的学习方法，最后将自己的所有心得整理成笔记，定期地学习、回顾就可以攻克这些难点了。

第1章 机械安全技术

> 📢 **考纲要求**

运用机械安全相关技术和标准,辨识、分析、评价作业场所和作业过程中存在的机械安全风险,解决切削、冲压剪切、木工、铸造、锻造和其他机械安全技术问题。运用安全人机工程学理论和知识,解决人机结合的安全技术问题。

真题必刷

⏱ 建议用时 26′ 📖 答案 P144

考点 1 机械安全基础知识

1. [2023·单选] 车间安全通道是为了保证人员通行和安全运送材料,工作间设置的通道。所有通道应充分考虑人与物的合理流向以及物料输送的需要,并考虑紧急情况下便于疏散。下列加工车间人工运输通道宽度的设置中,错误的是(　　)。

A. 冷加工车间人工运输通道宽1.0m　　B. 锻造车间人工运输通道宽1.5m
C. 热处理车间人工运输通道宽2.0m　　D. 焊接车间人工运输通道宽2.5m

2. [2022·单选] 安全色是被赋予安全意义具有特殊属性的颜色,包括红、黄、蓝、绿四种,下列场景中安全色的使用,正确的是(　　)。

A. 临近洞口防护护栏——红色　　B. 消防水泵——黄色
C. 施工现场警告标志——蓝色　　D. 砂轮机启动按钮——绿色

3. [2021·单选] 听觉信号和视觉信号是信号警告的常用形式,视听信号的设计应遵循安全人机工程学原则。下列关于听觉信号和视觉信号的设计要求,正确的是(　　)。

A. 听觉信号强度在接收区内的任何位置应超过有效掩蔽阈值,且不应低于65dB
B. 视觉信号不应与听觉信号同时使用,以免分散受众注意力
C. 警告和紧急视觉信号的亮度应至少是背景亮度的5倍
D. 紧急视觉信号应为黄色,警告视觉信号应为红色

4. [2019·单选] 机械设备安全应考虑机械产品安全和机械使用安全两个阶段,每个阶段都应采取安全技术措施和安全管理措施消除或减小机械设备风险。下列机械设备安全措施中,不属于安全技术措施的是(　　)。

A. 机械零、构件连接紧固可靠　　B. 设计时避免出现锐边、尖角
C. 机械产品材料具有抗腐蚀功能　　D. 制订机械设备安全操作规程

5. [2019·单选] 实现本质安全,是预防机械伤害事故的治本之策。下列机械安全措施中,不属于机械本质安全措施的是(　　)。

A. 避免材料毒性
B. 事故急停装置
C. 采用安全电源
D. 机器的稳定性

考点 2　金属切削机床及砂轮机安全技术

1. [2023·单选] 紧急停止装置属于机床电气控制系统的安全措施,在紧急情况下可避免事故发生或减少事故伤害。下列关于紧急停止装置的说法,错误的是(　　)。

A. 每台机床的紧急停止装置应设置一个或数个
B. 机床的紧急停止装置形状应明显区别于一般开关
C. 紧急停止装置瞬时动作时,能终止机床一切运动
D. 紧急停止装置复位时,机床应启动运转

2. [2021·单选] 金属切削机床作业的主要风险是人员与可运动部件接触造成的机械伤害。当通过设计不能避免机械伤害时,应采取必要的安全防护措施。下列预防机械伤害的措施,正确的是(　　)。

A. 有惯性冲击的机动往复运动部件,应设置可靠的限位装置
B. 有行程距离要求的运动部件,应设置缓冲装置
C. 不允许同时运动的两个运动部件,其控制机构禁止联锁
D. 单向转动的运动部件,应在明显位置标出转动方向

3. [2020·单选] 为预防机械伤害事故发生,应设置必要的安全防护措施。下列机械安全防护措施中,正确的是(　　)。

A. 机床的操作平台离地面高度超过500mm时,应安装防坠落护栏
B. 机床的操作平台周围应设置高度不低于900mm的防护栏杆
C. 为避免头部受到挤压,冲压机开口最小间距为400mm
D. 为防止伤害指尖,冲压设备防护装置方形开口的安全距离不大于10mm

考点 3　冲压剪切机械安全技术

1. [2022·单选] 离合器和制动器是保证压力机正常工作不可缺少的操作控制器件,两者的动作必须密切配合、相互协调,离合器与制动器工作异常,会导致滑块运行失去控制,引发冲压事故。下列关于压力机离合器和制动器的说法,正确的是(　　)。

A. 大型和中型压力机离合器接合前,制动器必须处于制动状态
B. 压力机不工作时,离合器处于脱开状态,制动器处于不制动状态
C. 通常采用离合器-制动器组合结构,以提高两者间结合的可能性
D. 执行停机控制的瞬时动作时,离合器立即脱开,制动器立即接合

2. [2021·单选] 根据《剪切机械安全规程》(GB 6077),下列剪切设备的双手操作式安全控制装置设计,错误的是(   )。

A. 双手操作式安全控制装置配置一次行程一次停止的机构
B. 只有在双手同时操作两个控制按钮或两个操纵杆时,刀架才能动作
C. 在每一次行程中,只有操作者的双手都离开控制按钮或操纵杆,剪切设备才能再次启动
D. 双手操作式安全控制装置的两个控制按钮,设置在开关箱(或按钮盒)内,其按钮的顶端略高于该开关箱(或按钮盒)的表面

考点 4 铸造、锻造安全技术

1. [2023·单选] 锻造是金属压力加工的方法之一,是机械制造加工生产中的一个重要工艺,锻造车间的主要设备有锻锤、压力机、加热炉等。在锻造过程中存在的物理性危险和有害因素包括(   )。

A. 电危害、噪声、振动危害、高温物质、明火、运动物危害
B. 噪声、振动危害、高温物质、明火、电离辐射、运动物危害
C. 电危害、噪声、振动危害、高温物质、电离辐射、运动物危害
D. 电危害、噪声、振动危害、高温物质、明火、电离辐射

2. [2022·单选] 为降低铸造作业安全风险,应根据生产工艺水平、设备特点、厂房场地和厂房条件等,结合防尘防毒技术综合考虑工艺设备和生产流程的布局,下列铸造作业各工艺布置中,错误的是(   )。

A. 砂处理、清理工段宜用轻质材料或实体墙等设施与其他部分隔开
B. 造型、制芯工段应布置在全年最小频率风向的上风侧
C. 打磨、切割工序应布置在固定工位
D. 浇注机器的工序应设置避风天窗

3. [2021·单选] 锻造是金属压力加工的方法之一,属于机械制造的重要环节。某锻造工段主要设备有锻锤、压力机、电加热炉、天车等。根据《企业职工伤害事故分类》(GB 6441),该锻造工段可能发生的伤害事故类别是(   )。

A. 机械伤害、其他爆炸、起重伤害、触电、车辆伤害
B. 机械伤害、其他爆炸、起重伤害、灼烫、物体打击
C. 机械伤害、火灾、中毒窒息、灼烫、物体打击
D. 机械伤害、火灾、中毒窒息、触电、车辆伤害

考点 5 安全人机工程

1. [2023·单选] 作业场所色彩设计时,应考虑色彩的环境与作业安全、视觉工程之间的关系。下列关于作业场所色彩设计的要求,错误的是(   )。

A. 避免过多使用黑色、暗色或者深色
B. 避免过度使用反射性强的颜色

C. 控制台或工作台避免采用低对比度的颜色

D. 面对作业人员的墙壁避免采用高对比度的颜色

2. [2022·单选] 安全人机工程是应用人机工程学的理论和方法研究"人-机-环境"系统，并使三者在安全的基础上达到最佳匹配，在人机系统中，人始终处于核心地位并起主导作用，机器起保障作用。下列特性中，人优于机器的是（　　）。

A. 接收信息的通道数量　　　　　　B. 特定信息的反应能力

C. 信息传递和加工速度　　　　　　D. 信息响应和反应速度

3. [2020·单选] 在人机系统中，人始终处于核心并起主导作用，为避免事故发生，应研究人的生理和心理特性，疲劳是人生理特性的一种表现形式。下列减轻人疲劳的措施中，错误的是（　　）。

A. 铸造车间安排白班夜班轮班作业　　B. 肉鸡分割车间内播放音乐

C. 机加工车间保持合理的温湿度和照度　　D. 服装加工车间搭配作业环境色彩

4. [2019·单选] 室内作业WBGT指数（湿球黑球温度）中，自然湿球温度权重系数为0.7，黑球温度权重系数为0.3。甲车间体力劳动强度为Ⅱ级、接触时间率为75%，WBGT指数限值为29℃。某日，甲车间内的自然湿球温度为28℃，黑球温度为33℃，在维持劳动强度不变的情况下，甲车间应将员工接触时间率调整为（　　）。

A. 50%　　　　B. 55%　　　　C. 60%　　　　D. 65%

基础必刷

⏲ 建议用时25′　　　📄 答案P145

1. 机械安全防护措施包括防护装置、保护装置及其他补充保护措施。机械保护装置通过自身的结构功能限制或防止机器的某种危险，实现消除或减小风险的目的。下列用于机械安全防护措施的机械装置中，属于保护装置的是（　　）。

A. 活动式装置　　　　　　　　　　B. 限制装置

C. 金属防护罩　　　　　　　　　　D. 封闭式装置

2. 决定机械产品安全性的关键是设计阶段采用安全措施，还要通过使用阶段采用安全措施来最大限度减小风险。消除或减小相关的风险，应按照一定的等级顺序选择安全技术措施，即"三步法"。下列关于选择安全技术措施等级顺序，正确的是（　　）。

A. 直接安全技术措施→提示性安全技术措施→安全防护措施

B. 本质安全设计措施→间接安全技术措施→使用安全信息

C. 提示性安全技术措施→本质安全设计措施→间接安全技术措施

D. 使用安全信息→间接安全技术措施→直接安全技术措施

3. 机械的结构、零部件或软件的设计应该与机械执行的预定功能相匹配，避免由于设计缺陷而导致发生任何可预见的与机械设备的结构设计不合理的有关危险事件。下列选项中，不属于合理的结构型式的是( )。
A. 对环境的适应性 B. 足够的稳定性
C. 机器零部件形状 D. 运动机械部件相对位置设计

4. 本质安全工艺过程和本质安全动力源是指这种工艺过程和动力源自身是安全的。下列选项中，不属于使用本质安全的工艺过程和动力源的是( )。
A. 采用安全的电源 B. 采用全气动或全液压控制操纵机构
C. 采用易熔塞 D. 采用焊接代替铆接

5. 本质安全技术是指通过改变机器设计或工作特性,来消除危险或减小与危险相关的风险保护措施。下列选项中,不属于采用本质安全技术的是( )。
A. 控制系统的安全设计 B. 合理的结构型式
C. 材料和物质的安全性 D. 补充保护措施

6. 补充保护措施也称附加预防措施,是指在设计机器时,除了一般通过设计减小风险,采用安全防护措施和提供各种使用信息外,还应另外采取的有关安全措施。下列选项中,属于补充保护措施的是( )。
A. 锅炉设置安全阀 B. 天然气管道系统设置可燃气体探测报警器
C. 木材加工厂房设置自动喷水灭火系统 D. 带式输送机设置急停装置

7. 车间新置一台特大型机床,准备布置于生产车间内,车间内已有一台中型机床,布置时两台机床的最小安全距离是( )m。
A. 1.0 B. 1.3 C. 1.8 D. 2.0

8. 安全色和安全标志设置在工作场所和特定区域,使人们迅速注意到影响安全和健康的对象和场所,并使特定信息得到迅速理解。下列关于安全色的具体应用,说法正确的是( )。
A. 黄色:齿轮、皮带轮及其防护罩的内壁、防护栏杆
B. 蓝色:道路交通标志、标线中警告标志、危险信号旗
C. 绿色:避险处、安全通道、非动火区
D. 红色:消防设备标志、交通禁令标志、机械的停止按钮

9. 机械使用过程中的危险可能来自机械设备和工具自身、原材料、工艺方法和使用手段、人对机器的操作过程,以及机械所在场所和环境条件等多方面,可分为机械性危险和非机械性危险。下列关于非机械性危险的说法,错误的是( )。
A. 电气危险 B. 未履行安全人机工程学原则而产生的危险
C. 相对位置的危险 D. 材料和物质产生的危险

10. 我国国家标准综合考虑到作业时间和单项动作能量消耗,应用体力劳动强度指数将体力劳动强度分为Ⅰ、Ⅱ、Ⅲ、Ⅳ四级。体力劳动强度指数为15~20的级别为( )级。
A. Ⅰ B. Ⅱ C. Ⅲ D. Ⅳ

11. 造成劳动者疲劳的原因主要来自工作条件和作业者本身两方面的因素。下列情况中,属于作业者本身因素的是( )。
    A. 生产组织合理性   B. 技术熟练程度
    C. 机器设备条件   D. 工作环境照明情况

12. 为了满足机械制造生产场所的安全技术要求,其冷加工车间经常有叉车驶过的通道宽度应为( )。
    A. 2.5m   B. 3.0m   C. 3.5m   D. 1.8m

13. 砂轮机虽然结构简单,但使用概率高,一旦发生事故,后果严重,砂轮机属于危险性较大的生产设备。下列选项中,不属于砂轮机磨削加工危险因素的是( )。
    A. 物体打击   B. 机械伤害   C. 噪声伤害   D. 粉尘伤害

14. 体力劳动强度分级是中国制定的劳动保护工作科学管理的一项基础标准,也是确定体力劳动强度大小的依据。职业描述为割草属于体力劳动强度的( )级。
    A. Ⅰ   B. Ⅱ   C. Ⅲ   D. Ⅳ

15. 险情信号应与所用的其他所有信号明显区分,视觉险情信号中,下列关于警告视觉信号的颜色和紧急视觉信号的颜色的描述中,正确的是( )。
    A. 黄色;红色
    B. 橙黄色;红色
    C. 黄色或橙黄色;橙黄色
    D. 黄色或橙黄色;红色

16. 冲压机是危险性较大的设备,从劳动安全卫生角度看,冲压加工过程的危险有害因素来自机电、噪声、振动等方面。下列冲压机的危险有害因素中,危险性最大的是( )。
    A. 噪声伤害   B. 振动伤害   C. 机械伤害   D. 电击伤害

17. 疲劳是一种主观不适感觉,但客观上会在同等条件下,失去其完成原来所从事的正常活动或工作能力。下列不属于工作条件因素导致疲劳的是( )。
    A. 劳动内容单调   B. 作业时间过久
    C. 工作场地照明欠佳   D. 作业强度过大

18. 疲劳又称疲乏,是主观上一种疲乏无力的不适,有效地消除疲劳、避免事故发生就尤为重要。下列不属于消除疲劳的途径的是( )。
    A. 改善工作环境,科学地安排环境色彩、环境装饰及作业场所布局
    B. 通过改变操作内容、播放音乐等手段克服单调乏味的作业
    C. 在进行显示器和控制器设计时充分考虑人的生理、心理因素
    D. 增加作业时间,提高员工的薪酬待遇

19. 下列用于机械安全防护措施的机械装置中,不属于保护装置的是( )。
    A. 机械抑制装置   B. 固定装置
    C. 限制装置   D. 有源光电保护装置

20. 运动部件存在挤压危险和剪切危险时,应限定避免人体各部位受到伤害的最小安全距离,防止身体挤压的最小安全距离是( )mm。
   A. 500　　　　　　　B. 120　　　　　　　C. 300　　　　　　　D. 100

21. 安全标志分为禁止标志、警告标示、指令标志和提示标志四类,用于传递与安全及健康有关的特定信息或使某个对象或地点变得醒目。当有多个安全标志在一起设置时,应符合的顺序要求是( )。
   A. 禁止、警告、指令、提示
   B. 警告、禁止、指令、提示
   C. 提示、指令、警告、禁止
   D. 警告、禁止、提示、指令

22. 手动进料圆锯机作业过程中可能存在因木材反弹抛射而导致的打击伤害。此类打击伤害,下列安全防护装置中,手动进料圆锯机必须装设( )。
   A. 止逆器
   B. 压料装置
   C. 侧向挡板
   D. 分料刀

23. 劳动过程中,人体承受了肉体或精神上的负荷,受工作负荷的影响产生负担,负担随时间推移,不断地积累就将引发疲劳。下列选项中,不属于作业者本身的因素导致疲劳的是( )。
   A. 劳动环境缺乏安全感
   B. 劳动体位欠佳
   C. 劳动技能不熟练
   D. 劳动效果不佳

提升必刷

建议用时150′　　答案P147

1. 压力机是危险性较大的机械。下列关于压力机的操作控制系统安全保护要求的说法,错误的是( )。
   A. 操作控制系统包括离合器、制动器和脚踏或手操作装置
   B. 刚性离合器可以使滑块停止在行程的任意位置
   C. 制动器和离合器是操纵曲柄连杆机构的关键控制装置,离合器与制动器工作异常,会导致滑块运动失去控制,引发冲压事故
   D. 离合器及其控制系统应保证在气动、液压和电气失灵的情况下,离合器立即脱开,制动器立即制动

2. 使用信息由文本、文字、标记、信号、符号或图表等组成,以单独或联合使用的形式向使用者传递信息,用以指导使用者安全、合理、正确地使用机器,警示剩余风险和可能需要应对的机械危险事件。下列关于安全信息使用原则的说法,错误的是( )。
   A. 根据风险的大小和危险的性质可依次使用安全标志、安全色、警报器,直到警告信号
   B. 文字信息应采用使用机器的国家语言,图形符号和安全标志应优先于文字信息

C. 提示操作要求的信息应采用简洁形式,长期固定在所需的机器部位附近

D. 对于简单机器,一般只需提供有关标志和使用操作说明书

3. 作业现场生产设备应布局合理,各种安全防护装置及设施齐全,符合有关设备的安全卫生规程要求。下列说法正确的是(　　)。

A. 根据产生危害物质排放设备的特点与操作、维修要求,可采取整体密闭、局部密闭或设置在密闭室内的布置方法

B. 在重型机床高于0.5m的操作平台周围应设高度不低于1.0m的防护栏杆

C. 产生危害物质排放的设备在密闭后应设吸风罩

D. 需登高检查和维修的设备处当使用钢直梯时,钢直梯3.5m以上部分应设置安全护笼

4. 下列关于安全信息的使用原则的说法,错误的是(　　)。

A. 存在一定危险性的大型设备,只需提供有关的安全标志和相应的操作手册,在必要的情况下还应提供报警装置

B. 机器设备涂以醒目的安全色却不能取代防范事故的其他安全措施

C. 显示状态的信息应尽量与工序顺序一致,与机器运行同步出现

D. 文字信息应采用使用机器的国家语言

5. 双手操作式安全装置是压力机的安全保护装置的一种。下列关于双手操作式安全装置的技术要求的说法,错误的是(　　)。

A. 必须双手同时推按操纵器,离合器才能接合滑块下行程

B. 在滑块下行过程中,松开任一按钮,滑块立即停止下行程或超过下死点

C. 对于被中断的操作控制需要恢复以前,应先松开全部按钮,然后再次双手按压后才能恢复运行

D. 双手操作式安全装置的安全距离是指操纵器的按钮或手柄到压力机危险线的最长直线距离

6. 为了实现安全生产,各类工业企业采取了多项措施,主要的措施有:①冲压车间使用复合模、多工位连续模进行生产,减少作业人员的操作;②机械设计中齿轮、皮带轮、联轴器均使用防护罩进行防护;③原材料使用环保油漆代替含苯油漆;④在作业现场张贴各种警示标志。按照本质安全的原则,上面四种措施的优先顺序是(　　)。

A. ①→②→③→④　　　　　　　　B. ③→①→②→④

C. ③→①→④→②　　　　　　　　D. ④→③→②→①

7. 砂轮装置由砂轮、主轴、卡盘和防护罩共同组成。下列关于砂轮主轴与卡盘的安全要求的说法,错误的是(　　)。

A. 砂轮主轴端部螺纹应满足防松脱的紧固要求,其旋向须与砂轮工作时旋转方向一致

B. 主轴螺纹部分须延伸到紧固螺母的压紧面内,但不得超过砂轮最小厚度内孔长度的1/2

C. 一般用途的砂轮卡盘直径不得小于砂轮直径的1/3

D. 切断用砂轮的卡盘直径不得小于砂轮直径的1/4

8. 下列实现机械安全的途径与对策措施中,不属于本质安全措施的是(　　)。
   A. 通过加大运动部件的最小间距,使人体相应部位可以安全进入,或通过减少安全间距,使人体任何部位不能进入
   B. 系统的安全装置布置高度符合安全人机工程学原则
   C. 改革工艺,减少噪声振动,控制有害物质的排放
   D. 冲压设备的施压部件安设挡手板保证人员不受伤害

9. 下列关于锻压设备的说法,错误的是(　　)。
   A. 锻压机械的机架和突出部位不得有棱角
   B. 蓄力器应有安全阀,安全阀的重锤应位于明处
   C. 启动装置的结构和安装应能防止锻造设备意外开启或自动开启
   D. 外露的齿轮、摩擦、曲柄、皮带等传动机构有防护罩

10. 下列关于冷加工车间内通道宽度设置的说法,符合要求的是(　　)。
    A. 人工运输通道宽度为0.7~0.8m   B. 电瓶车单向行驶通道宽度为1.5m
    C. 电瓶车对开的通道宽度为3m   D. 叉车或汽车行驶的通道宽度为2.5m

11. 下列关于铸造作业中的浇注作业的安全措施中,错误的是(　　)。
    A. 浇注前检查浇包、升降机构、自锁机构、抬架是否完好
    B. 浇包盛铁水不得超过容积的90%
    C. 操作工穿戴好防护用品
    D. 现场有人统一指挥

12. 下列关于铸造车间建筑要求的说法中,错误的是(　　)。
    A. 熔化、浇铸区不得设置任何天窗
    B. 铸造车间应建在厂区中不释放有害物质的生产建筑物的下风侧
    C. 厂房平面布置在满足产量和工艺流程的前提下,应综合考虑建筑结构和防尘等要求
    D. 铸造车间除设计有局部通风装置外,还应利用天窗排风或设置屋顶通风器

13. 木工平刨刀具主轴转速高、手工送料等因素可构成安全隐患。下列关于木工平刨的设计和操作的说法中,错误的是(　　)。
    A. 应有紧急停机装置   B. 断电后,刀轴停止转动的时间无限制要求
    C. 刨床不带电金属部位应连接保护线   D. 刨削深度不得超过刨床产品规定的数值

14. 机械化、半机械化和全自动化控制的人机系统的安全性取决于各自系统的特性,其中对两类系统安全性均有影响的因素是(　　)。
    A. 人机功能分配的合理性   B. 机器的本质安全
    C. 人为失误状况   D. 机器闭环系统控制

15. 下列关于旋转的有辐轮、砂轮机、旋转的刀具危险部位保护的说法,错误的是(　　)。

    A. 当需要拆卸卷筒裁切机的刀片时,应使用特殊的卡具和手套来提供防护

    B. 当有辐轮附属于一个转动轴时,可以在手轮上安装一个弹簧离合器使轴能够自由转动

    C. 当有辐轮附属于一个转动轴时,可以利用一个金属盘片填充有辐轮来提供防护

    D. 无论是固定式砂轮机,还是手持式砂轮机,都应完全以密闭来提供保护

16. 皮带传动亦称"带传动",是机械传动的一种,由一根或几根皮带紧套在两个轮子(称为"皮带轮")上组成。两轮分别装在主动轴和从动轴上,利用皮带与两轮间的摩擦,以传递运动和动力。下列关于皮带传动安全知识的说法,错误的是(　　)。

    A. 皮带传动装置防护罩可采用金属骨架的防护网,与皮带的距离为 4.5cm

    B. 皮带轮中心距之间的距离为 2m 的皮带传动装置安装在距地面 2.5m 时,无须进行防护

    C. 皮带传动机构安装在距地面 2.5m 时,加设防护罩

    D. 皮带宽度为 50mm 的皮带传动装置安装在距地面 3m 时,无须进行防护

17. 下列关于锻压机安全要求的说法中,错误的是(　　)。

    A. 安全阀的重锤必须封在带锁的锤盒内

    B. 锻压机的机架和突出部分不得有棱角和毛刺

    C. 启动装置的结构应能防止锻压机械意外地开动或自动开动

    D. 较大型的空气锤或蒸汽—空气自由锤一般是自动操控的

18. 生产操作中,机械设备的运动部分是最危险的部位,尤其是那些操作人员易接触到的运动的零部件。下列关于机械危险部位及其安全防护措施的说法中,正确的是(　　)。

    A. 对于无凸起部分的光滑转动轴,一般是通过在光轴的暴露部分安装一个松散的、与轴具有 20mm 净距的护套来对其进行防护

    B. 当操作人员向牵引辊送入材料时,人们需要靠近这些转辊,其风险较大,一般采用钳形防护罩进行防护

    C. 暴露的齿轮应使用固定式防护罩进行全面的保护,且防护罩内壁应该涂成红色以便引起人们注意

    D. 辊轴交替驱动的辊式输送机应该在驱动轴的上游安装防护罩

19. 某企业在年度安全生产总结会上,各车间安全管理人员对 2020 年本企业发生的事故进行了讨论,并收到了以下整改方案:张某针对本年度冲压机锤头打崩伤人事故,提出来年应采用机械强度更好的锤头,使其满足强度、刚度、抗疲劳性和构件稳定性要求;王某针对剪板机伤人事故,提出应该增加光电保护装置;董某针对锅炉超压爆炸事故,提出应在设计阶段在烟道和炉膛处增设防爆门;靳某针对某些触电事故,提出应当在保证工作的前提下使用安全电源。上述四人的观点不属于本质安全设计措施的是(　　)。

    A. 张某　　　　B. 王某　　　　C. 董某　　　　D. 靳某

20. 防护装置可以单独使用,也可与带或不带防护锁定的联锁装置结合使用。下列关于防护装置类型的说法,错误的是(　　)。

   A. 固定式防护装置不用工具不能将其打开或拆除
   B. 联锁防护装置的开闭状态直接与防护的危险状态相联锁,在危险机器功能执行过程中,只要防护装置被打开,就给出停机指令
   C. 防护装置应设计为封闭式,将危险区全部封闭,人员从任何地方都无法进入危险区
   D. 活动式防护装置通过机械方法与机器的构架或邻近的固定元件相连接,并且不用工具就可打开

21. 生产场所的通道包括厂区主干道和车间安全通道。所有通道应充分考虑人和物的合理流向和物料输送的需要,并考虑紧急情况下便于撤离。下列关于生产场所通道的安全技术要求的说法,错误的是(　　)。

   A. 主要生产区、仓库区、动力区的道路,应环形布置
   B. 机床之间的次要通道宽度一般不应小于0.8m
   C. 厂房大门净宽度应比最大运输件宽度大0.6m
   D. 主要人流与货流通道的出入口数量不少于2个

22. 选择安全防护装置的形式应考虑所涉及的机械危险和其他非机械危险,根据运动件的性质和人员进入危险区的需要来决定。下列关于防护装置选择原则的说法,错误的是(　　)。

   A. 机械正常运转时需要进入危险区的场合,当需要进入危险区的次数较多,可采用联锁装置
   B. 在对机器设备查找故障需进入危险区的场合,应优先采用自动控制模式
   C. 在某些特定情况下,存在需要多个安全防护装置联合使用的可能性
   D. 机械正常运行期间不需要操作者进入危险区的场合,可选用固定式防护装置进行相应保护

23. 信号的功能是提醒注意、显示运行状态、警告可能发生故障或出现险情(包括人身伤害或设备事故风险)先兆,要求人们做出排除或控制险情反应的信号。险情信号的基本属性是使信号接收区内的任何人都能察觉、辨认信号并做出反应。下列关于信号和警告装置安全技术要求的说法,正确的是(　　)。

   A. 紧急视觉信号应使用常亮信号灯,以吸引注意并产生紧迫感
   B. 任何险情信号应优先于其他所有视听信号
   C. 紧急视觉信号亮度应至少是背景亮度的5倍
   D. 险情信号宜设置于远离潜在危险源的适当位置

24. 砂轮防护罩是砂轮装置的重要部件之一。下列关于砂轮防护罩的安全要求的说法,错误的是(　　)。

   A. 托架台面与砂轮主轴中心线等高,托架与砂轮圆周表面间隙应小于5mm
   B. 防护罩上方可调护板与砂轮圆周表面间隙应可调整至6mm以下

C. 在砂轮安装轴水平面的上方,在任何情况下防护罩开口角度都应不大于65°

D. 使用砂轮安装轴水平面以下砂轮部分加工时,防护罩开口角度可以增大到125°

25. 厂区主干道是指汽车通行的道路,是保证厂内车辆行驶、人员流动以及消防灭火、救灾的主要通道;车间安全通道是指为了保证职工通行和安全运送材料、工件而设置的通道。下列关于厂区通道安全技术要求的说法中,正确的是(　　)。

A. 道路上部管架和栈桥等,在干道上的净高不得小于4.5m

B. 车间横向主要通道的宽度不应小于1000mm

C. 厂房大门净宽度应比最大运输件宽度大600mm,比净高度大300mm

D. 冷加工车间人工运输通道最窄为0.5m

26. 车间的机床设备布置应合理,各设备之间、管线之间,以及设备、管线与厂房、建筑物的墙壁之间的距离,应符合有关设计和建筑规范要求。下列关于机床布置的最小安全距离,错误的是(　　)。

A. 中型机床操作面间距1.3m　　B. 小型机床操作面离墙柱间距1.3m

C. 大型机床后面离墙柱间距0.8m　　D. 特大型机床侧面离柱间距1.0m

27. 在人机系统中,人与机器之间存在着信息回路。下列关于人机系统类型的说法,错误的是(　　)。

A. 自动化系统的安全性主要取决于机器的本质安全性、人机功能分配的合理性以及人处于低负荷时的应急反应变差等情形

B. 在自动化系统中,则以机为主体,人只是一个监视者和管理者,监视自动化机器的工作

C. 人机系统按系统中人机结合的方式可分为人机串联系统、人机并联系统和人机串联、并联混合系统等类型

D. 人机系统按有无反馈控制可分为闭环人机系统和开环人机系统两类

28. 作业场所主要是指从事加工、生产、物流、配送等职业活动的场所。下列关于作业场所地面的安全技术要求的说法,错误的是(　　)。

A. 在落地电柜箱、消防器材的前面,不得用其他物品遮挡禁止阻塞线

B. 在凸出于地面高差300mm以上的障碍物上设置防止踏空线

C. 在工作地周围地面上,不允许存放与生产无关的物料

D. 作业场所存在坑、沟、池,应设置可靠的盖板或护栏

29. 某大型跨省集团下设甲、乙、丙、丁四个分公司,为扩大生产,四家分公司同时购进不同类型的机床。现已知甲公司购置的全部是最大外形尺寸为5m的机床;丙公司购买的全部是最大外形尺寸为11m的机床;丁公司购买的全部是质量为20t的机床;乙公司购买的全部是质量为50t的机床。下列关于四个公司机床布置的说法,符合相关安全技术要求的是(　　)。

A. 甲公司机床操作面间距为1.0m

B. 乙公司机床操作面离墙柱间距2.0m

C. 丙公司机床后面、侧面离墙柱间距为 0.8m

D. 丁公司机床操作面离墙柱间距为 1.5m

30. 作业现场生产设备应布局合理,各种安全防护装置及设施齐全,符合有关设备的安全卫生规程要求。下列关于作业现场安全防护技术措施的说法中,正确的是(　　)。

A. 重型机床高于 500mm 的操作平台周围应设高度不低于 1200mm 防护栏杆

B. 需登高检查和维修的设备处宜设钢梯;当采用钢直梯时,钢直梯 3m 以上部分应设安全护笼

C. 成垛堆放生产物料应堆垛稳固,堆垛高度不应超过 2m,且高与底边长之比不应大于 3

D. 原材料白班存放量应为每班加工量的 2.5 倍,夜班存放量应为加工量的 1.5 倍

31. 砂轮机虽然结构简单,但使用概率高,一旦发生事故,后果严重。砂轮机属于危险性较大的生产设备,其安全防护的重点是砂轮,砂轮的安全与砂轮装置各组成部分的安全技术措施直接相关。下列砂轮机各组成部分,满足安全技术要求的是(　　)。

A. 一般用途的砂轮卡盘直径不得小于砂轮直径的 1/4

B. 卡盘与砂轮侧面的非接触部分应有不小于 2mm 的足够间隙

C. 使用砂轮安装轴水平面以下砂轮部分加工时,防护罩开口角度可以增大到 125°

D. 当砂轮磨损时,砂轮的圆周表面与防护罩可调护板之间的距离应不大于 2mm

32. 砂轮卡盘是砂轮装置的重要组成部分之一,它的安全对砂轮装置至关重要。下列关于砂轮卡盘的安全技术要求的说法,错误的是(　　)。

A. 一般用途的砂轮卡盘直径不得小于砂轮直径的 1/3

B. 卡盘与砂轮侧面的非接触部分应有不小于 1.0mm 的足够间隙

C. 卡盘结构应均匀平衡,各表面平滑无锐棱,夹紧装配后,与砂轮接触的环形压紧面应平整、不得翘曲

D. 切断用砂轮的卡盘直径不得小于砂轮直径的 1/4

33. 砂轮主轴的安全要求对砂轮装置整体的安全起到无可替代的作用。下列关于砂轮主轴的安全要求的说法,错误的是(　　)。

A. 砂轮机应标明砂轮的旋转方向

B. 主轴螺纹部分须延伸到紧固螺母的压紧面内,但不得超过砂轮最小厚度内孔长度的 1/2

C. 砂轮主轴端部螺纹应满足防松脱的紧固要求,其旋向须与砂轮工作时旋转方向相反

D. 主轴端部螺纹应足够长,切实保证一半的螺母旋入压紧

34. 砂轮防护罩属于砂轮装置的重要组成部件。下列关于砂轮防护罩的技术要求的说法,错误的是(　　)。

A. 砂轮防护罩的总开口角度应不大于 90°

B. 防护罩上方可调护板与砂轮圆周表面间隔应可调整至 6mm 以下

C. 在砂轮安装轴水平面的下方,在任何情况下防护罩开口角度都应不大于 65°

D. 使用砂轮安装轴水平面以下砂轮部分加工时,防护罩开口角度可以增大到 125°

35. 砂轮机是装有砂轮的、结构简单的电动机械装置。下列关于砂轮机的安全技术要求的说法，错误的是(　　)。

    A. 砂轮主轴螺纹部分须延伸到紧固螺母的压紧面内，但不得超过砂轮最小厚度内孔长度的1/2

    B. 防护罩上方可调护板与砂轮圆周表面间隙应可调整至6mm以下

    C. 砂轮可双向旋转，在砂轮机的明显位置上应标有砂轮旋转方向

    D. 电源接线端子与保持接地端之间的绝缘电阻值不应小于1MΩ

36. 砂轮机的使用安全，常常是金属加工安全的重中之重。下列关于砂轮机的使用安全要求的说法，错误的是(　　)。

    A. 操作砂轮机时，在任何情况下都不允许超过砂轮的最高工作速度

    B. 操作砂轮机时，应使用砂轮的圆周表面进行磨削作业，不宜使用侧面进行磨削

    C. 操作砂轮机时，操作者都应站在砂轮的正面位置，不得站在斜前位置

    D. 禁止多人共用一台砂轮机同时操作

37. 压力机的操作控制系统是压力机常出现安全隐患的系统之一。下列关于压力机的操作控制系统的安全保护要求的说法，错误的是(　　)。

    A. 摩擦离合器不能使滑块停止在行程的任意位置，只能使滑块停止在上死点

    B. 脚踏操作与双手操作应具有联锁控制

    C. 制动器和离合器是操纵曲柄连杆机构的关键控制装置，离合器与制动器工作异常，会导致滑块运动失去控制，引发冲压事故

    D. 离合器及其控制系统应保证在气动、液压和电气失灵的情况下，离合器立即脱开，制动器立即制动

38. 砂轮机是借助砂轮的切削作用，除去工件表面的多余层，使工件结构尺寸和表面质量达到预定要求的机械设备。下列关于砂轮机使用安全技术要求的说法中，正确的是(　　)。

    A. 对于没有标记，无法确认砂轮特性的砂轮，需经过技术人员检验无缺陷后，方可使用

    B. 新砂轮、经第一次修整的砂轮以及发现运转不平衡的砂轮都应做平衡试验

    C. 应使用砂轮侧面进行磨削作业，不宜使用圆周表面进行磨削

    D. 多人共用一台砂轮机同时操作时，应保证每位操作者均站在砂轮的斜前方位置

39. 铸造作为一种金属热加工工艺，是将熔融金属浇注、压射或吸入铸型型腔中，待其凝固后而得到一定形状和性能铸件的方法。下列关于铸造工艺的危险有害因素和安全技术措施的说法中，正确的是(　　)。

    A. 利用焦炭熔化金属，以及铸型、浇包、砂芯干燥和浇铸过程中都会产生大量一氧化碳气体

    B. 浇包盛铁水不得太满，不得超过容积的75%，以免洒出伤人

    C. 造型、落砂、清砂、打磨、切割、焊补等工序宜固定作业工位或场地，以方便采取防尘措施

    D. 颚式破碎机上部直接给料，落差小于2m时，可只做密闭罩而不排风

第1章 机械安全技术

40. 张某、王某、董某、靳某为某工厂的四名员工,已知该工厂正常工作时间为8h,张某每日工作中需要用2h操作仪器并打字记录;王某每日工作中需要用4h操作风动工具;董某每日工作中需要用8h锤锻工件;靳某每日工作中需要用6h进行大强度挖掘工作。根据工作场所不同体力劳动强度WBGT限值,下列说法中正确的是(　　)。
    A. 张某的体力劳动强度限值为33℃　　　　B. 王某的体力劳动强度限值为29℃
    C. 董某的体力劳动强度限值为28℃　　　　D. 靳某的体力劳动强度限值为25℃

41. 操作控制系统是压力机的主要工作系统之一。下列关于压力机的操作控制系统的安全技术要求的说法,错误的是(　　)。
    A. 摩擦离合器借助摩擦副的摩擦力来传递转矩,结合平稳,冲击和噪声小,可使滑块停止在行程的任意位置
    B. 禁止在机械压力机上使用带式制动器来停止滑块
    C. 制动器和离合器应保证任一零件的失效,不能使其他零件快速产生危险的联锁失效
    D. 操作控制系统中的重要控制装置可优先于该系统的急停按钮停止动作

42. 双手操作式安全装置的工作原理是将滑块的下行程运动与对双手的限制联系起来,强制操作者必须双手同时推按操纵器,滑块才向下运动。下列关于双手操作式安全装置的安全要求的说法,错误的是(　　)。
    A. 两个操纵器的内缘装配距离至少相隔260mm
    B. 双手操作式安全装置不但可以保护使用该装置的操作者,还可以保护周围其他人员的安全
    C. 对于被中断的操作控制需要恢复以前,应先松开全部按钮,然后再次双手按压后才能恢复运行
    D. 为防止意外触动,双手操作式安全装置的按钮不得凸出台面或加以遮盖

43. 剪板机属于压力机械中的一种,由墙板、工作台和运动的刀架组成。下列关于剪板机的安全要求的说法,错误的是(　　)。
    A. 剪板机选择单次循环模式后,即使控制装置持续有效,刀架和压料脚也只能工作一个行程
    B. 安装在刀架上的刀片应固定可靠,不能仅靠摩擦安装固定
    C. 剪板机上必须设置紧急停止按钮,一般应在剪板机的前面和后面选择性设置
    D. 剪板机上的所有紧固件应紧固,并应采取防松措施以免引起伤害

44. 下列关于砂轮机操作要求的说法中,错误的是(　　)。
    A. 禁止侧面磨削　　　　　　　　　　B. 不允许超过砂轮的最高工作速度
    C. 不允许多人共同操作　　　　　　　D. 不许站在砂轮正面操作

45. 剪板机属于危险性大的机械,剪板机的安全防护装置就尤为重要。下列关于剪板机的安全防护装置技术要求的说法,错误的是(　　)。
    A. 不带防护锁的联锁防护装置应安装在操作者伤害发生前且没有足够时间进入危险区域的位置
    B. 光电保护装置的复位装置应放置在可以清楚观察危险区域的位置,每一个检测区域严禁安装多个复位装置

C. 光电保护装置应确保既可从光电保护装置的检测区进入危险区,又可从其他区域进入危险区

D. 固定式防护装置应可防止进入刀口和压料装置构成的危险区域

46. 吴某为某肉禽加工企业员工,因感觉自己从事的肉鸡分离工作较为无聊,经常出错。为使其克服心理疲劳,该工厂推行了一系列措施。下列措施中不能消除疲劳的是(　　)。

A. 在车间播放音乐克服单调乏味的作业

B. 避免超负荷的体力劳动,合理安排作息时间

C. 改善工作环境,科学地安排环境色彩、环境装饰及作业场所布局

D. 张贴警示标志及罚款措施

47. 铸造作为一种金属热加工工艺,其中涉及的设备包括砂处理设备、造型机、造芯机、金属冶炼设备等。部分设备在运行过程中会产生大量的粉尘,若不加以处理易造成尘肺等职业病。下列关于除尘、通风措施,应用错误的是(　　)。

A. 炼钢电弧炉的烟气净化设备宜采用干式高效除尘器

B. 当冲天炉粉尘的排放浓度在 400~600mg/m³ 时,最好利用自然通风和喷淋装置进行排烟净化

C. 铸造车间除设计有局部通风装置外,还应利用天窗排风或设置屋顶通风器

D. 颚式破碎机上部,直接给料,落差小于 1m 时,可只做排风而不用密闭罩

48. 人与机械设备在不同的工作上能够发挥各自不同的优势,因此,根据人的特性和机器的特性安排不同的工作,有助于整体工作效率的提高。下列关于人机设备优势的对比中,说法错误的是(　　)。

A. 机器对处理液体、气体和粉状体等比人优越,但处理柔软物体不如人

B. 人不能长期大量储存信息

C. 机器运行的精度高,现代机器能做极高精度的精细工作

D. 机器在做精细的调整方面,多数情况下不如人手,难作精细的调整

49. 木材加工是指通过刀具切割破坏木材纤维之间的联系,从而改变木料形状、尺寸和表面质量的加工工艺过程。下列关于木工机械的安全技术措施的说法,错误的是(　　)。

A. 在木工机械的每一操作位置上应装有使机床相应的危险运动件停止的操纵装置

B. 机床的结构应具备将其固定在地面、台面或其他稳定结构上的措施

C. 刀具主轴的惯性在运转过程中存在与刀具的接触危险,则应装配一个自动制动器,使刀具主轴在小于 15s 的足够短的时间内停止运动

D. 对于手推工件进给的机床,工件的加工必须通过工作台、导向板等来支撑和定位

50. 手工推压木料从高速运转的刀轴上方通过,是木工平刨床最大的危险。下列关于木工平刨床的作业平台的说法,错误的是(　　)。

A. 导向板和升降机构应能自锁或被锁紧,防止受力后其位置自行变化引起危险

B. 安装后的工作台面离地面高度应为 750~800mm

C. 工作台机身外形采用圆角和圆滑曲面,避免利棱锐角

D. 工作台的开口量应尽量小,使刀轴外露区域小,可以降低机床的动力噪声

第1章 机械安全技术

51. 木工平刨床常见伤害是刨刀割手事故,下列关于木工刨床中刨刀轴的说法,错误的是(　　)
    A. 组装后的刨刀片径向伸出量不得大于1.5mm
    B. 刀体上的装刀梯形槽应上底在外,下底靠近圆心,组装后的刀模应为封闭型或半封闭型
    C. 刀轴必须是装配圆柱形结构,严禁使用方形刀轴
    D. 通过刀具零件的结构和形状可靠固定,保证夹紧后在运转中不得松动或刀片发生径向滑移

52. 下列针对砂轮主轴和卡盘的安全要求中,错误的是(　　)。
    A. 卡盘与砂轮侧面的非接触部分应有不小于1.5mm的间隙
    B. 切断用砂轮的卡盘直径不得小于砂轮直径的1/4
    C. 砂轮主轴螺纹旋向与砂轮工作时旋转方向相同
    D. 主轴螺纹部分延伸到紧固螺母的压紧面内,但不得超过砂轮最小厚度内孔长度的1/2

53. 砂轮机是一种机械加工磨具,在多个行业都有应用。下列关于砂轮机的安全要求的说法,错误的是(　　)。
    A. 砂轮磨损时,砂轮的圆周表面与防护罩可调护板之间的距离应不大于1.6mm
    B. 防护罩上方可调护板与砂轮圆周表面间隙应可调整至6mm以下
    C. 带除尘装置的砂轮机的粉尘浓度不应超过10mg/m³
    D. 电源接线端子与保持接地端之间的绝缘电阻值不应小于4MΩ

54. 平刨床操作危险区必须设置安全防护装置。下列关于平刨床的加工区安全防护装置的说法,错误的是(　　)。
    A. 非工作状态下,防护罩必须在工作台面全宽度上盖住刀轴
    B. 整体护罩应能承受1kN径向压力
    C. 刨削时,应打开与工件等宽的相应刀轴部分,若安全措施到位,其余的刀轴部分可不被遮盖
    D. 装置不得涂耀眼颜色,不得反射光泽

55. 带锯机是以一条开出锯齿的无端头的带状锯条为刀具,锯条由高速回转的上、下锯轮带动,实现直线纵向剖解木材的木工机械。下列关于带锯机的安全技术的说法,错误的是(　　)。
    A. 严格控制带锯条的横向裂纹,裂纹超长应切断重新焊接
    B. 带锯条的锯齿应锋利,齿深不得超过锯宽的1/3
    C. 锯条焊接应牢固平整,接头不得超过3个
    D. 启动按钮应设置在能够确认锯条位置状态、便于调整锯条的位置上

56. 锯条的切割伤害是带锯机的主要危险因素。下列关于带锯机的安全要求的说法,错误的是(　　)。
    A. 锯轮、主运动的带轮应做强度试验
    B. 在空运转条件下,带锯机床噪声最大声压级不得超过90dB(A)
    C. 上锯轮处于最高位置时,其上踏与防护罩内衬表面应有不小于100mm的足够间隔
    D. 上锯轮内衬应有缓冲材料

57. 圆锯机是以圆锯片对木材进行锯切加工的机械设备。下列关于圆锯机的安全要求的说法，错误的是（　　）。

    A. 锯片的切割伤害、木材的反弹抛射打击伤害是主要危险

    B. 手动进料圆锯机可装有分料刀

    C. 自动进料圆锯机须装有止逆器、压料装置和侧向防护挡板，送料辊应设防护罩

    D. 锯片装配在工作台下方的水平安装的锯轴上

58. 圆锯机按照加工产品可分为金属圆锯机和木工圆锯机。下列关于圆锯机的锯片与锯轴的说法，错误的是（　　）。

    A. 锯轴的额定转速不得超过圆锯片的最大允许转速

    B. 转动时，锯片与法兰盘之间不得出现相对滑动

    C. 锯片与法兰盘应与锯轴的旋转中心线垂直，防止锯片旋转时的摆动

    D. 圆锯片连续断裂3齿或出现裂纹时应停止使用，圆锯片有裂纹不允许修复使用

59. 下列关于机床的基本防护措施的说法中，错误的是（　　）。

    A. 当可能坠落的高度超过500mm时，应安装防护栏及防护板等

    B. 夹持装置应确保不会使工件、刀具坠落或甩出

    C. 手工清除废屑，应用专用工具，当工具无法企及废屑时，严禁手抠嘴吹

    D. 金属切削机床应有有效的除尘装置，机床附近的粉尘浓度不超过$15mg/m^3$

60. 皮带传动的危险出现在皮带接头及皮带进入到皮带轮的部位，通常采用金属骨架防护网进行防护，下列皮带传动系统的防护措施中，不符合要求的是（　　）。

    A. 皮带轮中心距2.8m，采用金属骨架防护网防护

    B. 皮带宽度在15.5m，采用金属骨架防护网防护

    C. 皮带传动机构离地面1.8m，回转速度在8m/min，未设防护

    D. 皮带传动机构离地面2.5m，中心距2.5m，未防护

61. 在人和危险源之间构成安全保护屏障是安全防护装置的基本功能，为此应满足与其保护功能相适应的要求。下列对安全防护装置的要求中，错误的是（　　）。

    A. 采用安全防护装置可以适当地增加操作难度

    B. 安全防护装置零部件应有足够的强度和刚度

    C. 安全防护装置不得与机械任何正常可动零部件产生运动抵触

    D. 安全防护装置在机器的整个可预见的使用寿命期内，能良好地执行其功能

62. 下列关于机械制造厂区及车间通道的说法中，错误的是（　　）。

    A. 需要合理组织人流和物流，应避免运输繁忙时交叉作业

    B. 车间内横向主要通道宽度不小于2000mm

    C. 主要人流与货流通道出入口分开设置，不少于1个出入口

    D. 主要生产区、仓库区、动力区的道路，应环形布置

63. 下列关于圆锯机的安全防护装置的说法,错误的是( )。
    A. 为了安全起见,圆锯机的安全防护罩必须采用全封闭式结构
    B. 安全防护罩的防护功能必须可靠,罩体表面应光滑,不得有锐边尖角和毛刺
    C. 防护罩的安装必须稳固可靠、位置正确,其支承连接部分的强度不得低于防护罩的强度
    D. 对可能造成人身伤害的圆锯机的传动部件必须设有安全防护装置

64. 分料刀是圆锯机的重要部件之一,是设置在出料端减少木材对锯片的挤压并防止木材反弹的装置。下列关于圆锯机分料刀的说法,错误的是( )。
    A. 分料刀的引导边应是楔形的,其圆弧半径不应小于圆锯片半径
    B. 与锯片最靠近点与锯片的距离不超过3mm,其他各点与锯片的距离不得超过8mm
    C. 分料刀只能在锯片平面上做前后方向的调整,分料刀顶部应不低于锯片圆周上的最高点
    D. 分料刀应采用优质碳素钢45或同等力学性能的其他钢材制造

65. 关于人与机器特性的说法,正确的是( )。
    A. 在环境适应方面,机器更能适应不良环境条件
    B. 在做精细调整方面,多数情况下机器会比人做得更好
    C. 机器虽可连续、长期地运行,但稳定性方面不如人
    D. 使用机器的一次性投资较低,但在寿命期限内的运行成本较高

66. 下列关于人工操作系统、半自动化系统的说法中,正确的是( )。
    A. 系统的安全性主要取决于人处于低负荷时应急反应变差
    B. 系统的安全性取决于机器的冗余系统是否失灵
    C. 系统的特点是人机共体,或人为主体
    D. 系统的安全性主要取决于该系统人机功能分配的合理性、机器的本质安全性及人为失误状况

67. 某机械系统由甲乙两人监控,他们的操作可靠度均为0.930,机械系统的可靠度为0.980。当两人并联工作并同时发生异常时,该人机系统的可靠度为( )。
    A. 0.964　　　　B. 0.826　　　　C. 0.799　　　　D. 0.975

68. 某单位对砂轮机进行了一次例行安全检查。下列检查记录中,符合安全要求的是( )。
    A. 砂轮防护罩与主轴水平线的开口角为50°
    B. 电源接线端子与保持接地端之间的绝缘电阻,其值为0.1MΩ
    C. 砂轮防护罩有吸尘口,带除尘装置的砂轮机的粉尘浓度18mg/m³
    D. 左右砂轮各有一个工人在磨削工具

69. 铸造作业过程中需要从管理和技术方面采取措施控制事故的发生。下列关于铸造作业的工艺布置的说法,错误的是( )。
    A. 污染较小的造型、制芯工段在集中采暖地区应布置在非采暖季节最小频率风向的下风侧,在非集中采暖地区应位于全年最小频率风向的上风向
    B. 大型铸造车间的砂处理、清理工段可布置在单独的厂房内

C. 砂处理、清理等工段宜用轻质材料或实体墙等设施与其他部分隔开

D. 造型、落砂、清砂、打磨、切割、焊补等工序宜固定作业工位或场地，以方便采取防尘措施

70. 由于铸造车间的工伤事故远较其他车间为多，因此，需从多方面采取安全技术措施。下列关于铸造作业的安全技术措施的说法，错误的是（　　）。

    A. 产生粉尘污染的带式输送机，制造厂应配置密闭罩

    B. 冲天炉熔炼宜加萤石

    C. 在铸造作业过程中，宜使用湿法作业

    D. 回用热砂应进行降温去灰处理

71. 铸造作业中的工艺操作存在多方面的安全隐患，需要生产经营单位格外重视。下列关于铸造作业的工艺操作的说法，错误的是（　　）。

    A. 在工艺可能的条件下，宜使用湿法作业

    B. 浇注作业一般包括烘包、浇注和冷却三个工序

    C. 浇包盛铁水不得太满，不得超过容积的85%，以免洒出伤人

    D. 浇注时，扒渣棒、火钳等均需预热，防止与冷工具接触产生飞溅

72. 下列关于铸造车间的建筑要求与除尘的说法，错误的是（　　）。

    A. 铸造车间主要朝向宜南北向

    B. 铸造车间应安排在高温车间、动力车间的建筑群内，建在厂区其他不释放有害物质的生产建筑的下风侧

    C. 熔化、浇注区和落砂、清理区应设通风天窗

    D. 颚式破碎机上部，直接给料，落差小于1m时，可只做密闭罩而不排风

73. 锻造是金属压力加工的方法之一，它是机械制造生产中的一个重要环节。下列关于锻造安全技术措施的说法，错误的是（　　）。

    A. 锻压机械的机架和突出部分不得有棱角或毛刺

    B. 较大型的空气锤或蒸汽—空气自由锤是采用自动操纵的，并应设置系统的操作室或屏蔽装置

    C. 启动装置的结构应能防止锻压机械意外地开动或自动开动

    D. 安全阀的重锤必须封在带锁的锤盒内

74. 锻压机械的结构不但应保证设备运行中的安全，而且应能保证安装、拆卸和检修等各项工作的安全；还必须便于调整和更换易损件，便于对在运行中应取下检查的零件进行检查。下列关于锻造安全技术要求的说法，错误的是（　　）。

    A. 电动启动装置的按钮盘，其按钮上需标有"启动""停车"等字样。停车按钮为黄色，其位置比启动按钮高10~12mm

    B. 高压蒸汽管道上必须装有安全阀和凝结罐，以消除水击现象，降低突然升高的压力

    C. 任何类型的蓄力器都应有安全阀

    D. 安全阀必须由技术检查员加铅封，并定期进行检查

75. 不能在地面操作的机床,应配置供站立的平台和通道。其设计、制造、定位和必要的保护,使操作者进入工作平台和进行操作、设置、监视、维修或与机器相关的其他工作时是安全的。下列关于工作平台、通道、开口防止滑倒、绊倒和跌落的措施的说法中,错误的是( )。

    A. 当可能坠落的高度超过500mm时,应安装防坠落护栏、安全护笼及防护板等

    B. 一般情况下,工作平台和通道上的最小净高度应为 2100mm,通道的最小净宽度应为 600mm,最佳为 800mm

    C. 为了避免绊倒危险,相邻地板构件之间的最大高度差应不超过4mm,工作平台或通道地板的最小开口应使直径35mm的球不能穿过该开口

    D. 对下面有人工作的非临时通道,其地板最大开口不应让直径20mm的球体穿过,否则应采用其他适当设施保证安全

76. 压力机应安装危险区安全保护装置,并确保正确使用、检查、维修和可能的调整,以保护暴露于危险区的每个人员。安全防护装置分为安全保护装置与安全保护控制装置。下列关于安全防护装置应具备的安全功能的说法中,正确的是( )。

    A. 在滑块运行期间,人体的任一部分不能进入工作危险区

    B. 在滑块运行期间,只有人的手部可以进入工作危险区

    C. 在滑块向上行程期间,人体的任一部分不能进入工作危险区

    D. 在滑块向下行程期间,当人体的任一部分进入危险区时,滑块能停止下行程或超过下死点

77. 带锯机是以一条开出锯齿的无端头的带状锯条为刀具,锯条由高速回转的上、下锯轮带动,实现直线纵向剖解木材的木工机械。下列关于带锯机的说法,正确的是( )。

    A. 上锯轮处于最高位置时,其上端与防护罩内衬表面应有不小于100mm 的足够间隔

    B. 锯条焊接应牢固平整,接头不得超过3个,两接头之间长度应为总长的1/4以上,接头厚度应与锯条厚度基本一致

    C. 上锯轮处于任何位置,防护罩均应能罩住锯轮1/2以上表面,并在靠锯齿边的适当处设置锯条承受器

    D. 带锯条的锯齿应锋利,齿深不得超过锯宽的1/5,锯条厚度应与匹配的带锯轮相适应

78. 在人机系统中,人始终处于核心并起主导作用,机器起着安全可靠的保障作用。下列关于人与机器特性比较的说法,错误的是( )。

    A. 机器设备在寿命期限内的运行成本较人工成本要高

    B. 对于信息接收,机器在接受物理因素时,其检测度量的范围非常广

    C. 对于信息处理,机器若按预先编程,可快速、准确地进行工作

    D. 机器在处理柔软物体方面不如人

第2章 电气安全技术

> **考纲要求**
>
> 运用电气安全相关技术和标准,辨识、分析、评价作业场所和作业过程中存在的电气安全风险,解决防触电、防静电、防雷击、电气防火防爆和其他电气安全技术问题。

真题必刷

建议用时 36′　　答案 P153

考点 1　电气事故及危害

1．[2020·单选] 员工甲擅自登上正在进行特高压试验的列车顶部,当走到受电弓处,弯腰穿越输电线路时,线路放电导致其触电受伤。甲受到的触电伤害方式是(　　)。

　　A. 单线电击　　　　　　　　B. 两线电击

　　C. 电流灼伤　　　　　　　　D. 电弧烧伤

2．[2019·单选] 在触电引发的伤亡事故中,85%以上的死亡事故是电击造成的,电击可分为单线电击、两线电击和跨步电压电击。下列人员的行为中,可能发生跨步电压电击的是(　　)。

　　A. 甲站在泥地里,左手和右脚同时接触带电体

　　B. 乙左右手同时触及不同电位的两个导体

　　C. 丙在打雷下雨时跑向大树下面避雨

　　D. 丁站在水泥地面上,身体某一部位触及带电体

考点 2　触电防护技术

1．[2023·单选] 安全电压也称特低电压,是防止触电的安全技术措施之一,通常采用安全隔离变压器作为特低电压的安全电源。安全隔离变压器的一次线隔与二次线隔之间应有良好的绝缘,期间还可用接地屏蔽隔离。下列关于安全电源及回路配置的说法,正确的是(　　)。

　　A. 安全隔离变压器的一次边和二次边均应装设短路保护元件

　　B. 安全隔离变压器的一次边和二次边之间的屏蔽隔离层不得接地

　　C. 安全电压设备的插销座应带有接零或接地插头(插孔)

　　D. 安全电压回路的带电部分应按规定进行接地或接零

2．[2023·单选] 电气设备的接地装置包括接地体(极)和接地线,应始终保持良好状态,下列关于接地体安装的要求,正确的是(　　)。

　　A. 接地体的引出导体应引出地面且高度不得小于0.2m

　　B. 接地体上端距离地面深度不得小于0.5m

C. 接地体离建筑物墙基之间的地下水平距离不得小于1.0m

D. 接地体与独立避雷针接地体之间的地下水平距离不得小于3.0m

3. [2021·单选] 2020年8月31日14时,某公司员工李某发现生产车间水泵故障,水泵电机停止转动。李某在未断开电源徒手触摸电机外壳时发生了触电事故。事故调查专家现场检测发现:事故水泵电机两相绕组之间的电阻值为零、绕组与电机外壳之间的电阻值为零。造成该起事故的直接原因是(　　)。

A. 电动机电源缺相　　　　　　B. 电动机轴承损坏

C. 电动机绝缘击穿　　　　　　D. 电动机转子"扫膛"

4. [2021·单选] 接地装置是接地体(极)和接地线的总称,是防止间接接触电击的安全技术措施。电气设备的接地装置应当始终保持在良好状态。下列关于接地装置接地线连接方式的说法,正确的是(　　)。

A. 交流电气设备不得采用自然导体作接地线

B. 管道保温层的金属外皮及电缆的金属保护层可用作接地线

C. 接地线与建筑物伸缩缝交叉时,应弯成弧状或另加补偿连接件

D. 接地装置地下部分的连接应采用螺纹连接

5. [2020·单选] 保护接地和保护接零是防止间接接触电击的基本技术措施,其中保护接零系统称为TN系统,包括TN-S,TN-C-S,TN-C三种方式,下列电气保护系统图中,属于TN-C系统的是(　　)。

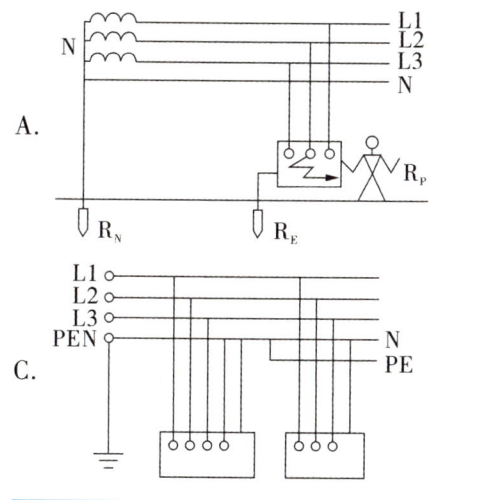

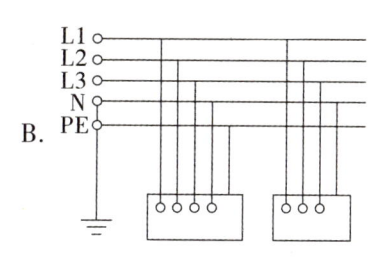

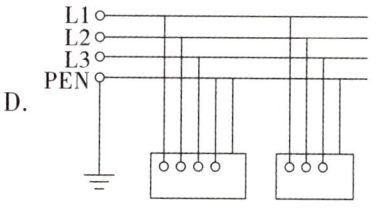

考点 3　电气防火防爆技术

1. [2022·单选] 与空气形成爆炸性混合物的爆炸危险物质分为三类:Ⅰ类为矿井甲烷,Ⅱ类为工厂的爆炸性气体、蒸气、薄雾;Ⅲ类为爆炸性粉尘和纤维。为了在不同危险环境配置相应的防爆电器设备,应对危险物质的主要性能参数进行分组、分级,关于危险物质分组、分级的说法,错误的是(　　)。

A. 气体、蒸气、薄雾按引燃温度分组:T1、T2、T3、T4、T5、T6

B. 气体、蒸气、薄雾按最小点燃电流比分 4 级：Ⅰ、ⅡA、ⅡB、ⅡC

C. 在爆炸性粉尘环境中粉尘分 3 级：ⅢA 级、ⅢB 级、ⅢC 级

D. 气体、蒸气、薄雾按最大试验安全间隙分 3 级：ⅡA、ⅡB、ⅡC

2. [2021·单选] 爆炸危险环境使用的电气线路，应避免产生火花、电弧或危险温度等火灾爆炸事故点火源。下列关于电气线路敷设方式，正确的是(　　)。

　　A. 在爆炸性气体环境中，钢管配线的电气线路应做好隔离密封

　　B. 爆炸危险环境敷设电气线路的导管，在穿过不同区域之间墙体时，可采用聚氨酯泡沫材料严密封堵

　　C. 当爆炸危险环境中可燃气体比空气重时，电气线路宜在地面敷设

　　D. 爆炸危险环境中，钢管配线应采用有护套的绝缘单芯或多芯导线

3. [2020·单选] 防爆电气设备有隔爆型和增安型等各种类型，采取不同的型式和标志来区分，某防爆电气设备上有"Ex dⅡB T3 Gb"标志。下列关于该标志的说法，正确的是(　　)。

　　A. 该设备为隔爆型，用于ⅡB 类 T3 爆炸性气体环境，保护级别 Gb

　　B. 该设备为隔爆型，用于ⅡB 类 T3 爆炸性粉尘环境，保护级别 Gb

　　C. 该设备为增安型，用于 Gb 类 T3 组爆炸性气体环境，保护级别ⅡB

　　D. 该设备为增安型，用于 Gb 类 T3 组爆炸性粉尘环境，保护级别ⅡB

4. [2019·单选] 爆炸性气体环境是指在一定条件下，可燃性气体或蒸气与空气形成的混合物被点燃并发生爆炸的环境。不同类型防爆电气设备的使用应与爆炸性环境相对应。下列关于不同类型防爆电气设备适用环境的说法，正确的是(　　)。

　　A. Ⅰ类防爆电气设备用于煤矿瓦斯环境

　　B. Ⅱ类防爆电气设备用于煤矿甲烷环境

　　C. Ⅱ类防爆电气设备用于爆炸性气体环境

　　D. Ⅲ类防爆电气设备用于煤矿瓦斯以外的爆炸性气体环境

考点 4　雷击和静电防护技术

1. [2023·单选] 工艺过程中产生的静电可能引起火灾、爆炸、电击，也可能降低产品质量，下列生产工艺中不容易产生静电的是(　　)。

　　A. 液化气在管道中的高速流动　　　　B. 氢氧化钠液体在混合器中搅拌

　　C. 废旧汽车轮胎的粉碎、研磨　　　　D. 聚丙烯粉体的筛分、输送

2. [2023·单选] 直击雷防护的主要措施包括装设避雷针、避雷线、避雷网及避雷带等，下列关于避雷针设置的说法，正确的是(　　)。

　　A. 独立避雷针应离开建筑物单独装设，其接地装置与建筑物接地装置共用

　　B. 在装有避雷针的构筑物上可装设通信线、广播线或低压线作为接地连接线

　　C. 利用照明灯塔作独立避雷针的支柱时，照明电源线应采用截面积不小于 4mm^2 的铜线

　　D. 多支附设避雷针应相互连接，并与建筑物或构筑物的金属结构连接

3. [2022·单选] 静电的产生与积累受材料材质、生产工艺、环境温度和湿度等因素影响，

下列说法中,正确的是( )。

A. 容易得失电子且电阻率低的材料容易产生和积累静电

B. 接触面越大,双电层正、负电荷越少,产生的静电越少

C. 湿度增加,绝缘体表面电阻降低,加速静电泄漏

D. 接触压力越大,电荷分离强度越大,产生的静电越少

4. [2021·单选] 带电积云是构成雷电的基本条件,不同电荷的带电积云互相接近到一定程度,会产生雷电。雷电种类及特征参数是设计防雷技术措施的依据。下列关于雷电种类及特征参数的说法,正确的是( )。

A. 雷电流的最大值可达数万千安　　B. 雷电流冲击波波头陡度可达 100kA/μs

C. 直击雷冲击的过电压可达数千千伏　　D. 感应雷的过电压一般不超过 50kV

5. [2020·单选] 工艺过程中产生的静电可能引起火灾和爆炸,也可能造成电击,还会影响产品质量,应采取静电防护措施。下列防静电措施中,错误的是( )。

A. 工艺控制　　B. 增湿　　C. 接地　　D. 屏蔽

考点 5 电气装置安全技术

1. [2023·单选] 电动机的外壳有两种防护方式,第一种防护是对固体异物进入内部的防护和对人体触及内部带电部分或运动部分的防护,第二种防护是对水进入内部的防护。下图为某三相异步电动机外壳铭牌,下列关于铭牌中防护等级 IP44 的说法,正确的是( )。

三相异步电动机			
型号Y112M-4		编号	
功率4.0kW		电流8.8A	
电压380V	转速1440r/min		LW82dB
△ 连接	防护等级IP44	50Hz	45kg
标准编号	工作制S1	B级绝缘	年月
××××电机厂			

A. 能防止直径大于 0.5mm 的固体异物进入壳内,同时能防溅水

B. 能防止直径大于 1.0mm 的固体异物进入壳内,同时能防溅水

C. 能防止直径大于 0.5mm 的固体异物进入壳内,同时能防喷水

D. 能防止直径大于 1.0mm 的固体异物进入壳内,同时能防喷水

2. [2022·单选] 低压控制电器主要用来接通、断开线路和用来控制电气设备,下列常用的四种低压控制电器中,同时具有断开短路电流、过载和失压保护、用作线路上开关等功能的是( )。

A. 三相刀开关　　B. 交流接触器　　C. 低压断路器　　D. 主令控制器

3. [2021·单选] 安全检测是保障安全生产的重要手段,常用的电气安全检测仪器包括绝缘电阻测量仪、接地电阻测量仪、红外测温仪、可燃气体检测仪等。下列关于使用安全检测仪器进行测量的说法,正确的是( )。

A. 使用红外测温仪测量时,测量区域应小于被测目标的范围

B. 使用兆欧表测量时,连接导线应采用双股绝缘导线

C. 使用接地电阻测量仪测量时,电极间的连接线应与邻近高压架空线路平行

D. 使用可燃气体检测仪测量时,报警浓度应设置为可燃气体爆炸下限的30%

4. [2022·单选] 电锤、冲击电钻等手持电动工具,以及蛙夯、振捣器等移动式电气设备,易引发触电事故,使用时必须采取安全防护措施并严格遵守安全操作规程,下列关于手持电动工具和移动式电气设备安全要求的说法,正确的是(   )。

A. 在火灾和爆炸危险环境中,不应设保护零线

B. 对于单相设备,相线应装熔断器,中性线不装熔断器

C. 对于移动式电气设备,应单独敷设保护线

D. 对于移动式电气设备,电源插座中应有专用保护插孔

基础必刷

建议用时25′   答案P155

1. 低压电器可分为控制电器和保护电器。下列不属于控制电器的是(   )。
   A. 电磁启动器   B. 低压断路器   C. 熔断器   D. 刀开关

2. 间接接触电击也称为故障状态下的电击,下列不属于防止间接接触电击的安全措施是(   )。
   A. 等电位连接   B. 接地   C. 接零   D. 绝缘

3. 在TN系统中,共用的保护线与中性线表示为(   )。
   A. PEN   B. PE   C. N   D. L

4. 某工厂从外部电网将电源接入现场动力柜,电网未接地,现场电气设备外壳通过低电阻接地。上述系统属于(   )。
   A. IT 系统   B. IN 系统   C. TT 系统   D. TN 系统

5. 电击分为直接接触电击和间接接触电击,下列选项中属于直接接触电击的是(   )。
   A. 带金属外壳的风机漏电,工作人员触碰外壳遭到电击
   B. 电动机线路短路漏电,工作人员触碰电动机时触电
   C. 泳池漏电保护器损坏,游客游泳时发生电击
   D. 起重臂碰到高压线,起重臂上的工人遭到电击

6. 厂内低压配电的场所及民用楼房应使用(   )。
   A. IT 系统   B. TT 系统   C. TN-C 系统   D. TN-C-S 系统

7. 下列必须配备漏保的场所是(   )。
   A. 使用手持带有"回"形标识电动工具   B. 使用临时配电箱
   C. 在使用特低电压供电的电气设备   D. 使用壁挂式空调的电源插座

8. 电火花是电极间的击穿放电,电弧是大量电火花汇集而成的。电火花分为工作火花和事故火

花,下列不属于工作火花的是(　　)。
A.绝缘体表面发生的闪络　　　　　　B.高压配电室倒闸操作产生的电弧
C.冰箱继电器启动产生的火花　　　　D.插销插入插座时产生的火花

9. 安全电压额定值的选用要根据使用环境和使用方式等因素确定。对于金属容器内、特别潮湿处等特别危险环境中使用的手持照明灯采用的安全电压是(　　)。
A.12V　　　　B.24V　　　　C.36V　　　　D.42V

10. 对于爆炸性粉尘环境,需要根据粉尘与空气形成的混合物出现的频率和持续时间及粉尘厚度进行分类。若在正常运行中,可燃性粉尘连续出现或者经常出现其数量足以形成可燃性粉尘云,此类爆炸性环境应确定为(　　)。
A.0区　　　　B.1区　　　　C.20区　　　　D.21区

11. 静电最为严重的危险是引起爆炸和火灾。下列不属于静电防护措施的是(　　)。
A.接地　　　　　　　　　　　　　　B.增湿
C.设置静电消除器　　　　　　　　　D.穿戴化纤布料衣物

12. 下列不属于静电产生和积累的影响因素的是(　　)。
A.材质　　　　B.环境条件　　　　C.静止状态　　　　D.工艺设备

13. 静电产生的方式很多,下列不属于静电产生方式的是(　　)。
A.感应　　　　B.破断　　　　C.挤压　　　　D.溶解

14. 不同爆炸危险环境应选用相应等级的防爆设备,下列不属于爆炸危险场所分级主要依据的是(　　)。
A.爆炸危险物出现的频繁程度　　　　B.爆炸危险物出现的持续时间
C.爆炸危险物释放源的等级　　　　　D.电气设备的防爆等级

15. 按照电流转换成作用于人体的能量的不同形式,下列不属于电伤的是(　　)。
A.静电灼伤　　　B.电弧烧伤　　　C.电烙印　　　D.电光眼

16. 下列不属于绝缘材料电性能的是(　　)。
A.阻燃性能　　　B.耐压强度　　　C.泄漏电流　　　D.介质损耗

17. 接零保护系统中,保护零线与中性线完全分开的系统是(　　)。
A.IT　　　　B.TN-C　　　　C.TN-S　　　　D.TN-C-S

18. 在接零系统中,对于配电线路或仅供给固定式电气设备的线路,故障持续时间不宜超过(　　);对于供给手持式电动工具、移动式电气设备的线路或插座回路,电压220V者故障持续时间不应超过(　　),380V者不应超过(　　)。
A.5s;0.4s;0.2s　　　　　　　　　　B.5s;0.2s;0.4s
C.0.5s;0.4s;0.2s　　　　　　　　　D.0.5s;0.2s;0.4s

19. 在低压电器中,有灭弧装置,能分、合负荷电流,不能分断短路电流,能频繁操作的是(　　)。
A.低压隔离开关　　B.低压断路器　　C.接触器　　D.控制器

20. 建筑物按其火灾和爆炸的危险性、人身伤亡的危险性、政治经济价值分为三类。下列关于建筑物防雷分类的说法,错误的是(　　)。

　　A. 乙炔生产厂属于第一类防雷建筑物　　B. 省级档案馆属于第二类防雷建筑物

　　C. 水立方游泳馆属于第二类防雷建筑物　　D. 故宫博物院属于第二类防雷建筑物

21. 重复接地指 PE 线或 PEN 线上除工作接地以外其他点的再次接地。下列不属于重复接地的作用的是(　　)。

　　A. 系统中可不设置漏电保护装置　　B. 减轻零线断开或接触不良时电击的危险

　　C. 降低漏电设备的对地电压　　D. 缩短漏电故障持续时间

提升必刷

Ⓐ 建议用时 100′　　▷ 答案 P156

1. 大风刮断 10kV 架空线。村民急忙向麦秸垛跑去,两人跑到断落导线附近时双双倒地。下列关于该事故原因的说法,正确的是(　　)。

　　A. 10kV 高压线断线落地造成,属于高压电击造成触电

　　B. 两名村民直接跑过去造成,属于直接接触电击造成的触电

　　C. 两名村民跑过去形成了跨步电压,属于跨步电压电击造成的触电

　　D. 两名村民跑过去没有触碰到 10kV 断线摔倒,属于间接接触电击造成的触电

2. 下列关于剩余电流动作保护装置功能的说法,错误的是(　　)。

　　A. 剩余电流动作保护装置的主要功能是预防间接接触电击保护,也可作为直接接触电击的补充保护

　　B. 剩余电流动作保护装置的保护功能包括对相与相、相与 N 线局部形成的直接接触电击事故的防护

　　C. 间接接触电击事故防护时需要依赖剩余电流动作保护装置的动作来切断电源,实现保护

　　D. 剩余电流动作保护装置用于间接接触电击事故防护时,应与电网的系统接地形式相配合

3. 下列关于雷电的破坏性说法,错误的是(　　)。

　　A. 直击雷具有机械效应、热效应

　　B. 闪电雷应不会在金属管道上产生雷电波

　　C. 雷电劈裂树木系雷电流使树木中的气体急剧膨胀或水汽化所导致

　　D. 雷击时电视和通信受到干扰,源于雷击产生的静电场突变和电磁辐射

4. 防雷装置包括外部防雷装置和内部防雷装置,外部防雷装置由接闪器、引下线和接地装置组成。下列关于防雷装置的说法,正确的是(　　)。

　　A. 建筑物的金属屋面可作为第一类工业建筑物的接闪器

　　B. 避雷器应装在被保护设施的引出端

　　C. 除独立避雷针外,在接地电阻满足要求的前提下,防雷接地装置可以和其他接地装置共用

　　D. 不太重要的第三类建筑物冲击接地电阻可放宽至 50Ω

5. 为保护使用者与设备的安全,电气线路宜在爆炸危险性较小的环境或远离释放源的地方敷设,下列关于电气线路敷设安全要求的说法,错误的是(   )。
   A. 当可燃物质比空气轻时,电气线路宜在较高处敷设或直接埋地
   B. 电气线路宜在有爆炸危险的建、构筑物的墙外敷设
   C. 架空电力线路严禁跨越爆炸性气体环境,架空线路与爆炸性气体环境的水平距离,不应小于杆塔高度的1.5倍
   D. 在1区内电缆线路严禁有中间接头

6. 下列关于使用兆欧表测量绝缘电阻的注意事项的说法,错误的是(   )。
   A. 使用指针式兆欧表测量过程中,如果指针指向"0"位,表明被测绝缘已经失效
   B. 被测设备必须停电
   C. 对于有较大电容的线路和设备,测量结束后应进行放电
   D. 测量连接导线应采用双股绝缘线

7. 下列关于低压保护电器特点和性能的说法,错误的是(   )。
   A. 热继电器和热脱扣器由于动作延时较大,只宜用于过载保护,不能用于短路保护
   B. 热继电器的核心元件是热元件
   C. 在有冲击电流出现的线路上,熔断器不可用作过载保护元件
   D. 有灭弧装置,能分、合负荷电流,不能分断短路电流,能频繁操作的是接触器,可用作线路主开关

8. 采用不同的接地、接零保护方式的配电系统,如IT系统、TT系统和TN系统,属于间接接触电击防护措施,下列关于上述三种系统的说法中,正确的是(   )。
   A. TT系统能够将故障电压限制在安全范围内,但漏电状态并未消失
   B. TT系统必须装设剩余电流的作保护装置或过电流保护装置
   C. TN系统将设备进行保护接零后,不借助其他措施即可将故障设备的电源断开,消除触电危险
   D. TN系统能够将漏电设备上的故障电压降低到安全范围内

9. 下列关于重复接地的作用,说法错误的是(   )。
   A. 能够减轻零线断开或接触不良时电击的危险性
   B. 降低漏电设备的对地电压
   C. 不通过增加其他任何保护措施就能缩短漏电故障持续时间
   D. 重复接地能够降低故障电压至安全范围以内

10. 按照电流转换成作用于人体的能量的不同形式,电伤分为电弧烧伤、电流灼伤、皮肤金属化、电烙印、电气机械性伤害、电光眼等类别。下列关于电伤情景及电伤类别的说法,正确的是(   )。
    A. 吴某在维修时发生手部触电,因强烈反应导致手臂碰触机床发生手臂断裂,属于电气机械性伤害
    B. 李某在维修时发生相间短路,产生的弧光造成金属熔化、飞溅到皮肤上造成皮肤伤害,属于皮肤金属化
    C. 刘某在维修时发生手部触电,手接触的部位留下永久性斑痕,属于电流灼伤
    D. 赵某在维修时发生弧光放电时,造成手臂大面积、大深度的烧伤属于电弧烧伤

11. 电气隔离是指工作回路与其他回路实现电气上的隔离。其安全原理是在隔离变压器的二次侧构成了一个不接地的电网,防止在二次侧工作的人员被电击。下列关于电气隔离技术的说法,正确的是(　　)。

　　A. 隔离变压器一次边应保持独立,隔离回路应与大地有连接

　　B. 隔离变压器二次边线路电压高低不影响电气隔离的可靠性

　　C. 为防止隔离回路中两台设备相同相线漏电,各设备金属外壳采用等电位接地

　　D. 隔离变压器的输入绕组与输出绕组没有电气连接,并具有双重绝缘的结构

12. 漏电保护装置主要用于防止间接接触电击和直接接触电击防护,下列关于漏电保护装置要求的说法,正确的是(　　)。

　　A. 使用安全特低电压供电的电气设备,应安装漏电保护装置

　　B. 医院中可能直接接触人体的电气医用设备,应装设漏电保护装置

　　C. 一般环境条件下使用的Ⅱ类移动式电气设备,应装漏电保护装置

　　D. 隔离变压器且二次边为不接地系统供电的电气设备,应装漏电保护装置

13. 按照发生电击时电气设备的状态,电击分为直接接触电击和间接接触电击。下列触电导致人遭到电击的状态中,属于直接接触电击的是(　　)。

　　A. 带金属外壳的设备漏电,工人触碰到带电的外壳后遭到电击

　　B. 高压电线断裂掉落到路边的起重机上,导致车上休息的起重机司机触电

　　C. 工作人员在起重臂上操作,起重机吊臂碰到高压线,挂钩工人遭到电击

　　D. 电动机线路短路漏电,电工王某触碰电动机时触电

14. 绝缘电阻是电气设备最基本的性能指标,绝缘电阻是兆欧级的电阻,要求在较高的电压下进行测量,现场应用兆欧表测量绝缘电阻。下列关于兆欧表使用注意事项的说法,正确的是(　　)。

　　A. 测量连接导线不得采用单股绝缘线

　　B. 对于有较大电容的设备,停电后还必须充分放电

　　C. 使用指针式兆欧表摇把的转速应由快至慢,直至转速稳定

　　D. 测量应尽可能在设备刚开始运转时进行

15. 人体阻抗是由皮肤、血液、肌肉、细胞组织及其结合部所组成的,是含有电阻和电容的阻抗。下列关于人体阻抗的说法,错误的是(　　)。

　　A. 人体电阻在 2000~3000Ω 之间

　　B. 角质层或表皮破损,会明显降低人体电阻

　　C. 温度升高时,人体电阻会降低

　　D. 接触面积减小时,人体电阻会降低

16. 电机和低压电器的外壳防护包括两种防护,防护等级用"IP+数字+数字"表示。下列关于电气设备防护等级的说法,错误的是(　　)。

　　A. IP43 表示防止直径大于 1mm 固体异物进入壳内,防淋水

B. IP34 表示防止直径大于 2.5mm 固体异物进入壳内,防溅水

C. IP25 表示防止直径大于 12.5mm 的固体异物进入壳内,防喷水

D. IP66 表示防止灰尘进入达到影响产品正常运行的程度,浸入规定压力的水中经规定时间后外壳进水量不致达到有害程度

17. 绝缘材料有电性能、热性能、力学性能、化学性能、吸潮性能、抗生物性能等多项性能指标。下列关于绝缘材料电性能说法,正确的是(   )。

A. 绝缘材料电性能包括绝缘电阻、耐压强度、泄漏电流和电阻率

B. 介电常数越大,极化过程越快

C. 绝缘电阻为交流电阻,是判断绝缘质量最基本、最简易的指标

D. 介电常数是表明绝缘极化特征的性能参数

18. 当施加于绝缘材料上的电场强度高于临界值时,绝缘材料发生破裂或分解,电流急剧增加,完全失去绝缘性能,这种现象就是绝缘击穿。下列关于不同介质的击穿特性的说法,正确的是(   )。

A. 气体击穿后绝缘性能会很快恢复

B. 液体绝缘击穿后,将失去其原有性能

C. 热击穿电压作用时间较短,而击穿电压较高

D. 电击穿的作用时间短、击穿电压低

19. 接地保护和接零保护都是防止间接接触电击的基本技术措施,关于下图中所表示的系统的说法,正确的是(   )。

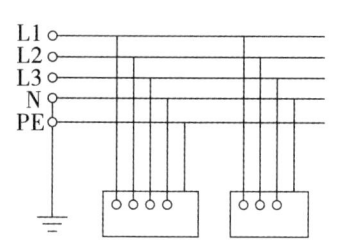

A. 该系统一般情况下,可以将漏电设备对地电压限制在某一安全范围

B. 在该系统中,对于配电线路或仅供给固定式电气设备的线路,故障持续时间不宜超过 0.2s

C. 该系统主要适用于无爆炸危险、火灾危险性不大、用电设备较少、用电线路简单且安全条件较好的场所

D. 该系统原理为设备外壳带电时,短路电流促使线路上的短路保护迅速动作,从而将故障部分断开电源,消除电击危险

20. 工艺过程中产生的静电可能引起爆炸和火灾,也可能给人以电击。其中,爆炸或火灾是最大的危害和危险。下列关于静电危害的说法中,正确的是(   )。

A. 静电电压虽然很低,但因其能量很大而容易发生放电

B. 带静电的人体接近接地导体或其他导体时,可能发生火花放电,导致爆炸或火灾

C. 当生产工艺过程中积累的静电足够多时,静电电击会使人致命

D. 生产过程中产生的静电,一般不会妨碍生产但可能降低产品质量

21. 屏护是采用护罩、护盖、栅栏、箱体、遮栏等将带电体同外界隔绝开来。下列关于屏护装置的说法,错误的是(   )。

    A. 下部边缘离地面高度不应大于0.1m　　B. 遮栏高度不应小于1.7m

    C. 户内栅栏高度不应小于1.1m　　D. 户外栅栏高度不应小于1.5m

22. 间距是将可能触及的带电体置于可能触及的范围之外。架空线路的间距须考虑气温、风力、覆冰及环境条件的影响。下列关于架空线路间距的安全要求的说法,错误的是(   )。

    A. 在低压作业中,人体及其所携带工具与带电体的距离不应小于0.1m

    B. 架空线路应避免跨越建筑物,架空线路不应跨越可燃材料屋顶的建筑物

    C. 在10kV作业中,无遮栏时,人体及其所携带工具与带电体的距离不应小于0.7m

    D. 架空线路导线与绿化区或公园树木的距离不得小于1m

23. TT系统属于接地保护措施之一,下列关于TT系统的说法,错误的是(   )。

    A. 采用防止间接接触电击的措施应优先使用TT系统

    B. 在TT系统中应装设能自动切断漏电故障的漏电保护装置

    C. TT系统主要用于低压用户

    D. TT系统第一个字母T表示电源是直接接地的

24. 在保护接零系统中,凡因绝缘损坏而可能呈现危险对地电压的金属部分均应接零。下列关于保护接零应用范围的说法,错误的是(   )。

    A. 在接地的三相四线配电网中,应当采取接零保护

    B. TN-C系统可用于用电线路简单且安全条件较好的场所

    C. TN-C-S系统宜用于厂内设有总变电站,厂内低压配电的场所

    D. TN-S系统宜用于布局复杂的综合性变电站的车间

25. 等电位连接指保护导体与建筑物的金属结构、生产用的金属装备以及允许用作保护线的金属管道等用于其他目的的不带电导体之间的连接。下列关于等电位连接的说法,错误的是(   )。

    A. 等电位连接是保护接地系统的组成部分

    B. 等电位连接的保护导体干线应接向低压总开关柜

    C. 总开关柜内保护导体端子排与自然导体之间的连接称为主等电位连接

    D. 主等电位连接导体的最小截面积不得小于最大保护导体截面积的1/2,且不得小于6mm^2

26. 保护导体包括保护接地线、保护接零线和等电位连接线。下列关于保护导体的说法,错误的是(   )。

    A. 交流电气设备应优先利用建筑物的金属结构、生产用的起重机的轨道、配线的钢管等自然导体作保护导体

    B. 人工保护导体可以采用多芯电缆的芯线、与相线同一护套内的绝缘线、固定敷设的绝缘线或裸导体

C. 在低压系统,严禁利用不流经可燃液体或气体的金属管道作保护导体

D. 所有保护导体,包括有保护作用的 PEN 线上均不得安装单极开关和熔断器

27. 照明设备不正常运行可能导致火灾,也可能直接导致人身事故。下列关于电气照明基本安全要求的说法,错误的是( )。

   A. 照明配线应采用额定电压 500V 的绝缘导线

   B. 配电箱内单相照明线路的开关必须采用双极开关

   C. 照明器具的单极开关必须装在零线上

   D. 应急照明的电源应区别于正常照明的电源

28. 接地装置是接地体和接地线的总称。下列关于接地装置的说法,错误的是( )。

   A. 金属井管可用作自然接地体

   B. 自然接地体至少应有两根导体在不同地点与接地网相连

   C. 交流电气设备应优先利用自然导体作接地线

   D. 不得利用蛇皮管、管道保温层的金属外皮或金属网以及电缆的金属护层作接地线

29. 运行中的电气设备的接地装置应当始终保持在良好状态。下列关于接地装置技术要求的说法,错误的是( )。

   A. 在非爆炸危险环境,如自然接地线有足够的截面,可不再另行敷设人工接地线

   B. 接地体的引出导体应引出地面 0.3m 以上

   C. 接地体离独立避雷针接地体之间的地下水平距离不得小于 1.5m

   D. 接地线与铁路或公路的交叉处及其他可能受到损伤处,均应穿管或用角钢保护

30. 双重绝缘是强化的绝缘结构。下列关于双重绝缘的说法,错误的是( )。

   A. 具有双重绝缘的电气设备属于Ⅱ类设备

   B. 工作绝缘的绝缘电阻不得低于 2MΩ

   C. 加强绝缘的绝缘电阻不得低于 5MΩ

   D. 凡属双重绝缘的设备,不得再行接地或接零

31. 下列关于手持电动工具和移动式电气设备的安全使用的说法,错误的是( )。

   A. Ⅱ类、Ⅲ类设备没有保护接地或保护接零的要求

   B. Ⅰ类设备可不设置保护接地或保护接零的措施

   C. 单相设备的相线和中性线上都应该装有熔断器,并装有双极开关

   D. 移动式电气设备的电源插座和插销应有专用的保护线插孔和插头

32. 安全电压是在一定条件下、一定时间内不危及生命安全的电压。下列关于安全电压的说法,错误的是( )。

   A. 我国的工频安全电压有效值的限值为 50V

   B. 我国的直流安全电压的限值为 120V

   C. 潮湿环境中工频安全电压有效值的限值取 24V

   D. 潮湿环境中直流安全电压的限值取 35V

33. 我国规定工频有效值的额定值有42V、36V、24V、12V和6V。下列关于安全电压额定值的说法,错误的是(   )。

   A. 特别危险环境使用的手持电动工具应采用42V安全电压的Ⅱ类工具

   B. 金属容器内、隧道内、水井内以及周围有大面积接地导体等工作地点狭窄、行动不便的环境应采用12V安全电压

   C. 当电气设备采用24V以上安全电压时,必须采取直接接触电击的防护措施

   D. 6V安全电压用于水下作业等特殊场所

34. 下列关于安全电压的安全电源的说法,错误的是(   )。

   A. 可采用安全隔离变压器作为特低电压的电源

   B. 安全隔离变压器应具有耐热、防潮、防水及抗震的结构

   C. Ⅰ类电源变压器可能触及的金属部分必须接地或接零

   D. Ⅱ类电源变压器应采取接地或接零措施,并应设置接地端子

35. 漏电保护装置主要用于防止间接接触电击。下列关于漏电保护的说法,错误的是(   )。

   A. 电流型漏电保护装置的动作电流为25mA,属于高灵敏度,用于防止触电事故

   B. 漏电保护装置可用于防止漏电火灾,以及用于监测一相接地故障

   C. 电流型漏电保护就是剩余电流型漏电保护

   D. 为了避免误动作,保护装置的额定不动作电流不得低于额定动作电流的1/4

36. 防爆电气设备的参数包含型式、等级、类别和组别,其应设置在设备外部主体部分的明显地方,且应在设备安装后能清楚看到。标志"Ex p ⅢC T120℃ Db IP65"的正确含义是(   )。

   A. 正压型"p",保护级别为Db,用于ⅢC类导电性粉尘的爆炸性气体环境的防爆电气设备,其最高表面温度低于120℃,外壳防护等级为IP65

   B. 增安型"p",保护级别为ⅢC,用于Db类导电性粉尘的爆炸性气体环境的防爆电气设备,其最高表面温度低于120℃,外壳防护等级为IP65

   C. 正压型"p",保护级别为Db,用于ⅢC类导电性粉尘的爆炸性粉尘环境的防爆电气设备,其最高表面温度低于120℃,外壳防护等级为IP65

   D. 正压型"p",保护级别为ⅢC,用于Db类导电性粉尘的爆炸性粉尘环境的防爆电气设备,其最高表面温度低于120℃,外壳防护等级为IP65

37. 电火花是电极间的击穿放电。下列关于电火花的说法,错误的是(   )。

   A. 直流电动机的电刷与换向器的滑动接触处产生的火花属于事故火花

   B. 连接点松动或线路断开时产生的火花属于事故火花

   C. 控制开关、断路器、接触器接通和断开线路时产生的火花属于工作火花

   D. 插销拔出或插入时产生的火花属于工作火花

38. 接地体分为自然接地体和人工接地体。下列关于接地体安全技术要求的说法,正确的是(   )。

   A. 当变电所的自然接地体接地电阻符合要求时,可不敷设人工接地体

   B. 线路杆塔至少应有两根导体在不同地点与接地网相连

C. 在利用自然接地体的情况下,应考虑到自然接地体拆装或检修时,接地体被断开,断口处出现的电位差及接地电阻发生变化的可能性

D. 埋设在地下的天然气管道或与大地有可靠连接的建筑物的金属结构等自然导体均可用作自然接地体

39. 为了保证电气设备的安全,运行中电气设备的接地装置应当始终保持在良好状态,接地装置是接地体和接地线的总称。下列关于接地线和接地装置安装的说法,正确的是(   )。

   A. 为减少自然因素影响,在农田地带接地体上端离地面深度不应小于0.6m

   B. 接地体应当避开人行道和建筑物出入口附近

   C. 接地体的引出导体应引出地面0.3m以上

   D. 接地体离独立避雷针接地体的地下水平距离不得小于1m

40. 为保证接地装置安全可靠,接地装置应尽量避免敷设在腐蚀性较强的地带。下列关于接地装置连接安全技术要求的说法,错误的是(   )。

   A. 接地装置地下部分的连接应采用焊接,并应采用搭焊,不得有虚焊

   B. 接地线与管道的连接可采用螺纹连接或抱箍螺纹连接,但必须采用镀锌件,以防止锈蚀

   C. 在有振动的地方,应采取防松措施

   D. 不得利用建筑物的钢结构、起重机轨道等作为接地线

41. 为了正确选用电气设备和电气线路,必须正确划分所在环境危险区域的大小和级别。下列关于爆炸危险环境的说法,错误的是(   )。

   A. 1区:正常运行时持续出现或长时间出现或短时间频繁出现爆炸性气体、蒸汽或薄雾,能形成爆炸性混合物的区域

   B. 21区:在正常运行时,空气中的可燃性粉尘云很可能偶尔出现于爆炸性环境中的区域

   C. 2区:正常运行时不出现,即使出现也只可能是短时间偶然出现爆炸性气体、蒸汽或薄雾,能形成爆炸性混合物的区域

   D. 22区:在正常运行时,空气中的可燃粉尘云一般不可能出现于爆炸性粉尘环境中的区域,即使出现,持续时间也是短暂的

42. 释放源是划分爆炸危险区域的基础。下列关于爆炸危险环境释放源和通风条件对区域危险等级影响的说法,错误的是(   )。

   A. 在障碍物、凹坑和死角处,应局部提高爆炸危险区域等级

   B. 利用堤或墙等障碍物,限制比空气重的爆炸性气体混合物的扩散,可缩小爆炸危险区域的范围

   C. 通风良好可以降低爆炸危险区域等级

   D. 存在连续级释放源的区域应划为1区

43. 下列关于防爆电气线路的说法,错误的是(   )。

   A. 当可燃物质比空气重时,电气线路宜在较高处敷设或直接埋地

   B. 电缆或导线的终端连接,若电缆内部的导线为绞线,其终端应采用非固定式端子进行连接

C. 架空电力线路严禁跨越爆炸性气体环境,架空线路与爆炸性气体环境的水平距离,不应小于杆塔高度的1.5倍

D. 在1区内电缆线路严禁有中间接头,在2区、20区、21区内不应有中间接头

44. 防雷装置包括外部防雷装置和内部防雷装置。下列关于防雷装置的说法,错误的是(   )。

A. 内部防雷装置主要指接地装置和防雷等电位连接

B. 接闪器的保护范围按滚球法计算

C. 避雷器装设在被保护设施的引入端

D. 引下线截面锈蚀30%以上应进行更换

45. 避雷针、避雷线、避雷网、避雷带都是经常采用的防雷装置。下列关于防雷装置技术要求的说法,错误的是(   )。

A. 避雷线一般采用截面不小于50mm²的热镀锌钢绞线或铜绞线

B. 无冲击波时,电涌保护器表现为低阻抗

C. 独立避雷针的冲击接地电阻一般不应大于10Ω

D. 防感应雷装置的工频接地电阻不应大于10Ω

46. 下列关于静电影响因素的说法,错误的是(   )。

A. 杂质在无特殊情况会有增强静电的趋势

B. 接触面积越大,产生的静电越多

C. 随着湿度增加,会降低静电泄漏速度

D. 导电性材料接地在很多情况下能加强静电的泄放,减少静电的积累

47. 静电安全防护主要是对爆炸和火灾的防护。下列关于静电防护措施的说法,错误的是(   )。

A. 为了防止静电引燃成灾,可采取取代易燃介质、降低爆炸性混合物的浓度、减少还原剂含量等控制所在环境爆炸和火灾危险程度的措施

B. 静电消除器主要用来消除非导体上的静电

C. 金属导体应直接接地

D. 增湿的方法不宜用于消除高温绝缘体上的静电

48. 按照电流转换成作用于人体的能量形式的不同,电伤可分为电弧烧伤、电流灼伤、皮肤金属化、电烙印、电气机械性伤害和电光眼等。下列关于电伤的说法,正确的是(   )。

A. 电流灼伤是电流通过人体由电能转换成热能造成的伤害,是最危险的电伤

B. 高压电弧会形成严重的烧伤,低压电弧往往不会造成伤害

C. 电流灼伤与通电电流和电流途径上的电阻有关,与通电时间无关

D. 弧光放电时,红外线、紫外线和可见光外泄都可能导致电光眼

49. 保护接地的做法是将电气设备故障情况下可能呈现危险电压的金属部位经接地线、接地体同大地紧密连接起来,下列关于保护接地的说法,正确的是(   )。

A. 保护接地的安全原理是通过高电阻接地,把故障电压限制在安全范围以内

B. 保护接地防护措施可以消除电气设备漏电状态

C. 保护接地不适用于所有不接地配电网

D. 保护接地是防止间接接触电击的安全技术措施

50. 下列关于绝缘材料性能指标的说法,正确的有(　　)。

    A. 氧指数越小,说明阻燃效果越好

    B. 木材为亲水性材料、玻璃表面为非亲水性材料

    C. 绝缘材料的耐热性能用最高工作温度来衡量

    D. 绝缘物受潮后绝缘电阻明显降低

51. 电气设备稳定运行时,其最高温度和最高温升都不会超过允许范围,一旦出现故障,电气设备的发热量增加,温度增高会产生危险温度。下列关于电气装置故障产生危险温度的说法,正确的是(　　)。

    A. 对于恒定功率负载的电气设备,当电压过低时电磁铁吸合不牢,会造成设备无法启动,不会产生危险温度

    B. 漏电电流沿线路均匀分布时,可能引起全线发热,产生危险温度,甚至引发火灾事故

    C. 电动机被卡死或轴承损坏、缺油,造成堵转或负载转矩过大,都将产生危险温度

    D. 由于涡流损耗和磁滞损耗减少将造成铁芯过热并产生危险温度

52. 释放源是划分爆炸危险区域的基础,通风情况是划分爆炸危险区域的重要因素,因此,划分爆炸危险区域时应综合考虑释放源和通风条件。下列关于爆炸危险区域划分原则的说法,正确的是(　　)。

    A. 良好的通风标志是混合物中危险物质的浓度被稀释到爆炸下限的1/5以下

    B. 存在连续释放源的区域可划分为2区

    C. 在障碍物、凹坑和死角处,应全面提高爆炸危险区域等级

    D. 利用堤或墙等障碍物,限制比空气重的爆炸性气体混合物的扩散,可缩小爆炸危险区域的范围

第3章　特种设备安全技术

> 🔊 **考纲要求**
>
> 运用特种设备安全相关技术和标准,辨识、分析、评价特种设备和作业过程中存在的安全风险,解决锅炉、压力容器(含气瓶)、压力管道、电梯、起重机械、场(厂)内专用机动车辆、客运索道、大型游乐设施等特种设备安全技术问题。

真题必刷

⏱ 建议用时 24′　　📖 答案 P159

考点 1　特种设备事故的类型

1.[2023·单选] 起重伤害事故的发生与人、设备和环境密切相关,加强对起重作业人员的教育,严格执行安全操作规程,可以预防起重伤害事故的发生。下列起重作业安全内容中,错误的是(　　)。

A. 被吊重物有棱角,在重物棱角处与吊绳之间加衬垫,可以起吊
B. 钢包中的钢水过满,虽然没有超出起重机额定起重量,也不能起吊
C. 捆绑吊装重物的钢丝绳已达到报废标准,虽然其性能还能满足要求,也不能起吊
D. 被吊重物是埋置物,虽然起吊拉力明确,且未超出起重机的额定重量,也不能起吊

2.[2022·单选] 某公司锅炉工对蒸汽锅炉进行巡检时发现,水位表内发暗,看不到水位。针对这种情况,应采取的应急措施是(　　)。

A. 打开水位计的放水旋塞,冲洗汽连管及水连管,关闭水位计的汽接管旋塞,关闭放水旋塞
B. 关闭给水阀停止上水,启用省煤器再循环管路,开启排污阀及过热器、蒸汽管道上的疏水阀
C. 降低燃烧强度,减少负荷,调小主气阀,全开连续排污阀,并打开定期排污阀放水,同时上水
D. 关闭锅炉与蒸汽总管网的阀门,开启过热器出口集箱、管道上的疏水阀和对空排气阀

3.[2021·单选] 起重机脱绳事故是指重物从捆绑的吊装绳索中坠落溃散的事故。下列5种情形中,属于起重机脱绳事故的是(　　)。

①捆绑方法不当,造成重物坠落。
②超载起吊拉断钢丝绳,造成重物坠落。
③吊装重心选择不当,偏载起吊,造成重物坠落。
④斜吊、斜拉切断钢丝绳,造成重物坠落。
⑤吊装遭到碰撞摇摆,造成重物坠落。

A. ①③⑤　　B. ①②④　　C. ②③④　　D. ②③⑤

第3章 特种设备安全技术

考点 2 锅炉安全技术

[2020·单选] 锅炉启动是设备从冷态到热态的过程,启动过程中锅炉烟风系统和水汽系统的安全尤为重要,下列关于锅炉启动过程中安全要求的说法,错误的是(　　)。

A. 空锅筒上水时,水温与锅筒筒壁温差不应超过65℃

B. 锅炉在点火前,对于设置有风机的锅炉,炉膛应强制通风5~10min

C. 锅炉升温过程中,水冷壁两侧膨胀指示器偏差较大时,这时停止升温进行检查

D. 锅炉在点火升温期,省煤器再循环阀门应处于开启状态

考点 3 气瓶安全技术

1. [2023·单选] 气瓶充装环节的技术要求直接影响气瓶安全,下列关于气瓶充装要求的说法,正确的是(　　)。

A. 氧气气瓶充装应保证气瓶内无剩余压力

B. 溶解乙烯气瓶充装时应采取多次充装方式

C. 液化石油气气瓶充装的公称工作压力不大于5MPa

D. 甲烷、二氧化碳混合气体不得充装在一个气瓶内

2. [2022·单选] 瓶阀是装在气瓶瓶口上,用于控制气体进入或排出气瓶的组合装置。包括阀体、阀杆、阀芯、密封圈、锁紧螺母等操作。下列关于气瓶瓶阀安全要求的说法,错误的是(　　)。

A. 瓶阀上与气瓶连接的螺纹,应与瓶体螺纹匹配并保证其可靠性

B. 可燃性气体瓶阀出气口螺纹应为右旋,不燃气体瓶阀出气口螺纹应为左旋

C. 工业用非重复充装焊接气瓶,瓶阀设计成不可重复充装的结构

D. 任何与气体接触的金属物,瓶阀材料与气瓶内所充装的气体具有相容性

3. [2020·单选] 压力容器是否设置安全泄压装置与其盛装的介质密切相关。下列压力容器中,应设置安全泄压装置的是(　　)。

A. 液化石油气钢瓶 B. 氯气钢瓶
C. 溶解乙炔钢瓶 D. 二氧化氮钢瓶

4. [2019·单选] 气瓶是用于储存和运输压缩气体的可重复充装的压力容器。下列关于气瓶安全附件的说法,正确的是(　　)。

A. 氮气瓶瓶阀的手轮必须具有阻燃性能

B. 气瓶瓶帽必须用灰口铸铁制造

C. 防震圈的主要功能是防止气瓶受到直接冲撞

D. 气瓶安全泄压装置只能用安全泄压阀

考点 4 压力容器安全技术

1. [2023·单选] 压力容器年度检查至少包括压力容器安全管理情况检查、压力容器本体及其运行检查和压力容器安全操作检查。下列检查项目,不属于压力容器本体及其运行状况检查的是(　　)。

A. 焊接接头有无裂纹 B. 检查孔有无漏液、漏气
C. 罐体壁厚减薄是否超标 D. 罐体接地装置是否完好

2. [2023·单选] 某铝制换热容器具体参数如下表所示,检验人员在对该换热容器定期检验时,发现一处对接接头焊缝疑似未焊透,为确认该处焊缝是否存在缺陷,检验人员可优先采用的无损检测方法是(　　)。

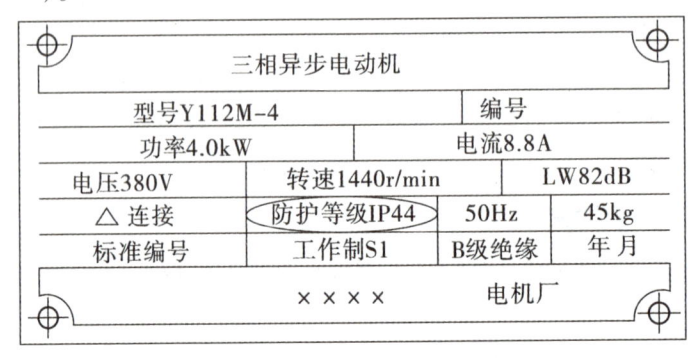

```
┌─────────────────────────────────────────────┐
│           三相异步电动机                    │
│   型号Y112M-4           编号                │
│   功率4.0kW             电流8.8A            │
│   电压380V    转速1440r/min    LW82dB       │
│   △连接      防护等级IP44  50Hz    45kg    │
│   标准编号    工作制S1    B级绝缘    年 月  │
│                 ××××  电机厂              │
└─────────────────────────────────────────────┘
```

A. 超声检测法　　　　　　　　B. X射线检测

C. 磁粉检测法　　　　　　　　D. 渗透检测法

3. [2021·单选] 压力容器充装介质时,充装速度不宜过快,尤其要防止压力快速升高,因为过快的充装速度会降低压力容器本体材料的(　　)。

A. 耐腐蚀性　　B. 耐热性能　　C. 介电性能　　D. 断裂韧性

考点 5　起重机械安全技术

1. [2021·单选] 为了保证起重机械安全运行,使用单位应按要求对起重机械进行每日检查、每月检查和年度检查。下表所列检查项目中,属于每月检查项目的是(　　)。

序号	检查项目
①	紧急报警装置检查
②	安全装置、制动器、离合器等可靠性和精度检查
③	电气、液压系统的泄漏情况检查
④	动力系统和控制器检查
⑤	钢丝绳的安全状况检查
⑥	遇4级以上地震后,起重机械使用前的检查

A. ①④⑥　　　B. ②③④　　　C. ②③⑤　　　D. ①④⑤

2. [2021·单选] 某建筑公司在施工现场使用流动式起重机(汽车吊)吊装一混凝土构件,根据构件材质和尺寸,目测构件重量约1t。吊装人员在吊装前,选择吊具的最小起重量应取(　　)。

A. 1.0t　　　B. 1.2t　　　C. 1.4t　　　D. 1.6t

3. [2019·单选] 司索工是指在起重机械作业中从事地面工作的人员,负责吊具准备、捆绑、挂钩、摘钩、卸载等,其工作关乎整个吊装作业安全。下列关于司索工安全操作要求的说法,错误的是(　　)。

A. 捆绑吊物前必须清除吊物表面或空腔内的杂物

B. 可按照目测吊物质量的120%来准备吊具

C. 如果作业场地是斜面,必须站在斜面上方作业
D. 摘钩时,应使用起重机抽索

考点 6　场(厂)内专用机动车辆安全技术

1. [2022·单选] 某饲料公司使用燃油叉车搬运货物,燃油叉车由起升装置、货叉、护顶架、挡货架、制动器、链条、液压系统等部件组成。下列关于该公司燃油叉车安全要求的说法,错误的是(　　)。

A. 排气管应安装防火帽　　　　　　B. 起升装置应设置限位器
C. 液压系统应选用溢流安全阀　　　D. 起升装置链条应进行脉冲试验

2. [2020·单选] 某厂内厢式货车同时载物载人,行驶途中发生货物挤压伤人事故。该厂安全科接到事故报告后,正确的做法是(　　)。

A. 立即进行上报→保护事故现场→抢救伤员物资→开展事故调查
B. 联系受害家属→抢救伤员物资→保护事故现场→现场初步勘查
C. 抢救伤员物资→保护事故现场→根据伤情逐级上报→现场初步勘查
D. 保护事故现场→抢救伤员物资→开展事故调查→处理善后事宜

基础必刷

建议用时 12′　　答案 P160

1. 下列设备中,不属于特种设备的是(　　)。

A. 电梯　　　　　　　　　　　　B. 建筑工地升降机
C. 场(厂)内专用机动车辆　　　　D. 浮顶式原油储罐

2. 场(厂)内专用机动车辆的液压系统中,由于超载或者油缸到达终点油路仍未切断,以及油路堵塞引起压力突然升高,造成液压系统损坏。为控制场(厂)内专用机动车辆液压系统的最高压力,系统中必须设置(　　)。

A. 安全阀　　　B. 切断阀　　　C. 止回阀　　　D. 调节阀

3. 某电力工程公司实施农村电网改造工程,需要拔出废旧电线杆重新利用。在施工过程中,施工人员为提高工作效率,使用小型汽车起重机吊拔废旧电线杆。吊装作业中最可能发生的起重机械事故是(　　)。

A. 坠落事故　　　　　　　　　　B. 倾翻事故
C. 挤伤事故　　　　　　　　　　D. 断臂事故

4. 某公司运行 1 台相对容水量较大的小型锅炉,锅炉水位表内看不到水位,表内发白发亮。针对该故障应采取的措施是(　　)。

A. 立即向锅炉上水,恢复正常水位　　B. 立即停炉检查,查明缺水原因
C. 判断缺水程度,酌情进行处置　　　D. 关闭水位表的放水旋塞,进行"叫水"操作

5. 水击现象常发生在给水管道、省煤器、过热器、锅筒部位,造成管道、法兰、阀门等的损坏。下列预防水击事故的措施中,正确的是( )。

   A. 快速开闭阀门

   B. 使可分式省煤器的出口水温高于同压力下饱和温度40℃

   C. 暖管前彻底疏水

   D. 上锅筒快速进水,下锅筒慢速进汽

6. 叉车等车辆的液压系统一般都使用中高压供油,高压油管的可靠性不仅关系车辆的正常工作,而且一旦发生破裂将会危害人身安全。下列对叉车液压系统中的高压胶管进行的试验项目,正确的是( )。

   A. 长度变化试验   B. 弯曲试验

   C. 抗拉试验   D. 柔韧性试验

7. 下列不属于严禁充装气瓶的情形的是( )。

   A. 临期未检气瓶   C. 翻新气瓶

   B. 改装气瓶   D. 报废气瓶

8. 起重机械检查方面,使用单位应进行起重机械的自我检查、每日检查、每月检查和年度检查。下列不属于起重机械每月检查内容的是( )。

   A. 安全装置、制动器、离合器的可靠性和精度

   B. 钢丝绳的安全状况

   C. 动力系统和控制器的工作性能

   D. 电气、液压系统及其部件的泄漏情况及工作性能

9. 为防止锅炉炉膛爆炸,对燃油、燃气和煤粉锅炉,正确的点火顺序是( )。

   A. 点火→送风→送入燃料   B. 点火→送入燃料→送风

   C. 送风→送入燃料→点火   D. 送风→点火→送入燃料

10. 压力容器检查项目中,属于运行期间检查的是( )。

    A. 容器及其连接管道的振动情况   B. 容器材质劣化现象

    C. 容器耐压试验   D. 容器受压元件缺陷扩展情况

11. 做好压力容器的维护保养工作,可以使容器经常保持完好状态,提高工作效率,延长容器使用寿命。下列不属于压力容器维护保养内容的是( )。

    A. 保持完好的防腐层

    B. 消除产生腐蚀的因素

    C. 消灭容器的"跑、冒、滴、漏",经常保持容器的完好状态

    D. 经常性地进行超负荷运行,增加员工应急处置的经验

提升必刷

建议用时 55′　　答案 P161

1. 锅炉的正常停炉是预先计划内的停炉。停炉操作应按规定的次序进行,以免造成锅炉部件的损坏,甚至引发事故。锅炉正常停炉的操作次序应该是(　　)。
   A. 先停止燃料的供应,随之停止送风,再减少引风
   B. 先停止送风,随之减少引风,再停止燃料供应
   C. 先减少引风,随之停止燃料供应,再停止送风
   D. 先停止燃料供应,随之减少引风,再停止送风

2. 当锅炉水位低于水位表最低安全水位刻度线时,即形成了锅炉缺水事故。下列关于锅炉缺水的说法中,错误的是(　　)。
   A. 锅炉缺水时,水位表内往往看不到水位,表内发白发亮
   B. 轻微缺水时,可以立即向锅炉上水,使水位恢复正常
   C. 严重缺水时,必须紧急停炉
   D. 缺水发生后,低水位警报器动作并发出警报,过热蒸汽温度升高,给水流量不正常地大于蒸汽流量

3. 下列关于严重缺水的紧急停炉处置,正确的是(　　)。
   A. 立即停止燃料和送风,减弱引风,灭火后即把炉门、灰门及烟道挡板打开,启动备用泵给锅炉上水
   B. 立即停止燃料和送风,减弱引风,灭火后即把炉门、灰门及烟道挡板打开,开启空气阀及安全阀快速降压
   C. 立即停止燃料和送风,加大引风,灭火后即把炉门、灰门及烟道挡板打开,启动备用泵给锅炉上水,并开启空气阀及安全阀快速降压
   D. 立即停止燃料和送风,减弱引风,灭火后即把炉门、灰门及烟道挡板打开

4. 气瓶安全泄压装置的主要作用甚至是唯一作用是保护气瓶在遇到周围发生火灾时,不会因气瓶受热、瓶内温度升高过快而造成气瓶爆炸。下列关于安全泄压装置选用原则的说法中,正确的是(　　)。
   A. 盛装剧毒气体的气瓶,不宜装设安全泄压装置
   B. 爆破片装置的公称爆破压力为气瓶的水压试验压力的75%
   C. 焊接气瓶的安全泄压装置应当装设在瓶阀上
   D. 爆破片-易熔合金塞复合装置的爆破片应当置于与瓶内介质接触的一侧

5. 锅炉缺水是锅炉事故中最多最普遍、危险性比较大的事故之一。下列关于锅炉缺水事故的处理中,正确的是(　　)。
   A. 锅炉发生缺水事故应立即上水,防止受热面钢材过热或过烧
   B. "叫水"的操作方法是全开水位表的汽连管旋塞和放水旋塞
   C. 通过"叫水",水位表内仍无水位出现,则应立即上水
   D. "叫水"操作一般不适用于相对容水量较小的锅炉

6. 汽水共腾会使蒸汽带水,降低蒸汽品质,造成过热器结垢,损坏过热器或影响用汽设备的安全运行。下列关于汽水共腾事故处理的方法,错误的是( )。
   A. 加强燃烧力度,提升负荷,开大主汽阀　　B. 加强蒸汽管道和过热器的疏水
   C. 全开排污阀,并打开定期排污阀放水　　　D. 上水,改善锅水品质

7. 气瓶的安全附件是保证气瓶安全运行的重要部件,下列关于气瓶安全附件的说法,正确的是( )。
   A. 永久气体气瓶的爆破片一般装配在气瓶瓶肩上
   B. 燃气气瓶应装设自动泄压装置
   C. 安全阀的开启压力不得大于气瓶水压试验压力
   D. 爆破片的标定爆破压力应为气瓶水压试验压力的1.5倍

8. 瓶装气体品种多、性质复杂。在贮存过程中,气瓶的贮存场所应符合设计规范,库房管理人员应熟悉有关安全管理要求。下列对气瓶贮存的要求中,错误的是( )。
   A. 气瓶库中空瓶必须与实瓶分开放置
   B. 可燃气体的气瓶可与氧化性气体气瓶同库储存
   C. 可燃、有毒、窒息气瓶库房应有自动报警装置
   D. 应当遵循先入库的气瓶先发出的原则

9. 锅炉是一种密闭的压力容器,在高温和高压下工作,一旦发生爆炸,将摧毁设备和建筑物,造成人身伤亡。因此,锅炉事故的应急措施至关重要。下列关于锅炉事故应急措施说法,错误的是( )。
   A. 发生锅炉爆炸事故时,必须设法躲避爆炸物和高温水、汽,在可能的情况下尽快将人员撤离现场
   B. 发生锅炉重大事故时,要停止供给燃料和送风,减弱引风
   C. 切断锅炉同蒸汽总管的联系,打开锅筒上放空排放或安全阀以及过热器出口集箱和疏水阀
   D. 立即向炉膛浇水进行灭火,熄灭和清除炉膛内的燃料

10. 在下列情形中,不能起吊的是( )。
    A. 起重机装有音响清晰的喇叭、电铃信号装置,在起重臂、吊钩等转动体上标有鲜明的色彩标志
    B. 起吊荷载达到起重机额定荷载的90%时,应先将重物吊离地面200~300mm后,检查起重机的安全性、吊索的可靠性、重物的平稳性、绑扎的牢固性,确认后起吊
    C. 对关键、重要的货物,为防止吊装绳脱钩,应派人好安全带,抓牢吊钩随重物一道安全吊至工位
    D. 吊运小口径钢管,按标记绑扎位置起吊,吊索与钢管的夹角为50°

11. 下列关于用两台或多台起重机吊运同一重物的说法,正确的是( )。
    A. 吊运过程中保持两台或多台起重机运行同步
    B. 若单台超载5%以内,两台或多台起重机的额定起重荷载需超过起重量的10%以上

C. 吊运中应当保持钢丝绳倾斜,减少钢丝绳受力

D. 吊运时,除起重机司机和司索工外,其他人员不得在场

12. 下列关于起重作业安全要求的说法中,正确的是( )。

    A. 严格按指挥信号操作,对紧急停止信号,无论何人发出,都必须立即执行

    B. 司索工主要从事地面工作,如准备吊具、捆绑挂钩、摘钩卸载等,不得担任指挥任务

    C. 作业场地为斜面时,地面人员应站在斜面的下方

    D. 有主、副两套起升机构的,在采取相应保证措施的情况下,必须同时利用主、副钩工作

13. 锅炉满水时,水位表内也往往看不到水位,表内发暗。同时,满水会降低蒸汽品质,损害以致破坏过热器。下列关于锅炉满水事故的处理措施,错误的是( )。

    A. 启用省煤器再循环管路,增加燃烧力度,开启排污阀及过热器、蒸汽管道上的疏水阀

    B. 待水位恢复正常后,关闭排污阀及各疏水阀

    C. 查清事故原因并予以消除,恢复正常运行

    D. 发现锅炉满水后,应冲洗水位表,检查水位表有无故障

14. 气瓶常用的安全泄压装置有4种类型,分别为易熔合金塞装置、爆破片装置、安全阀和爆破片-易熔塞复合装置。下列关于安全泄压装置应用的说法中,正确的是( )。

    A. 用于溶解乙炔的易熔合金塞装置的公称动作温度应为110℃,用于车用压缩天然气气瓶的易熔合金塞装置的动作温度应为100℃

    B. 安全阀结构简单且泄压能力强,一般气瓶上都安装有安全阀

    C. 用于永久气体气瓶的爆破片一般装配在气瓶阀门上

    D. 爆破片-易熔塞复合装置一般用于对密封性能要求相对较低的气瓶,如车用天然气钢瓶等

15. 下列关于压力容器事故应急措施的说法,错误的是( )。

    A. 压力容器发生超压超温时要马上切断进气阀门

    B. 压力容器发生泄漏时,要马上切断进料阀门及泄漏处后端阀门

    C. 易燃易爆介质泄漏时,要对周边明火进行控制,切断电源,严禁一切用电设备运行,并防止静电产生

    D. 对于无毒非易燃介质,要打开放空管排气

16. 下列关于叉车护顶架的技术要求的说法,错误的是( )。

    A. 对于叉车等起升高度超过2m的工业车辆,必须设置护顶架

    B. 护顶架一般由型钢焊接而成

    C. 护顶架应进行静态和动态两种荷载试验检测

    D. 护顶架必须能够遮掩司机的上方

17. 锅炉启动需要6个步骤:①上水;②煮炉;③点火升压;④烘炉;⑤检查准备;⑥暖管与并汽。下列关于锅炉启动步骤的排列顺序,正确的是( )。

    A. ⑥⑤①④②③ B. ⑤①④②③⑥
    C. ⑤⑥①④②③ D. ⑤①②④③⑥

18. 下列关于起重机司机安全操作技术的说法,错误的是( )。
    A. 司机在正常操作过程中,不得利用极限位置限制器停车
    B. 司机不得在起重作业过程中进行检查和维修
    C. 吊物不得从人头顶上通过,吊物和起重臂下不得站人
    D. 严格按指挥信号操作,对紧急停止信号,只有司索工发出,才要立即执行

19. 瓶阀是装在气瓶瓶口上的,用于控制气体进入或排出气瓶的组合装置。下列关于瓶阀的技术要求的说法,错误的是( )。
    A. 可燃气体瓶阀的出气口螺纹为右旋
    B. 液相瓶阀宜设计成单向阀
    C. 与乙炔接触的瓶阀材料,选用含铜量小于70%的铜合金
    D. 盛装易燃气体的气瓶瓶阀的手轮,选用阻燃材料制造

20. 瓶帽是装在气瓶顶部、阀门之外的帽罩式安全附件,是气瓶保护帽的简称。下列关于气瓶瓶帽和保护罩的技术要求的说法,错误的是( )。
    A. 在瓶帽上要开有对称的泄气孔
    B. 公称容积大于或等于10L的钢质焊接气瓶(含溶解乙炔气瓶),应当配有固定式保护罩或者快装式瓶帽
    C. 瓶帽应当有良好的抗撞击性,不得用灰口铸铁制造
    D. 可卸式瓶帽的帽体下部加工有内螺纹,用于与气瓶颈圈连接

21. 锅炉是一种能量转换设备,向锅炉输入的能量有燃料中的化学能、电能,锅炉输出具有一定热能的蒸汽、高温水或有机热载体。下列关于锅炉启动及点火升压安全技术要求的说法,错误的是( )。
    A. 对水管锅炉,全部上水时间在夏季不小于0.5h,在冬季不小于1h
    B. 从防止产生过大热应力出发,上水温度最高不超过90℃,水温与筒壁温差不超过50℃
    C. 点火前,开动引风机给锅炉通风5~10min,没有风机的可自然通风5~10min,以清除炉膛及烟道中的可燃物质
    D. 一次点火未成功时需重新点燃火炬,一定要在点火前给炉膛烟道重新通风,待充分清除可燃物之后再进行点火操作

22. 气瓶瓶阀是用于控制气体进入或排出气瓶的组合装置,是气瓶的主要附件。下列关于气瓶瓶阀安全技术要求的说法,正确的是( )。
    A. 与乙炔接触的瓶阀材料,应选用含铜量小于80%的铜合金
    B. 盛装助燃和不可燃气体瓶阀的出气口螺纹为右旋,可燃气体瓶阀的出气口螺纹为左旋
    C. 工业用非重复充装焊接气瓶瓶阀应设计成不可重复充装的结构,瓶阀与瓶体的连接采用螺栓连接方式
    D. 在规定的操作条件下,任何与气体接触的金属或者非金属瓶阀材料与气瓶内所充装的气体不得具有相容性,以免发生腐蚀反应

23. 常用的气瓶安全泄压装置有4种,即易熔合金塞装置、爆破片装置、安全阀和爆破片-易熔塞复合装置。下列关于气瓶安全泄压装置的技术要求的说法,错误的是(　　)。
    A. 易熔塞合金装置只适用于气瓶,而不适用于固定式容器
    B. 用于永久气体气瓶的爆破片一般装配在气瓶阀门上
    C. 安全阀的特点是机构简单、紧凑,而且可重新关闭,保持密封状态
    D. 复合装置虽具有双重密封机构,但经常会发生误动作

24. 下列关于气瓶安全泄压装置设置原则的说法,错误的是(　　)。
    A. 溶解乙炔气瓶应当装设安全泄压装置
    B. 盛装低温液化气体的焊接绝热气瓶应当装设安全泄压装置
    C. 盛装剧毒气体的气瓶,必须装设安全泄压装置
    D. 液化石油气钢瓶,不宜装设安全泄压装置

25. 下列关于气瓶安全泄压装置的装设部位的说法,错误的是(　　)。
    A. 溶解乙炔气瓶,应当将易熔合金塞装设在气瓶上封头、阀座或者瓶阀上
    B. 工业用非重复充装焊接钢瓶,应当将爆破片直接焊接在气瓶封头部位
    C. 焊接气瓶,可以装设在瓶阀上,也允许单独装设在气瓶的封头部位
    D. 无缝气瓶,应当单独装设在气瓶的封头部位

26. 司索工主要从事地面工作,如准备吊具、捆绑挂钩、摘钩卸载等,多数情况还担任指挥任务。下列关于司索工安全操作技术的说法,正确的是(　　)。
    A. 司索工对吊物的质量和重心估计要准确,如果是目测估算,应增大10%来选择吊具
    B. 司索工捆绑吊物时,应保证形状或尺寸不同的物品不得混吊,防止坠落伤人
    C. 摘钩时应等所有吊索完全松弛再进行,确认所有绳索从钩上卸下再起钩,不允许抖绳摘索,应当利用起重机抽索
    D. 当多人吊挂同一吊物时,应由一专人负责指挥

27. 下列关于压力容器安全附件技术要求的说法,错误的是(　　)。
    A. 爆破片装置是一种非重闭式泄压装置
    B. 紧急切断阀通常与截止阀串联安装在紧靠容器的介质入口管道上
    C. 爆破帽为一端封闭、中间有一薄弱层面的厚壁短管,多用于超高压容器
    D. 易熔塞主要用于中、低压的小型压力容器

28. 下列关于压力容器安全阀与爆破片的压力设定的说法,错误的是(　　)。
    A. 爆破片的最小爆破压力不得大于该容器的工作压力
    B. 安全阀的整定压力一般不大于该压力容器的设计压力
    C. 可以采用最高允许工作压力确定安全阀的整定压力
    D. 安全阀、爆破片的排放能力,应当大于或者等于压力容器的安全泄放量

第4章 防火防爆安全技术

考纲要求

掌握火灾、爆炸机理，运用防火防爆安全相关技术和标准，辨识、分析和评价火灾、爆炸安全风险，制定相应安全技术措施。

真题必刷

建议用时 24′　答案 P163

考点 1　火灾爆炸事故机理

1.[2022·单选] 甲烷从管道泄漏后，在空气中扩散遇点火源可能发生燃爆。整个过程一般分为四个阶段，即泄漏、扩散、感应、化学反应，其中，甲烷分子和氧气分子接收点火源能量，离解成自由基或活性分子，这一阶段为(　　)。

A. 扩散阶段　　B. 感应阶段　　C. 化学反应阶段　　D. 泄漏阶段

2.[2020·单选] 及时清理粉尘是预防粉尘爆炸的安全措施之一，采取此项安全措施的目的是(　　)。

A. 减低粉尘可燃性
B. 降低粉尘浓度
C. 降低粉尘爆炸极限
D. 降低环境氧浓度

3.[2019·单选] 易燃易爆危险化学品主要火灾危险性参数包括沸点、闪点、燃点和自燃点等。为了预防凝聚相危险化学品火灾，应将其温度控制在它的(　　)以下。

A. 沸点　　B. 闪点　　C. 燃点　　D. 自燃点

考点 2　防火防爆技术

1.[2023·单选] 爆破片是一种断裂型的安全泄压装置，其作用与安全阀基本相同，但爆破片是一次性的。下列关于爆破片的说法，错误的是(　　)。

A. 爆破片的爆破压力一般为被保护系统设计压力的 1.15~1.3 倍
B. 爆破片的泄放面积一般与被保护系统容积成正比，$1m^3$ 容积取 0.035~$0.18m^2$
C. 被保护系统操作压力较高时，爆破片的材质应该选择铝、铜等
D. 爆破片更换周期一般为 6~12 个月，若有明显变形则应立即更换

2.[2023·单选] 某些化学品接触或者混合时危险性增加，存在抵触和不相容性，应避免将禁忌物料混储，下列关于化学品安全存放的说法，错误的是(　　)。

A. 丙酮不得与次氯酸钠混放
B. 环氧树脂不得与钾混放
C. 乙炔气瓶不得与氮气气瓶混放
D. 氧气气瓶不得与氢气气瓶混放

3. [2022·单选] 根据《建筑设计防火规范》(GB 50016),有爆炸危险的厂房或厂房内有爆炸危险的部位应设置泄压设施,根据该标准,下列对泄压设施的要求中,错误的是( )。
   A. 泄压设施宜采用轻质屋面板、轻质墙体和易于泄压的门窗等
   B. 泄压设施应采用安全玻璃等在爆炸时不产生尖锐碎片的材料
   C. 泄压设施应避开人员密集场所和主要交通道路,宜靠近有爆炸危险的部位
   D. 厂房的泄压面积与其内爆炸性危险物质的存量成正比

4. [2021·单选] 按整体结构及加载方式,安全阀可分为杠杆式、弹簧式和脉冲式等。下列关于弹簧式安全阀结构特点及适用范围的说法,错误的是( )。
   A. 通过调整螺母来控制弹簧压缩量,实现对开启压力的校正
   B. 结构紧凑,灵敏度较高,应用广泛
   C. 对振动敏感,不宜用于移动式压力容器
   D. 长期高温会影响弹簧弹性,不适用于高温环境

5. [2020·单选] 不同介质的压力容器选用的安全阀类型不同,正确选用安全阀能有效预防压力容器爆炸事故。压缩空气储气罐应选用的安全阀类型是( )。
   A. 静重式   B. 杠杆式   C. 弹簧式   D. 先导式

考点 3 烟花爆竹安全技术

1. [2023·单选] 烟花爆竹企业的厂区布局应符合相关安全规范,下列关于烟花爆竹厂房安全要求的说法,错误的是( )。
   A. 厂房的危险性由其中最危险的生产工序确定,仓库的危险等级应由其中所储存最危险的物品确定
   B. 危险品生产区的围墙应为密砌墙,当设置密砌墙困难时,在局部地段可设置刺丝围墙
   C. 不同危险等级的中转库房应独立设置,且不得与生产厂房联建,1.3级的厂房可以设置工器具室
   D. 运输危险品的廊道应采用密闭式,不宜与危险品生产厂房直接连接,产品陈列室不得陈列危险品

2. [2021·单选] 根据《烟花爆竹工程设计安全规范》(GB 50161),烟花爆竹工厂危险品区域的平面布局包括危险品生产区的平面布置、危险品仓库区的平面布置、危险品生产区和危险品仓库区的围墙设置。下列关于烟花爆竹工厂危险品仓库区的平面布置,错误的是( )。
   A. 应根据仓库的危险等级和计算药量,结合地形情况布置
   B. 计算药量较大的危险品仓库,宜布置在库区出入口的附近
   C. 危险品运输道路不应在其他防护屏障内穿行通过
   D. 危险性大的仓库,宜布置在总仓库区的边缘

3. [2019·单选] 某烟花爆竹生产企业开展安全生产现状评价,根据《烟花爆竹工程设计安全规范》(GB 50161),下列关于总药量计算的说法,正确的是( )。
   A. 防护屏障中的危险品药量,可不计入总药量
   B. 厂房生产线上的危险品药量,可不计入总药量

C. 滞留的危险品药量,可不计入总药量

D. 抗爆间室的危险品药量,可不计入总药量

考点 4　消防设施与器材

1. [2022·单选] 火灾探测通过敏感元件探测烟雾、温度、火焰和燃烧气体等火灾参量,将表征火灾参量的物理量化为电信号,传送到火灾报警控制器,达到火灾报警目的。根据《火灾自动报警系统设计规范》(GB 50116),下列关于场景选择火灾探测器的说法,错误的是(　　)。

   A. 火灾发生迅速,产生热,根据火焰辐射的场所,选择感温、感烟探测器

   B. 火灾发生迅速,有强烈的火焰辐射和少量的烟、热的场所,选择火焰探测器

   C. 火灾初期有阴燃阶段,且需要早期探测的场所,选择二氧化碳火灾探测器

   D. 火灾形成特征不可预料的场所,根据模拟结果分析后选择火灾探测器

2. [2019·单选] 某液化石油气充装站,地面罐区有 4 个 $50m^3$ 储罐,设有 1m 高的围堰、3 个避雷塔、储罐静电接地和 10 个可燃气体火灾探测器。根据《石油化工可燃气体和有毒气体检测报警设计规范》(GB 50493),可燃气体火灾探测器的安装高度应距离地面(　　)。

   A. 1.5m　　　　B. 1.0m　　　　C. 0.8m　　　　D. 0.5m

基础必刷

建议用时 25′　　答案 P164

1. 可燃性固体呈粉体状态,粒度足够细,飞扬悬浮在空气中,达到一定浓度,在相对密闭的空间内,遇到足够的点火能,就能发生爆炸,下列粉尘中,不具有爆炸危险性的是(　　)。

   A. 镁粉　　　　B. 玉米淀粉　　　　C. 铝粉　　　　D. 水泥粉

2. 铁矿直竖井在切割与焊接作业时,切割下来的高温金属残块及焊渣掉落在井槽充填护壁的荆笆上,造成荆笆着火,引燃井筒木质护架可燃物,引发火灾。根据《火灾分类》(GB/T 4968),此次火灾类别属于(　　)。

   A. A 类火灾　　　　B. B 类火灾　　　　C. C 类火灾　　　　D. D 类火灾

3. 下列关于爆炸极限的说法,正确的是(　　)。

   A. 爆炸极限数值越大,物质火灾危险性越大　　B. 爆炸极限数值越小,物质火灾危险性越大

   C. 爆炸极限范围越大,物质火灾危险性越大　　D. 爆炸极限范围越小,物质火灾危险性越大

4. 可燃气体的点火能量与其爆炸极限范围关系是(　　)。

   A. 点火能量越大,爆炸极限范围越窄　　B. 点火源的活化能量越大,爆炸极限范围越宽

   C. 爆炸极限范围不随点火能量发生变化　　D. 爆炸极限范围与点火能量无确定关系

5. 爆炸造成的后果大多非常严重。在化工生产作业中,爆炸不仅会使生产设备遭受损失,而且使建筑物破坏,甚至致人死亡。因此,科学防爆是非常重要的一项工作。防止可燃气体爆炸的一般原则不包括(　　)。

   A. 防止可燃气向空气中泄漏

   B. 控制混合气体中的可燃物含量处在爆炸极限以外

C. 减弱爆炸压力和冲击波对人员、设备和建筑的损坏
D. 使用惰性气体取代空气

6. 下列不属于气相爆炸的是( )。
   A. 高锰酸钾和浓酸混合时引起的爆炸
   B. 氢气和空气混合气的爆炸
   C. 空气中飞散的铝粉引起的爆炸
   D. 乙炔在分解时引起的爆炸

7. 防火防爆技术主要包括控制可燃物、控制助燃物、控制点火源。下列安全措施中,不属于控制点火源技术的是( )。
   A. 生产场所采用防爆型电气设备
   B. 采用防爆泄压装置
   C. 生产场所采取防静电措施
   D. 提高空气湿度防止静电产生

8. 液相爆炸包括聚合爆炸、蒸发爆炸及由不同液体混合引起的爆炸。下列爆炸中,属于液相爆炸的是( )。
   A. 喷漆作业引发的爆炸
   B. 油压机喷出的油雾引发的爆炸
   C. 氯乙烯在分解时引起的爆炸
   D. 硝酸和油脂混合时引发的爆炸

9. 评价粉尘爆炸的危险性有很多技术指标,如爆炸极限、最低着火温度、爆炸压力、爆炸压力上升速率等,除上述指标外,下列指标中,属于评价粉尘爆炸危险性指标的还有( )。
   A. 最小点火能量
   B. 最大传播速度
   C. 最大密闭空间
   D. 最小密闭空间

10. 可燃物质在空气中燃烧的形式一般有扩散燃烧、混合燃烧、蒸发燃烧、分解燃烧和表面燃烧5种。下列不属于蒸发燃烧的是( )。
    A. 酒精燃烧
    B. 苯燃烧
    C. 木材燃烧
    D. 汽油燃烧

11. 在金属镁表面与空气接触的部位上,会被点燃而生成"炭灰",这种燃烧形式是( )。
    A. 分解燃烧
    B. 扩散燃烧
    C. 蒸发燃烧
    D. 表面燃烧

12. 《火灾分类》(GB/T 4968)按可燃物的类型和燃烧特性将火灾分为6类。下列物质引起的火灾属于E类火灾的是( )。
    A. 石蜡
    B. 商场中库存的微波炉
    C. 办公室正在使用的电磁炉
    D. 油锅中的花生油

13. 下列不属于爆炸破坏作用的是( )。
    A. 有毒气体
    B. 震荡作用
    C. 碎片冲击
    D. 心理疾病

14. 按照爆炸反应相的不同,爆炸可分为气相爆炸、液相爆炸和固相爆炸。下列不属于液相与固相爆炸的是( )
    A. 空气中飞散的铝粉引起的爆炸
    B. 钢水与水混合产生蒸汽爆炸
    C. 导线因电流过载而引起的爆炸
    D. 液氧和煤粉混合时引起的爆炸

15. 燃烧与化学爆炸的区别在于燃烧反应的速度不同。下列不属于燃烧反应过程阶段的是( )。
    A. 感应阶段
    B. 化学反应阶段
    C. 扩散阶段
    D. 分解阶段

16. 在易燃易爆场合作业时,工人应禁止穿钉鞋,不得使用( )制品。
    A. 木器　　　　　B. 瓶器　　　　　C. 铜器　　　　　D. 铁器

17. 惰性气体保护是防止爆炸的有效控制措施之一。下列不属于惰性气体的是( )。
    A. 水蒸气　　　　B. 二氧化碳　　　C. 乙烯　　　　　D. 氮气

18. 用通风的方法使可燃气体、蒸气或粉尘的浓度不致达到危险的程度,一般应控制在爆炸下限的( )。
    A. 1/10　　　　　B. 1/5　　　　　C. 1/4　　　　　D. 1/2

19. 爆破片是一种断裂型的安全泄压装置。下列不属于爆破片防爆效率取决因素的是( )。
    A. 重量　　　　　B. 泄压面积　　　C. 厚度　　　　　D. 膜片材料

20. 按照药量及所能构成的危险性大小,烟花爆竹产品分为A、B、C、D四级。下列说法属于A级的是( )。
    A. 由专业燃放人员在特定的室外空旷地点燃放、危险性较大的产品
    B. 由专业燃放人员在特定的室外空旷地点燃放、危险性很大的产品
    C. 适于室外开放空间燃放、危险性较小的产品
    D. 适于近距离燃放、危险性很小的产品

21. 进行二元或三元黑火药混合的球磨机与药物接触的部分不应使用( )部件。
    A. 杂木　　　　　B. 铁制　　　　　C. 皮革　　　　　D. 黄铜

22. 干粉灭火剂由一种或多种具有灭火能力的细微无机粉末组成,主要包括活性灭火组分、疏水成分、惰性填料,粉末的粒径大小及其分布对灭火效果有很大的影响。下列属于干粉灭火剂主要灭火作用的是( )。
    A. 冷却　　　　　B. 化学抑制　　　C. 窒息　　　　　D. 乳化

23. 酸碱灭火器是一种内部装有65%的工业硫酸和碳酸氢钠的水溶液作灭火剂的灭火器。下列适合酸碱灭火器扑救的初起火灾是( )。
    A. 石蜡引起的火灾　　　　　　　　B. 乙炔引起的火灾
    C. 毛衣引起的火灾　　　　　　　　D. 金属钾引起的火灾

24. 灭火器由筒体、器头、喷嘴等部件组成,借助驱动压力可将所充装的灭火剂喷出。灭火器结构简单、操作方便、轻便灵活、使用面广,是扑救初起火灾的重要消防器材。下列灭火器中,适用于扑救档案室初起火灾的是( )。
    A. 二氧化碳灭火器　　　　　　　　B. 清水灭火器
    C. 干粉灭火器　　　　　　　　　　D. 泡沫灭火器

提升必刷

建议用时 40′　　答案 P165

1. 复杂固体物质其本身不能燃烧。复杂的固体物质在燃烧时的顺序是( )
   A. 分解为气体→燃烧→氧化分解　　B. 氧化分解→分解为气体→燃烧
   C. 气化→氧化分解→分解为液体→燃烧　　D. 分解为液体→蒸发→氧化分解→燃烧

2. 下列关于爆炸破坏作用的说法,正确的是( )。
   A. 爆炸形成的高温、高压、低能量密度的气体产物,以极高的速度向周围膨胀,强烈压缩周围的静止空气,使其压力、密度和温度突跃升高
   B. 爆炸的机械破坏效应会使容器、设备、装置以及建筑材料等的碎片,在相当大的范围内飞散而造成伤害
   C. 爆炸发生时,特别是较猛烈的爆炸往往会引起反复较长时间的地震波
   D. 粉尘作业场所轻微的爆炸冲击波导致地面上的粉尘扬起,引起火灾

3. 焊接切割时,飞散的火花及金属熔融碎粒滴的温度高达1500~2000℃,高空飞散距离可达20m。下列焊接切割作业的注意事项中,正确的是( )。
   A. 在可燃可爆区动火时,应将系统和环境进行彻底的清洗或清理
   B. 若气体爆炸下限大于4%,环境中该气体浓度应小于1%
   C. 可利用与可燃易爆生产设备有联系的金属构件作为电焊地线
   D. 动火现场可配备必要的消防器材,并将可燃物品清理干净

4. 下列关于火灾基本概念及参数的说法,错误的是( )。
   A. 闪燃往往是持续燃烧的先兆
   B. 闪点越低,火灾危险性越大
   C. 着火点越高,火灾危险性越大
   D. 阴燃是处于燃烧初期的一种燃烧现象

5. 生产系统内一旦发生爆炸或压力骤增时,可通过安全阀、爆破片、泄爆设施等将超高压力释放出去,以减少巨大压力对设备、系统的破坏或者减少事故损失。下列关于上述防爆泄压装置安全技术要求的说法,错误的是( )。
   A. 当安全阀的入口处装有隔断阀时,隔断阀必须保持常开状态并加铅封
   B. 如安全阀用于排泄可燃气体时,严禁直接排入大气
   C. 若压力容器的介质易于结晶或聚合,在此情况下就只得用爆破片作为泄压装置
   D. 作为泄压设施的轻质屋面板和墙体的质量不宜大于60kg/m²

6. 安全阀的作用是为了防止设备和容器内压力过高而爆炸,包括防止物理性爆炸和化学性爆炸。下列关于不同种类安全阀适用范围的说法,正确的是( )。
   A. 弹簧式安全阀结构简单但笨重,适于温度较高的系统,不适于持续运行的系统
   B. 杠杆式安全阀对振动的敏感性小,可用于移动式的压力容器,不适用于高温系统
   C. 脉冲式安全阀结构复杂,通常只适用于安全泄放量很大的系统或者用于高压系统
   D. 全封闭式安全阀排出的气体全部通过排放管排放,介质不外泄,主要用于存有压缩空气、水蒸气的系统

7. 安全距离作用是指保证一旦某座危险性建筑物内的爆炸品爆炸时,不至于使邻近的其他建(构)筑物造成严重破坏和造成人员伤亡。危险性建筑物的计算药量是确定安全距离的重要参数。下列关于计算药量的说法,正确的是( )。
   A. 防护屏障内的危险品药量,不应计入该屏障内的危险性建筑物的计算药量
   B. 抗爆间室的危险品药量应当计入危险性建筑物的计算药量
   C. 厂房内采取了分隔防护措施,相互间不会引起同时爆炸或燃烧的药量可分别计算,取其最大值

D. 厂房计算药量和停滞药量规定,实际上都是烟花爆竹生产建筑物中暂时搁置时允许存放的最小药量

8. 生产过程中的加热用火是导致火灾爆炸最常见的原因之一。下列关于加热用火控制的说法,错误的是(　　)。

   A. 加热易燃物料时,宜采用电炉、火炉、煤炉等直接加热
   B. 明火加热设备的布置,应远离可能泄漏易燃气体或蒸汽的工艺设备和储罐区,并应布置在其上风向或侧风向
   C. 如必须采用明火,设备应密闭且附近不得存放可燃物质
   D. 熬炼物料时,不得装盛过满,应留出一定的空间

9. 焊接切割作业多为临时性的,容易成为起火原因。下列关于焊割时的注意事项的说法,错误的是(　　)。

   A. 在输送、盛装易燃物料的设备、管道上,或在可燃可爆区域内动火时,应将系统和环境进行彻底的清洗或清理
   B. 在可能积存可燃气体的管沟、电缆沟、深坑、下水道内及其附近,应用活泼气体吹扫干净,再用石棉板进行遮盖
   C. 气焊作业时,应将乙炔发生器放置在安全地点
   D. 电杆线破残应及时更换或修理,不得利用与易燃易爆生产设备有联系的金属构件作为电焊地线

10. 下列关于粉尘爆炸的说法,正确的是(　　)。

    A. 粉尘爆炸速度比气体小,燃烧时间长,破坏程度大
    B. 粉尘爆炸速度比气体大,燃烧时间长,破坏程度大
    C. 粉尘爆炸速度比气体小,燃烧时间短,破坏程度大
    D. 粉尘爆炸速度比气体大,燃烧时间短,破坏程度大

11. 下列关于二氧化碳灭火器的说法,正确的是(　　)。

    A. 1kg 二氧化碳液体可在常温常压下生成 1000L 左右的气体,足以使 $1m^3$ 空间范围内的火焰熄灭
    B. 使用二氧化碳灭火器灭火,氧气含量低于 15% 时燃烧中止
    C. 二氧化碳灭火器适于扑救 600V 以下的带电电器火灾
    D. 二氧化碳灭火器对硝酸盐等氧化剂火灾扑灭效果好

12. 摩擦和撞击往往是可燃气体、蒸气和粉尘、爆炸物品等着火爆炸的根源之一。下列关于摩擦和撞击的说法,错误的是(　　)。

    A. 在易燃易爆场合作业时,不得使用铁器制品
    B. 在易燃易爆场合作业时,工人应禁止穿钉鞋
    C. 搬运储存可燃物体和易燃液体的金属容器时,应当用专门的运输工具,禁止在地面上滚动、拖拉或抛掷,并防止容器的互相撞击
    D. 输送可燃气体或易燃液体的管道应做耐压试验和流体动力试验

13. 爆炸造成的后果大多非常严重,对于爆炸的控制是一项非常重要的工作。下列关于爆炸控制的说法,错误的是(　　)。

    A. 氮气等惰性气体在使用前应经过气体分析,其中含氧量不得超过 2%

B. 惰性气体的需用量取决于允许的最高含氧量

C. 当设备内部充满易爆物质时,要采用正压操作,以防外部空气渗入设备内

D. 对爆炸危险度大的可燃气体以及危险设备和系统,在连接处应尽量采用法兰连接,减少焊接接头

14. 为保证生产安全,在生产中可采取设备密闭、厂房通风、惰性介质保护、以不燃溶剂代替可燃溶剂等措施进行爆炸控制。下列关于爆炸控制安全技术措施的说法,错误的是(   )。

   A. 在有爆炸性危险的生产场所,对可能引起火灾危险的电器、仪表等采用充氮正压保护

   B. 用通风的方法使可燃气体、蒸气或粉尘的浓度不致达到危险的程度,一般应控制在爆炸下限 1/4 以下

   C. 当设备内部充满易爆物质时,要采用正压操作,以防外部空气渗入设备内

   D. 使用汽油、丙酮、乙醇等易燃溶剂的生产,可以用四氯化碳等不燃溶剂或危险性较低的溶剂

15. 阻火器是用来阻止易燃气体和易燃液体的火焰蔓延的安全装置,由阻火芯、阻火器外壳及附件构成。阻火器按功能可分为爆燃型和轰爆型。下列关于阻火器安全技术要求的说法,正确的是(   )。

   A. 爆燃型阻火器是用于阻止火焰以音速或超音速通过的阻火器

   B. 选用的阻火器的安全阻火速度应大于安装位置可能达到的火焰传播速度

   C. 阻火器严禁靠近炉子和加热设备

   D. 单向阻火器安装时,应当将阻火侧背向潜在点火源

16. 为防止火灾爆炸的发生,阻止其扩展和减少破坏,已研制出许多防火防爆和防止火焰、爆炸扩展的安全装置,并在实际生产中广泛使用,取得了良好的安全效果。下列关于防火防爆安全装置及技术的说法,正确的是(   )。

   A. 工业阻火器是依靠装置的某一元件的动作来阻隔火焰,对于纯气体才是有效的

   B. 主动式隔爆装置和被动式隔爆装置在工业生产过程中时刻都在起作用

   C. 火星熄灭器熄火的基本方法之一是在火星熄灭器中设置网格等障碍物,将较大、较重的火星挡住

   D. 化学抑爆可用于装有气相氧化剂中可能发生爆燃的气体、油雾或粉尘的任何密闭设备但不适用于泄爆易产生二次爆炸设备

17. 安全阀的作用是为了防止设备和容器内压力过高而造成爆炸的一种安全装置。下列关于安全阀的设置要求的说法,错误的是(   )。

   A. 当安全阀的入口处装有隔断阀时,隔断阀必须保持常闭状态并加铅封

   B. 压力容器的安全阀最好直接装设在容器本体上

   C. 安全阀用于排泄可燃气体,直接排入大气,则必须引至远离明火或易燃物,而且通风良好的地方,排放管必须逐段用导线接地以消除静电作用

   D. 安全阀用于泄放可燃液体时,宜将排泄管接入事故储槽、污油罐或其他容器

18. 一般来讲,在安全技术措施中,改善劳动条件、排除危害因素是根本性的措施,但在一定条件下,如事故救援和抢修过程中,个人劳动防护用品就成为人身安全的主要手段。下列关于呼吸道防毒面具选用原则的说法,正确的是(   )。

   A. 双罐式防毒口罩适用于毒性气体的体积浓度低,一般不高于 2% 的场所

B. 氧气呼吸器适用于毒性气体浓度高、毒性不明或缺氧的可移动性作业的场所

C. 送风长管式呼吸器适用于毒性气体浓度低、缺氧的固定作业的场所

D. 自吸长管式呼吸器适用于毒性气体浓度高、缺氧的移动作业的场所

19. 火灾探测器的基本功能就是对烟雾、温度、火焰和燃烧气体等火灾参量做出有效反应,通过敏感元件,将表征火灾参量的物理量转化为电信号送到火灾报警控制器。下列关于火灾探测器的说法,错误的是( )。

A. 感光探测器适用于监视有易燃物质区域的火灾发生,如仓库、燃料库、变电所、计算机房等场所,特别适用于没有阴燃阶段的燃料火灾的早期检测报警

B. 紫外火焰探测器适用于有机化合物燃烧的场合,如油井、输油站、飞机库、可燃气罐、液化气罐、易燃易爆品仓库等,特别适用于火灾初期不产生烟雾的场所

C. 点型感烟火灾探测器利用烟雾粒子吸收或散射红外线光束的原理对火灾进行监测

D. 差定温火灾探测器是一种既能响应预定温度报警,又能响应预定温升速率报警的火灾探测器

20. 按照爆炸的能量来源,爆炸分为物理爆炸、化学爆炸和核爆炸;按照爆炸反应相的不同,爆炸分为气相爆炸、液相爆炸和固相爆炸。下列关于物质爆炸分类的说法,正确的是( )。

A. 熔融的矿渣与水接触或钢水包与水接触时,水大量气化发生的爆炸既属于物理爆炸,也属于气相爆炸

B. 空气中飞散的铝粉、镁粉等引起的爆炸既属于物理爆炸,也属于气相爆炸

C. 导线因电流过载,由于过热,金属迅速气化而引起的爆炸既属于物理爆炸,也属于气相爆炸

D. 空气和氢气、丙烷、乙醚等混合气体的爆炸既属于化学爆炸,也属于气相爆炸

21. 爆炸极限值不是一个物理常数,它随条件的变化而变化,并且受一些因素的影响。下列关于爆炸极限影响因素的说法,错误的是( )。

A. 混合爆炸气体的初始温度越高,爆炸危险性越大

B. 一般而言,初始压力增大,爆炸危险性增大

C. 点火源的活化能量越大,加热面积越大,作用时间越长,爆炸极限范围也越大

D. 在混合气体中加入惰性气体,随着惰性气体含量的增加,爆炸极限范围增大

22. 工业生产过程中,存在多种引起火灾和爆炸的点火源,消除点火源是防火和防爆的最基本措施,控制点火源对防止火灾和爆炸事故的发生具有极其重要的意义。下列关于点火源及其控制的说法,正确的是( )。

A. 明火加热设备的布置,应远离可能泄漏易燃气体或蒸气的工艺设备和储罐区,并应布置在其下风向或侧风向

B. 汽车、拖拉机严禁进入存在火灾和爆炸危险的场所

C. 动火现场应配备必要的消防器材,并将可燃物品清理干净,使用过后的灭火器应放回原处,禁止肆意挪用

D. 在有爆炸危险的生产中,敲打工具应用铍铜合金或包铜的钢制作

第5章 危险化学品安全基础知识

考纲要求

运用其他相关通用安全技术和标准,辨识和分析生产经营过程中的危险、有害因素,制定相应安全技术措施。

真题必刷

建议用时 10′　　答案 P167

考点 1　危险化学品储存、运输与包装安全技术

1. [2022·单选]《危险货物运输包装通用技术条件》规定了危险化学品包装的基本要求、性能试验和检测方法,并将危险货物包装分为Ⅰ、Ⅱ、Ⅲ类,根据该标准,下列不同危险性等级的货物中,使用Ⅲ类包装的是(　　)。

　　A. 危险性较小的货物　　　　　　B. 危险性中等的货物
　　C. 危险性较大的货物　　　　　　D. 危险性大的货物

2. [2021·单选] 根据《危险化学品安全管理条例》,下列危险化学品运输行为中,符合安全要求的是(　　)。

　　A. 某运输企业在运输过程中,将无水乙醇和瓦楞纸箱同车装运
　　B. 某运输企业通过内河封闭水域,运输少量环氧乙烷
　　C. 某运输企业获得所在地县人民政府应急管理部门许可后,开始经营硝酸铵运输业务
　　D. 托运人向运输始发地县人民政府公安机关申请剧毒化学品道路运输通行证后,开始运输液氯

3. [2019·单选] 某公司从事危险化学品运输业务,在执行轻柴油运输前,驾驶员和押运员应对柴油罐车进行安全检查,确认有"危险品"标志且排气管已安装(　　)。

　　A. 安全阀　　　B. 泄压阀　　　C. 阻火器　　　D. 阻断器

考点 2　泄漏控制与销毁处置技术

[2022·单选] 凡确认不能使用的爆炸物品,必须予以销毁,在销毁以前应报告当地公安部门,选择适当的地点、时间及销毁方法,下列不属于爆炸性物品的销毁方法的是(　　)。

　　A. 固化法　　　B. 爆炸法　　　C. 烧毁法　　　D. 溶解法

考点 3　危险化学品的危害及防护

1. [2023·单选] 某食品加工企业污水处理车间沉淀池内污水泵故障,维修人员从爬梯进入沉淀池检修污水泵时,应佩戴的个体防护用品是(　　)。

　　A. 正压式空气呼吸器、五点式安全带、救生绳、防滑鞋

B. 正压式空气呼吸器、橡胶手套、五点式安全带、防滑鞋

C. 过滤式防毒面具、连体式防水服、五点式安全带、救生绳

D. 过滤式防毒面具、橡胶手套、五点式安全带、救生绳

2. [2023·单选] 某公司装卸人员在甲酸甲酯罐车卸料过程中违规操作,进行敞开式卸料,罐内甲酸甲酯从罐体上部孔口挥发并扩散到空气中,大量甲酸甲酯气体在地势低洼、通风不良的作业现场沉积并向周边蔓延,导致现场作业人员和周边居民中毒窒息。下列关于甲酸甲酯侵入人体的说法,正确的是(　　)。

A. 泄漏区域内甲酸甲酯浓度越低,人体吸收越慢

B. 甲酸甲酯泄漏区域内大气稳定度越高,人体吸收越慢

C. 甲酸甲酯气体不易被人体皮肤吸收

D. 甲酸甲酯气体主要经消化道进入人体

3. [2019·单选] 某公司的 500 m^3 焦油贮槽的盘管加热器发生泄漏,操作工甲对焦油贮槽进行停车、清空和蒸汽吹扫,检修工乙进入焦油贮槽检测并查找泄漏原因。乙进入贮槽时,应佩戴(　　)。

A. 半面罩式防毒面具　　　　　　　　B. 长管式空气呼吸器

C. 全面罩式防毒面具　　　　　　　　D. 正压式空气呼吸器

基础必刷

⊙ 建议用时 16′　　▷ 答案 P167

1. 根据《化学品分类和危险性公示 通则》(GB 13690),化学品分为物理危险类、健康危害类和环境危害类。下列属于健康危害类的是(　　)。

A. 急性毒性　　　　　　　　　　　　B. 金属腐蚀物

C. 自燃液体　　　　　　　　　　　　D. 易燃固体

2. 化学品安全技术说明书(SDS)提供了化学品(物质或混合物)在安全、健康和环境保护等方面的信息,推荐了防护措施和紧急情况下的应对措施。下列不属于化学品安全技术说明书的安全信息内容的是(　　)。

A. 接触控制和个体防护　　　　　　　B. 分离特性

C. 消防措施　　　　　　　　　　　　D. 生态学信息

3. 危险化学品安全标签表示化学品所具有的危险性和安全注意事项。下列不属于危险化学品安全标签的组合形式构成要素的是(　　)。

A. 开放源代码　　　　　　　　　　　B. 编码

C. 文字　　　　　　　　　　　　　　D. 图形符号

4. 危险化学品的爆炸可按爆炸反应物质分为简单分解爆炸、复杂分解爆炸和爆炸性混合物爆炸。下列物质属于复杂分解爆炸的是(　　)。

A. 梯恩梯　　　　B. 粉尘　　　　C. 乙炔　　　　D. 可燃性气体

5. 危险化学品的燃烧爆炸事故通常伴随发热、发光、高压、真空和电离等现象,具有很强的破坏作用,其与危险化学品的数量和性质、燃烧爆炸时的条件以及位置等因素有关。下列不属于危险化学品燃烧爆炸事故主要破坏形式的是(   )。
   A. 高温的破坏作用   B. 造成中毒和环境污染
   C. 爆炸的破坏作   D. 电击与电伤

6. 下列不属于危险化学品中毒、污染事故预防控制措施的是(   )。
   A. 个体防护   B. 变更工艺
   C. 设置薄弱环节   D. 替代

7. 从理论上讲,防止火灾、爆炸事故发生的基本原则主要有三点,防止燃烧、爆炸系统的形成就是其中之一。下列不属于防止燃烧、爆炸系统形成的做法与措施的是(   )。
   A. 控制高温表面   B. 密闭
   C. 通风置换   D. 安全联锁

8. 危险化学品露天堆放,应符合防火防爆的安全要求。下列物品可以露天堆放的是(   )。
   A. 爆炸物品   B. 剧毒物品
   C. 遇湿燃烧物品   D. 难燃物品

9. 危险化学品储存方式分为3种。下列不属于危险化学品储存方式的是(   )。
   A. 隔离储存   B. 密闭储存   C. 隔开储存   D. 分离储存

10. 从事危险化学品经营的企业在进行零售业务时,可以经营的危险化学品是(   )。
    A. 爆炸品   B. 有毒物品   C. 剧毒物品   D. 放射性物品

11. 有机过氧化物是一种易燃、易爆品。其废弃物应从作业场所清除并销毁,其方法主要取决于该过氧化物的物化性质,根据其特性选择合适的方法处理,以免发生意外事故。下列处理方法不包括(   )。
    A. 烧毁   B. 溶解   C. 填埋   D. 分解

12. 工业毒性危险化学品对人体的危害表现不包括(   )。
    A. 过敏   B. 窒息   C. 致癌   D. 情绪焦虑

13. 按照基于《全球化学品统一分类和标签制度》(简称 GHS)的《化学品分类和标签规范》系列标准(GB 30000.2～29),最新的《危险化学品目录》(2015版)与《化学品分类和危险性公示 通则》(GB 13690)进行了统一,将危险化学品分为物理危险、健康危害及环境危害3大类,28小类。下列选项中,属于按物理危险分类的是(   )。
    A. 急性毒性   B. 皮肤刺激   C. 吸入危害   D. 气溶胶

14. 下列适用于毒性气体浓度高、毒性不明或缺氧的可移动性作业的呼吸道防毒面具的是(   )。
    A. 双罐式防毒口罩   B. 自吸长管式呼吸器
    C. 生氧面具   D. 导管式面具

15. 危险化学品的爆炸按照爆炸反应物质分类分为简单分解爆炸、复杂分解爆炸和爆炸性混合物爆炸。下列物质爆炸中,属于简单分解爆炸的是(   )。

    A. 乙炔银　　　　　B. 黑索金　　　　　C. 甲烷　　　　　D. 梯恩梯

16. 下列不属于危险化学品安全标签内容的是(   )。

    A. 信号词　　　　　　　　　　　　　B. 防范说明
    C. 生态学信息　　　　　　　　　　　D. 资料参阅提示语

提升必刷

⏲ 建议用时 15′　　📄 答案 P169

1. 危险化学品安全标签是用文字、图形符号和编码的组合形式表示化学品所具有的危险性和安全注意事项,它可粘贴、挂拴或喷印在化学品的外包装或容器上。如下图所示是危险化学品安全标签的样例。其中"信号词"应(   )。

    A. 在 D 位置　　　B. 在 B 位置　　　C. 在 A 位置　　　D. 在 C 位置

2. 通风是控制作业场所中有害气体、蒸汽或粉尘最有效的措施之一。下列关于通风说法错误的是(   )。

    A. 通风分为局部排风和全面通风两种　　　B. 稀释通风是局部排风的一种主要表现形式

C. 对于面式扩散源,要使用全面通风　　　　D. 对于点式扩散源,可使用局部排风

3. 下列关于危险化学品中毒、污染事故预防控制措施的说法,错误的是(　　)。
   A. 隔离就是通过封闭、设置屏障等措施,避免作业人员直接暴露于有害环境中
   B. 替代是控制化学品危害的首选方案
   C. 随着技术不断发展,个体防护可以视为控制危害的主要手段之一
   D. 对于面式扩散源,要使用稀释通风

4. 化学品在运输中发生事故的情况比较常见,全面了解并掌握有关化学品的安全运输规定,对降低运输事故具有重要意义。下列关于危险化学品运输安全技术要求的说法,错误的是(　　)。
   A. 危险物品装卸前,应对车(船)搬运工具进行必要的通风和清扫,不得留有残渣,对装有剧毒物品的车(船),卸车(船)后必须洗刷干净
   B. 放射性物品应用专用运输搬运车和抬架搬运,装卸机械应按规定负荷降低25%的装卸量
   C. 遇水燃烧物品及有毒物品,禁止用小型机帆船、小木船和水泥船承运
   D. 禁止通过内河封闭水域运输有毒化学品以及国家规定禁止通过内河运输的其他危险化学品

5. 下列关于特殊化学品火灾扑救的注意事项的说法,错误的是(　　)。
   A. 扑救爆炸物品堆垛火灾时,水流应采用吊射
   B. 扑救爆炸物品火灾时,为防止火灾复燃复爆,应用沙土盖压
   C. 扑救遇湿易燃物品火灾时,绝对禁止用水、泡沫、酸碱等湿性灭火剂扑救
   D. 对镁粉、铝粉等粉尘,切忌喷射有压力的灭火剂,以防止将粉尘吹扬起来,引起粉尘爆炸

6. 下列关于危险化学品中毒、污染事故预防控制措施的说法,正确的是(　　)。
   A. 全面通风适合于污染物量大的场所
   B. 实验室通风橱、焊接室或喷漆室采用全面排风
   C. 个体防护应作为预防中毒、控制污染等危害的主要手段
   D. 通风是控制作业场所中有害气体、蒸气或者粉尘最有效的措施之一

7. 危险化学品安全标签是用文字、图形符号和编码的组合形式表示化学品所具有的危险性和安全注意事项,它可粘贴、挂拴或喷印在化学品的外包装或容器上。下列关于化学品安全标签具体内容的说法,错误的是(　　)。
   A. 防范说明:应包括安全预防措施、意外情况(如泄漏、人员接触或火灾等)的处理、安全储存措施及废弃处置等内容
   B. 信号词:位于化学品名称的下方;根据化学品的危险程度和类别,用"危险""警告"两个词分别进行危害程度的警示
   C. 化学品标识:当需要标出的组分较多时,组分个数不超过10个为宜
   D. 资料参阅提示语:提示化学品用户应参阅化学品安全技术说明书

第6章 其他安全类案例专项

专题 1 客观题专项练习

真题必刷

⏱ 建议用时 100′　　答案 P169

案例 1

[2023]

A 公司是一家工程机械制造企业,生产和销售各种工程机械液压元件及机械零件,现有员工 650 人,设有研发部、财务部、生产部、销售部、综合部、安全环保部等部门,生产部下设热处理车间、机械加工车间、安装车间、维修车间和能源动力车间,主要工艺包括热处理(锻造)、机械加工、焊接、装配等。

主要设备:电加热炉、锻造机、冲压机、剪板机、磨床、砂轮机、锯床、机床、电焊机、叉车、升降作业平台(最高抬升高度5m)等,公司生产所需能源由能源动力车间通过水蒸气、压缩空气、乙炔和氧气等管线提供。

2022 年 6 月 5 日,热处理车间电加热炉筒体顶部护栏损坏,维修车间安排维修班长甲带领维修工乙、丙、丁前往维修,9 时 30 分,作业人员到达现场,甲负责现场监护;乙通过升降作业平台到达 3m 高的加热炉筒体顶部,进行护栏焊接作业;在电加热炉附近地面,丙、丁只佩戴了防尘口罩,使用Ⅰ类手持电动砂轮机打磨护栏配件。升降作业平台的护栏门未正对加热炉筒体顶部,乙从升降作业平台栏杆间隙处爬到加热炉筒体顶部进行护栏焊接,10 时 30 分,乙完成部分焊接作业后,从加热炉筒体顶部作业处爬回升降作业平台,过程中不慎触碰到平台升降开关,导致作业平台意外下降,乙身体被挤在加热炉筒体和升降平台防护栏杆之间,甲组织丙、丁施救,甲随后拨打 120 急救电话,并向公司负责人进行了报告,10 时 55 分,乙被救出,由 120 送往医院。经抢救无效死亡。

为深刻汲取事故教训,A 公司组织全员开展了事故警示教育,并开展安全隐患排查。安全环保部检查发现,热处理车间入口处只设置了"当心火灾"安全标志,机械加工车间冲压机的安全防护装置部分失效;维修车间存在员工不规范使用人字梯等隐患,公司组织有关部门对发现的隐患逐项进行了整改。

根据以上场景,回答下列问题(共 10 分,每题 2 分,1~2 题为单选题,3~5 题为多选题):

1. 该起事故的直接原因是(　　)。

A. 乙未在升降作业平台上进行焊接作业

B. 乙未从升降作业平台护栏门进出电加热炉筒体顶部作业处

C. 乙从加热炉筒体顶部作业处爬回升降作业平台过程中,触碰平台升降开关

D. 平台升降开关未设置误触碰保护装置

E. 甲未及时制止乙违章作业

2. 根据《工业管道的基本识别色、识别符号和安全标识》,能源动力车间的自来水、蒸汽、压缩空气、乙炔和氧气管线对应的颜色标注,正确的是( )。

A. 淡灰、大红、紫、中黄、淡蓝
B. 中黄、大红、淡灰、中黄、淡蓝
C. 艳绿、淡蓝、大红、紫、淡灰
D. 艳绿、大红、淡灰、中黄、淡蓝
E. 淡蓝、中黄、淡灰、大红、艳绿

3. 下列关于升降作业平台防护栏的要求,正确的有( )。

A. 防护栏杆承受水平方向垂直施加的荷载不得小于 300N/m
B. 防护栏杆横杆与上、下构件的净间距不得大于 300mm
C. 防护栏杆应进行防腐涂装,并在下面设置挡脚板
D. 防护栏杆端部应设置立柱,立柱间距不得大于 1000mm
E. 升降作业平台最高抬升高度 5m,其防护栏杆高度不得低于 1000mm

4. 丙、丁在作业现场使用 I 类手持电动砂轮机打磨配件时,还应佩戴的个体防护用品有( )。

A. 安全帽
B. 护目镜
C. 隔热服
D. 防护耳塞
E. 绝缘手套

5. 在 A 公司热处理车间入口处,应补充设置的安全标志有( )。

A. 当心触电
B. 当心烫伤
C. 当心中毒
D. 当心电离辐射
E. 当心爆炸

案例 2

[2021]

A 企业为 B 集团公司下属的机械加工企业,有正式员工 265 人、劳务派遣人员 48 人,设有经营部、生产部、技术部、安全部四个职能部门。安全部配备 3 名专职安全员,负责企业的安全生产管理工作。

A 企业的主要设备设施包括:剪板机、平板机、车床、刨床、磨床、钻床、铣床共 30 余台,激光切割机 2 台,砂轮机 4 台,叉车 2 台,额定起重量 5t 的天车 4 部,货运电梯 2 部;另有电焊机 15 台,角磨机等手持电动工具 20 台;二氧化碳气瓶 20 支,氧气瓶、乙炔气瓶各 10 支。

2021 年 3 月 25 日,B 集团公司组织专家对 A 企业进行"四不两直"安全检查,现场检查发现:员工甲左手垫擦布手持工件,右手操作钻床进行打孔;员工乙双手操作剪板机两个控制按钮,剪切 100mm 宽的钢板;员工丙佩戴防护眼镜和防尘口罩站在砂轮机正面磨削刀具,砂轮机卡盘与防护罩的安全间距为 10mm;叉车司机丁佩戴着安全帽,驾驶 2t 叉车向车间配送氧气瓶,氧气瓶横卧在叉车料框内,到达车间后,指挥天车将氧气瓶吊运至指定位置;电焊工戊从 10m 远配电箱处接电焊机电源线,利用天车地面轨道作为电焊机保护接地线,脚穿绝缘防护鞋,双手戴绝缘手套,佩戴电焊防护面罩进行焊接作业。

在检查过程中,专家组访谈后发现:2020 年 9 月 14 日,车间劳务派遣人员庚戴手套安装完风钻铰刀,进行铰孔作业时,风钻反转,转动的铰刀将手套缠住,附近作业人员及时切断电源,庚未受伤。事后,A 企业未对该起未遂事故进行原因分析,未采取预防措施。

根据以上场景,回答下列问题(1~2 题为单选题,3~5 题为多选题):

1. 根据《砂轮机安全防护技术条件》,砂轮机卡盘与防护罩的安全间距最大值为(　　)。

   A. 5mm
   B. 10mm
   C. 15mm
   D. 20mm
   E. 25mm

2. 司机丁驾驶叉车运送氧气瓶到达车间后,指挥天车进行气瓶吊运,正确的吊运方法是(　　)。

   A. 使用电磁起重机吊运
   B. 使用金属链绳捆绑气瓶后吊运
   C. 使用钢丝绳穿入气瓶帽后吊运
   D. 使用集装箱固定气瓶后吊运
   E. 使用钢丝绳扣挂在料框吊耳后吊运

3. 电焊工戊进行电焊作业时,正确的做法包括(　　)。

   A. 从 10m 远配电箱处接电焊机电源线
   B. 利用天车地面轨道作为电焊机保护接地线
   C. 脚穿绝缘防护鞋
   D. 双手戴绝缘手套
   E. 佩戴电焊防护面罩

4. 专家组对 A 企业安全检查时发现的下列情形中,存在安全生产事故隐患包括(　　)。

   A. 员工甲左手垫擦布手持工件,右手操作钻床进行打孔的作业
   B. 员工乙双手操作控制按钮,剪切 100mm 宽钢板的作业
   C. 员工丙站在砂轮机正面磨削刀具的作业
   D. 叉车司机丁驾驶 2t 叉车向车间配送氧气瓶的作业
   E. 2020 年 9 月 14 日发生的未遂事故未进行原因分析且未采取预防措施

5. 下列 A 企业的主要设备设施中,属于特种设备的包括(　　)。

   A. 激光切割机
   B. 额定起重量 5t 天车
   C. 叉车
   D. 货运电梯
   E. 氧气瓶

案例 3

[2020]

K 县 H 公司为金属易拉罐生产企业,共有员工 350 人。主要生产工序包括剪切、缝焊、涂布、烘烤、翻边、卷封、测漏、检验、包装、入库等。

H 公司生产厂房为三层建筑,门卫室旁建有五层员工宿舍,保安人员宿舍位于员工宿舍地下一层。2019 年 5 月 18 日 22 时 30 分,H 公司保安人员甲回宿舍打开照明灯开关时,突然发生气体

爆燃,造成甲重伤,同宿舍的保安乙、丙轻伤。H公司总经理丁接到事故报告后,启动了应急救援预案,组织开展救援,并向K县应急管理部门进行了报告。

该起事故经济损失包括建筑物修缮费用5万元、伤员医疗费用200万元、应急处置费用10万元、歇工工资5万元、补充新保安人员培训费用0.8万元等。

事故调查发现,H公司员工宿舍毗邻的社会道路路面下埋压的天然气中压管线泄漏,泄漏的天然气通过土壤渗透,经污水管线侵入H公司员工宿舍地下一层,并在保安人员宿舍内积聚,达到爆炸浓度,遇开关电火花引发爆燃。

2019年6月,该社会路面进行了雨洪工程施工,由K县L市政公司发包给J企业,J企业在施工过程中,将一段角钢遗落在天然气管线上方土壤内,M监理公司未发现上述隐患。工程完工后,该路段恢复通车,因过往货车较多,导致角钢长期挤压天然气管线,造成管线破裂泄漏。

事发后,N燃气公司采取紧急停气措施,并对管线进行了抢修,经检测合格后恢复正常运行。

根据以上场景,回答下列问题(1~2题为单选题,3~5题为多选题):

1. 根据《生产安全事故报告和调查处理条例》,H公司负责人接到事故报告后,应当向K县应急管理部门报告的时限为( )。

   A. 1小时内
   B. 2小时内
   C. 4小时内
   D. 12小时内
   E. 24小时内

2. 该起事故的主要责任单位为( )。

   A. H公司和J企业
   B. J企业
   C. J企业和L市政公司
   D. J企业和M监理公司
   E. J企业和N燃气公司

3. 该起事故的直接原因为( )。

   A. 角钢挤压天然气管线,导致天然气泄漏
   B. 甲开灯引爆天然气
   C. J企业未将角钢及时清除
   D. 雨洪工程和天然气管线布局不合理
   E. N燃气公司未及时发现泄漏

4. 预防此类事故应采取的安全措施有( )。

   A. 加强施工过程安全监管
   B. 建立施工技术交底制度
   C. 禁止保安人员在地下室居住
   D. 增加天然气管线泄漏监测系统
   E. 增加相关视频监控

5. 该起事故的直接经济损失包括( )。

   A. 建筑物修缮费用5万元
   B. 伤员医疗费用200万元
   C. 应急处置费用10万元
   D. 歇工工资5万元
   E. 补充新保安人员培训费用0.8万元

案例 4

[2019]

A厂为新建煤化工企业，B公司为A厂煤气化装置项目总承包商，C公司为B公司的分包商，承担其中的防腐保温工程。

2019年3月5日，C公司在对煤气化装置的飞灰过滤器进行内部除锈作业时发生事故，导致4人死亡。

事发时，B公司尚未向A厂进行煤气化装置整体的中间交接，A厂员工在自行组织磨煤机单体试车。3月4日10时，A厂进行煤粉循环试运行，使用0.5~0.6MPa的氮气作为惰性循环介质，17时，由于氮气供应不畅，A厂停止试运行并停止供氮。

飞灰过滤器位于煤气化装置框架38.000m层面，直径1.6m，高度6m。上部为圆筒形，下部为锥形。过滤器上部的带孔隔板将其分隔成上下两部分，设备顶部和带孔隔板下方（距锥底4m处）分别设有人孔，设备外接3条电（气）控阀管线。

3月5日8时，C公司员工甲、乙、丙开始过滤器打磨除锈作业。甲从带孔隔板下方人孔进入过滤器内搭设的跳板作业，乙负责监护。10时，丙替换甲继续作业。11时20分，丙突然从作业跳板坠落至过滤器锥体底部。乙听到坠落声响后立即呼救，以为是过滤器内搭设跳板脱落，向内探头观察，随即丧失意识被甲拉出。甲判断过滤器内手持照明灯可能发生漏电，立即断开直接引自TN-S系统配电箱电源，并紧急呼救。附近试车作业的A厂员工丁、戊、己3人听到呼救后，赶到现场，相继进入过滤器施救，均晕倒在内。陆续赶到的救援人员将4人抬出送医，经抢救无效死亡。

事故调查发现：试车方案编制及实施均由A厂单独进行；丙为C公司临聘人员，3月4日到达施工现场，尚未录入员工名册，罹难后才查明身份；外接的3条电（气）控阀管线可远程开启，且与设备连接管道未按要求封堵盲板；飞灰过滤器管线与氮气管线串线，氮气窜入飞灰过滤器；作业过程中未系安全绳；搭设的跳板未绑扎；该项作业无任何书证记录。

根据以上场景，回答下列问题（1~2题为单选题，3~5题为多选题）：

1. 煤气化装置项目中间交接之前，该建设项目的安全管理责任单位为（　　）。

   A. A厂
   B. B公司
   C. C公司
   D. A厂和B公司
   E. A厂和C公司

2. 该起事故的责任单位和上报单位分别是（　　）。

   A. A厂、B公司
   B. B公司、A厂
   C. C公司、B公司
   D. C公司、A厂
   E. B公司、B公司

3. 该起事故暴露出的现场安全管理方面的问题有（　　）。

   A. 与设备连接管道未按要求封堵盲板
   B. 以包代管，没有安全技术交底，安全教育培训不到位
   C. 没有进行有效的风险辨识并编制相应应急预案

D. 施工和试车交叉作业时,管理职责不明确

E. 没有为除锈作业人员配置防毒面具

4. 可能导致员工丙死亡的直接原因包括(　　)。

A. 手持照明灯触电

B. 未系安全绳,跳板无绑扎,导致坠落

C. 氮气经过外接的电(气)控阀的管线进入过滤器

D. 过滤器上部物体掉落打击

E. 氮气系统渗漏富集

5. 下列关于 A、B、C 三家单位同时在现场进行交叉作业时安全管理的说法,正确的包括(　　)。

A. 三家单位现场施工过程中的安全管理统一由 A 厂负责

B. 三家单位现场施工过程中的安全管理统一由 B 公司负责

C. A 厂应与 B 公司签订安全管理协议,明确各自的安全生产管理职责

D. B 公司应与 C 公司签订安全管理协议,明确各自的安全生产管理职责

E. B 公司对进场人员进行危害告知、安全交底和安全教育培训

模拟必刷

建议用时 225′　　答案 P171

案例 1

A 企业为禽类加工企业,有员工 415 人,厂房占地 15000m²,包括一车间、二车间、冷冻库、冷藏库、液氨车间、配电室等生产单元和办公区。液氨车间为独立厂房,其余生产单元位于一个连体厂房内。连体厂房房顶距地面 12m,采用彩钢板内喷聚氨酯泡沫材料;吊顶距房顶 2.7m,采用聚苯乙烯材料;吊顶内的同一桥架上平行架设液氨管道和电线;厂房墙体为砖混结构,厂房内车间之间、车间与办公区之间用聚苯乙烯板隔断;厂房内的电气设备均为非防爆电气设备。

一车间为屠宰和粗加工车房,主要工序有宰杀禽类、低温褪毛、去内脏、水冲洗。半成品送二车间。

二车间为精加工车间,主要工序有用刀分割禽类、真空包装。成品送冷冻库或冷藏库。A 企业采用液氨制冷,液氨车间制冷压缩机为螺杆式压缩机,液氨储量 150t。A 企业建有 1000m³ 消防水池,在厂区设置消防栓 22 个,但从未按规定检测。A 企业自 2002 年投产以来,企业负责人重生产、轻安全,从未组织过员工安全培训和应急演练,没有制订应急救援预案。连体厂房有 10 个出入口,其中 7 个常年封闭、2 个为货物进出通道、1 个为员工出入通道。

根据以上场景,回答下列问题(1~3 题为单选题,4~5 题为多选题):

1. 根据《火灾分类》(GB/T 4968),如果 A 企业配电室内的配电柜发生火灾,该火灾的类别为(　　)。

A. A 类火灾　　　　　　　　　　　B. B 类火灾

C. C类火灾　　　　　　　　　　D. D类火灾

E. E类火灾

2. 根据《建筑设计防火规范》(GB 50016)，A企业液氨车间的生产火灾危险性类别应为( )。

A. 甲级　　　　　　　　　　　B. 乙级

C. 丙级　　　　　　　　　　　D. 丁级

E. 戊级

3. 根据《企业职工伤亡事故分类》(GB 6441)，如果冷冻库内液氨泄漏导致人员伤亡，则该类事故类别为( )。

A. 中毒和窒息　　　　　　　　B. 物体打击

C. 冲击　　　　　　　　　　　D. 机械伤害

E. 淹溺

4. A企业在安全管理方面存在的违规行为有( )。

A. 未对员工进行相应的安全培训

B. 连体厂房内的电气设备均为非防爆电气设备

C. 厂区内设置的消防栓未按规定检测

D. 连体厂房的7个出入口常年封闭

E. 吊顶内的同一桥架上平行架设液氨管道和电线

5. 在配电室内应采取的安全防护措施包括( )。

A. 高压区与低压区分设　　　　B. 保持检查通道有足够的宽度和高度

C. 辐射防护　　　　　　　　　D. 设置应急照明

E. 设置消防栓

案例2

2020年10月20日2时，某食品加工厂发生火灾事故，经过消防救援人员的奋力扑救后，大火终于被扑灭；但该起事故还是造成了7人死亡、10人重伤、50人轻伤，过火面积约2000m²，直接经济损失4500余万元，间接经济损失高达1亿3000余万元。发生该起事故5日后，重伤人员中的3人经抢救无效死亡。有关部门迅速成立了事故调查组，并对该起事故进行了细致而缜密的调查。

经调查，认定该起事故的原因为保鲜库内的冷风机供电线路接头处短路造成过热，引燃墙面聚氨酯泡沫保温材料所致。起火的保鲜库为多层砖混结构，吊顶和墙面均采用聚苯乙烯板，在聚苯乙烯板外表面直接喷涂聚氨酯泡沫。

经调查，该企业安全管理制度不健全，单位的安全管理人员曾接受过消防安全专门培训，但由于该企业生产季节性强、员工流动性大，未能组织全员进行消防安全培训和疏散演练。

事故调查组在调查结束后，在规定的期限提交了事故调查报告。负责事故调查的人民政府在规定的期限内作出了相应的批复。

有关机关按照负责事故调查的人民政府的批复,依照法律、行政法规规定的权限和程序,对该企业和有关人员进行行政处罚,对负有该事故责任的国家工作人员进行处分,并对涉嫌犯罪的有关责任人员,依法追究其刑事责任。

注:关于此案例的日期计算问题,均默认按照自然日来考虑,此注意事项仅限于此题。

根据以上场景,回答下列问题(1~2题为单选题,3~5题为多选题):

1. 根据《火灾分类》(GB/T 4968),按可燃物的类型和燃烧特性划分,该起事故属于(　　)。

A. C类火灾　　　　　　　　B. F类火灾

C. A类火灾　　　　　　　　D. E类火灾

E. B类火灾

2. 根据《生产安全事故报告和调查处理条例》(中华人民共和国国务院令第493号)的规定,该起事故属于(　　)。

A. 特别重大事故　　　　　　B. 重大事故

C. 重大隐患事故　　　　　　D. 一般事故

E. 较大事故

3. 下列选项均为此案例事故的实际上报时间,各级上报单位及个人,均以各自接收到下级报告该事故情况的时间为起点计算事故上报时限,则符合该起事故上报时限要求的有(　　)。

A. 该事故现场有关人员在发生该起事故的同时,立即向本企业负责人报告

B. 该企业负责人于2020年10月20日3时40分向该事故发生地县级应急管理部门报告

C. 该事故发生地县级应急管理部门于2020年10月20日5时向该事故发生地设区的市级应急管理部门报告

D. 该事故发生地设区的市级应急管理部门于2020年10月20日7时向该事故发生地省级应急管理部门报告

E. 该事故发生地省级应急管理部门于2020年10月20日8时向国务院管理部门报告

4. 根据该案例背景,下列关于事故调查与分析的说法,错误的有(　　)。

A. 事故调查组进行调查取证时,行政执法人员的人数为3人

B. 事故调查工作实行"政府领导、分级负责"的原则,其事故调查工作都是由政府负责

C. 该起事故应由事故发生地设区的市级人民政府负责调查

D. 在无须技术鉴定的正常情况下,事故调查组在2020年12月17日提交事故调查报告给有关部门

E. 该事故发生地的省级人民政府应当自收到事故调查报告之日起30日内做出批复

5. 下列损失中,属于直接经济损失的有(　　)。

A. 员工歇工工资　　　　　　B. 清理现场费用

C. 处理环境污染的费用　　　D. 补充新员工的培训费用

E. 停产损失

案例3

某建筑总面积5162m²,共四层。该建筑的装饰装修总承包项目负责人刘某将承揽的管道维修工作交给施工人员魏某和王某进行施工。

某日上午8时20分,施工人员魏某和王某一起进入该建筑进行管道维修工作。魏某上午在工地一层维修管道水阀,下午单独在二层维修管道水阀。16时左右,王某打电话给魏某询问施工情况,结果联系不到魏某,通过建筑附近的手机铃响,王某发现魏某手机在二层213房间顶棚上响起,王某便爬梯子上到顶棚,发现魏某躺在顶棚的风道里,已经陷入昏迷,随后王某拨打电话向其负责人刘某汇报现场情况,3分钟后,刘某及项目其他管理人员赶到现场,迅速关掉213房间的空气开关,随即拨打"120","120"到达后,魏某经救护人员现场抢救无效后死亡。该起事故造成1人死亡,直接经济损失230万元。

事故发生后,有关部门迅速成立了事故调查组,事故调查组坚持相应的事故调查处理原则,对该起事故进行调查。经调查得出,该起事故原因如下。

直接原因:魏某进行管道维修关闭水阀阀门时,接触因电线裸露而导致带电的金属龙骨吊杆后,触电身亡。

间接原因:

(1)负责人刘某未按规范要求配备合格的施工现场临时用电的配电箱。

(2)负责人刘某装修项目的现场安全管理不到位,人员在电气施工中,未能及时对裸露的电线做绝缘包扎处理。

事故调查结束后,该起事故调查报告被相应的人民政府批复,有关的行政部门对涉事企业和人员进行了不同程度的处罚。

根据以上场景,回答下列问题(1~2题为单选题,3~5题为多选题):

1. 该起事故的性质应认定为(   )。

   A. 意外事故   B. 人为事故
   C. 突发事故   D. 自然事故
   E. 责任事故

2. 根据《生产安全事故报告和调查处理条例》(中华人民共和国国务院令第493号),该起事故属于(   )。

   A. 较大事故   B. 重大事故
   C. 一般事故   D. 严重事故
   E. 特别重大事故

3. 该起事故的直接经济损失包括(   )。

   A. 补充新职工的培训费用   B. 企业停工(产)损失费用
   C. 医疗护理费用   D. 事故罚款
   E. 丧葬及抚恤费用

4. 生产经营单位主要负责人的安全生产职责包括(　　)。
A. 组织制订并实施本单位安全生产教育和培训计划
B. 组织或者参与拟定本单位安全生产规章制度、操作规程和生产安全事故应急救援预案
C. 督促落实本单位安全生产整改措施
D. 督促、检查本单位的安全生产工作,及时消除生产安全事故隐患
E. 督促落实本单位重大危险源的安全管理措施

5. 事故调查组对事故调查处理应当坚持的原则有(　　)。
A. 发展才是硬道理的原则
B. 科学严谨、依法依规、实事求是、注重实效的原则
C. 企业盈利第一的原则
D. "四不放过"的原则
E. 安全服从经济发展的原则

案例 4

C公司为金属地下矿山开采企业,年开采矿石 $30×10^4$ t,服务年限50年。C公司2016年8月1日变更企业法定代表人为矿长甲。经批准,C公司对十六中段以下矿山组织实施改扩建工程,2016年9月15日与B矿建工程公司签订了《矿山工程施工合同》,约定了改扩建施工作业内容。改扩建期间十六中段以上正常生产。

2016年C公司投入的与安全生产有关的费用包括主通风轴流风机维修支出4.7万元、劳动防护用品配备支出78.9万元、安全生产标准化评审支出11.5万元、人员定位系统完善支出23.6万元、改扩建工程安全评价支出13.3万元、安全教育培训支出14万元。

2017年1月14日8时,B公司电焊班班长安排电焊工乙和另外2名工人,携带2台电焊机,对改扩建回风巷钢支护进行焊接作业,乙发现电焊机未接通电源,将电焊机电源线接到回风巷局部通风机备用配电箱上,开始焊接作业。11时20分,C公司安全员丙与B公司安全员丁到焊接作业现场检查,丙告诉丁他闻到了烧焦橡胶味,丁和乙都说应该是电焊焊接产生的,属于正常情况,并且丙在现场没有发现其他异常,就与丁一起离开了。随后,乙与其他焊接工作人员也都离开作业现场升井吃午饭。

12时40分,C公司排水工发现改扩建回风巷充满浓烟,向调度室电话报告后撤离。在调度室带班的分管安全的副厂长戊立即向矿长甲报告。甲要求戊通知其他副矿长、安全科长和B公司项目经理立即到井口集合,同时通知井下作业人员紧急升井。13时5分,甲等陆续赶到井口,在没有配备必要的救援装备的情况下,先后组织50多人下井灭火施救。14时,甲感到事态严重,打电话向当地政府监管部门报告。

事故当日19人死亡,3人失踪,101人重伤(其中64人急性中毒)。2017年1月19日,2名重伤人员医治无效死亡;2017年1月21日,1名失踪人员遗体被发现;2017年2月18日,又有2名重伤人员医治无效死亡。事故造成直接经济损失9700万元。

事故调查发现:为局部通风机备用配电箱供电的电缆质量不合格,使用中发热导致电缆绝缘

破损,在距离配电箱 15m 处发生短路,产生电弧,引燃电缆绝缘层及相邻衬木;火灾发生后,通风系统停电,燃烧产生的有毒有害气体进入采矿作业层,造成部分井下作业人员及救护人员中毒和窒息;C、B 公司未严格执行国家有关规定,安全预防控制体系不健全;C、B 公司安全教育培训不到位,员工安全意识差。

根据以上场景,回答下列问题(1~2 题为单选题,3~5 题为多选题):

1. 根据《火灾分类》(GB/T 4968),该起火灾属于(　　)。

   A. A 类火灾　　　　　　　　　　　B. B 类火灾

   C. C 类火灾　　　　　　　　　　　D. D 类火灾

   E. E 类火灾

2. 根据《企业安全生产费用提取和使用管理办法》(财企〔2012〕16 号),C 公司 2016 年属于使用安全生产费用的支出为(　　)。

   A. 122.4 万元　　　　　　　　　　B. 132.7 万元

   C. 134.5 万元　　　　　　　　　　D. 141.3 万元

   E. 146 万元

3. 根据《非煤矿矿山企业安全生产许可证实施办法》,C 公司变更法人代表后,应及时申请变更安全生产许可证。办理变更手续时,需要提交的申报材料为(　　)。

   A. 公司营业执照　　　　　　　　　B. 安全生产许可证正本

   C. 安全生产许可证副本　　　　　　D. 近三年安全检查记录

   E. 甲的安全资格证书复印件

4. 甲接到井下发生火灾的事故报告后应立即采取的措施包括(　　)。

   A. 启动应急救援预案　　　　　　　B. 向当地政府监管部门报告

   C. 通知井下作业人员紧急升井　　　D. 组织救援受伤人员

   E. 组织人员维修风道巷道

5. 根据《生产安全事故报告和调查处理条例》,该起事故调查报告的主要内容应包括(　　)。

   A. 事故发生经过和事故救援情况

   B. 事故发生的原因和事故性质

   C. 事故责任单位年度安全生产费用使用情况

   D. 事故责任的认定以及对事故责任者的处理建议

   E. 事故发生的技术和管理问题专篇

案例 5

某玻璃生产厂,生产和销售玻璃制品。

该企业生产线为成品啤酒瓶码垛专用设备(码垛机),有手动和自动两种操作方式,且可以灵活转换。成品瓶通过码垛机排瓶输送线运送到码垛堆头处码垛,六层成品瓶为一件,每层中间用隔板隔开,底部有底座,顶部有盖板,隔板与盖板正常情况下由吸盘机吸起后自动运送至一层成品瓶上方盖好,码垛完毕后自动或手动操作升降机从二层垂直运送至一层,然后通过输送管道运送至下一工序。与此同时一楼的空盘输送机将下一个底座输送至升降机的金属托盘,完成后金属托盘自动上升至二层指定位置进行下一轮作业;生产线一班有4名工人,2人在输送线检验成品瓶质量,2人在二层码垛堆头处进行调整隔板和盖板、防止倒瓶歪瓶等辅助操作,每隔1至2小时左右工作互换。

该企业建立了安全生产责任制、安全生产规章制度、安全操作规程;成立了安全生产管理机构,并配备了专职的安全管理人员。

某日7时,该企业员工黄某因违反操作规程,擅自进入升降机沉井底部,致其本人被正在运行中的升降机托盘挤压,当场死亡。该起事故造成1人死亡,直接经济损失约150万元。

事故发生后,属地政府及有关部门迅速成立事故调查组开展事故调查。

经调查,该企业安全生产教育培训制度落实不到位,安全生产教育培训档案不健全;主要负责人和安全管理人员未能合格通过有关应急管理部门组织的安全生产知识培训考核,部分特种作业人员未能持证上岗;安全风险分级管控、隐患排查和治理双重预防工作制度落实不彻底,未在井式升降机(非特种设备)出货口设置明显的安全警示标志,且未及时发现并排除设备存在的安全隐患;生产安全事故应急救援预案不完善,组织的定期应急演练流于"形式"。

事故调查结束后,负责事故调查的人民政府对事故调查组提交的事故调查报告进行了批复,有关部门对该起事故涉事的企业及人员进行了不同程度的处罚。

根据以上场景,回答下列问题(1~2为单选题,3~5题为多选题):

1. 根据《生产安全事故报告和调查处理条例》(中华人民共和国国务院令第493号),该起事故属于(　　)。

   A. 较大事故　　　　　　　　B. 重大事故

   C. 较重事故　　　　　　　　D. 一般事故

   E. 特别重大事故

2. 安全风险分级管控、隐患排查和治理双重预防工作制度属于安全生产规章制度体系中的(　　)。

   A. 环境安全管理制度　　　　B. 人员安全管理制度

   C. 设备设施安全管理制度　　D. 技术安全管理制度

   E. 综合安全管理制度

3. 该起事故的间接原因包括(　　)。

   A. 黄某因违反操作规程,擅自进入升降机沉井底部

   B. 安全生产教育培训制度落实不到位,安全生产教育培训档案不健全

   C. 安全风险分级管控、隐患排查和治理双重预防工作制度落实不彻底

   D. 生产安全事故应急救援预案不完善

   E. 组织的定期应急演练流于"形式"

4. 企业主要负责人初次安全生产教育培训的主要内容不包括( )。

A. 典型事故和应急救援案例分析

B. 国内外先进的安全生产管理经验

C. 国家安全生产方针、政策和有关安全生产的法律法规、规章及标准

D. 伤亡事故统计、报告及职业危害的调查处理方法

E. 应急管理、应急预案编制以及应急处置的内容和要求

5. 企业的事故应急预案体系包括( )。

A. 设备设施应急预案　　　　　B. 专项应急预案

C. 人员配备处置方案　　　　　D. 综合应急预案

E. 现场处置方案

案例 6

2018 年 5 月 12 日，甲污水处理有限公司 4 号泵站维修过程中，发生一起中毒事故，造成 4 人死亡。

据统计，事故共造成经济损失：丧葬及抚恤费用为 300 万元、医疗费用 10 万元、补助及救济费用 50 万元、停产损失 5 万元、补充新职工的培训费用 3 万元、事故罚款 52 万元。

乙公司负责承包甲公司的维修业务。由于甲公司的 4 号泵站的液位传感器和信号传输系统发生故障，甲公司厂长梁某两次电话联系乙公司派人维修。

乙公司员工魏某、黄某未经过培训便于 5 月 12 日到达 4 号泵站，甲公司厂长梁某派机修组吴某和办公室人员宋某赶到维修现场配合。13 时 54 分左右，魏某、黄某开始维修，二人在未采取任何安全防护措施的情况下，进入筒体内进行维修作业，并先后晕倒。由于中间检修平台（格栅）有缺陷，魏某掉入水中，黄某趴在中间检修平台（格栅）上。15 时 5 分左右，吴某、宋某发现异常后，吴某拨通了梁某手机并交给宋某后，下入筒体内施救，宋某向梁某汇报后也下入筒体内施救。梁某接现场报告后，随即电话告知公司总经理助理与运行工赶到现场。到达后，未在 4 号泵站周边发现人员活动，只看到泵筒体盖开着，同时发现有 2 人在筒体内中间检修平台趴着且喊话不回应，随即拨打"119""120"电话求救。最终 4 人经抢救无效后死亡。

根据以上场景，回答下列问题（1~2 题为单选题，3~5 题为多选题）：

1. 为防止事故的发生，甲污水处理公司决定对全厂开展安全评价，则其应开展的安全评价的类型为( )。

A. 安全预评价　　　　　　　B. 安全验收评价

C. 安全控制效果评价　　　　D. 安全现状评价

E. 职业病危害现场评价

2. 该起事故的直接经济损失为( )。

A. 310 万元　　　　　　　　B. 362 万元

C. 412 万元　　　　　　　　D. 417 万元

E. 420 万元

3. 根据《生产过程危险和有害因素分类与代码》(GB/T 13861)，甲公司的4号泵站存在的危险和有害因素包括( )。

A. 作业场地空气不良
B. 有毒气体
C. 高温
D. 采光照明不良
E. 中间检修平台缺陷

4. 进行有限空间作业时，应采取的防范措施包括( )。

A. 对现场作业人员进行专项安全培训
B. 采用纯氧进行通风换气
C. 检测时间不得早于作业开始前10min
D. 作业严格遵守"先通风、再检测、后作业"的原则
E. 设置监护人员，并与作业人员保持联系

5. 有限空间作业中发生事故后，相关人员正确的应急处置是( )。

A. 现场人员应立即报警
B. 立即进入进行救援
C. 救治受伤人员
D. 立即报告给单位主要负责人
E. 应急救援人员救援时应做好自身防护

案例7

某烟花爆竹企业生产烟花爆竹升空类产品，包括双响、小礼花、多彩礼花、高空礼花等。

该企业厂区南北长130m、东西宽35m，占地面积4356m²。场地四周为砖砌围墙，高2m，厚0.24m，大门位于围墙的东南角，门朝南，院内从南到北依次建有三栋仓库，分别为南部的1号仓库，建筑面积为360(12×30)m²；中部的2号仓库，建筑面积为360(12×30)m²；北部的3号仓库，建筑面积为60(5×12)m²，合计建筑面积为780m²。北部的3号仓库改建为厨房和住宿。在原有1、2、3号仓库之间的空地上分别搭建了A、B、C、D、E共5个简易工棚，在1号库房南侧及西侧和围墙之间分别搭建了F、G、H共3个简易工棚。

除改造利用原有区域外，又增加了无药工房区(球壳库和泥底库)、礼花弹成品和亮珠库区。共计8块厂区，分别是1.1级危险品总厂库区、2个1.3级成品仓库区、主生产区(礼花弹、组合烟花和行政区)、亮珠生产区、无药工房区(球壳库和泥底库)、原料库区(无药工区)、礼花弹成品和亮珠库区。

该企业生产原材料为硝酸钡、高氯酸钾、硫黄、铝粉、铝镁合金粉、亮珠和半成品亮珠等。其主要工序：炮筒打中隔穿引线(外购)、装上药(炸药与亮珠)、封口、装下药(发射药)、糊底(或装锯末压纸片)、装箱。

该企业雇有4个装药工、2个配药工，分别在自建的5个简易工棚中进行操作，装顶药(顶药：炸药与亮珠)操作工旁边有封口人员。装发射药操作工旁边有糊底与装箱等人员。由于场地限制，配药、装药、中转、封口、装箱等操作均在同一空间，相互之间没有安全距离。南端生产区域只有1号仓库到南围墙之间狭窄区域，除1名配药员在1号仓库西侧外，其他操作人员均在此狭窄区域内作业，药物、半成品、未装箱的成品均堆放在此。装箱成品放入相邻1号仓库。

该企业租用了不具备安全生产条件、没有资质的场所,非法购进原材料,非法组织生产、销售烟花爆竹。

该企业生产区内作业管理混乱,工棚间无安全距离,作业人员定员和药物定量未作限制,有限区域内人员集聚密度大;原料、半成品、成品堆放过多,无防静电安全设施。

该企业负责人梁某和生产经理赵某未能合格通过有关安全生产监管监察部门组织的安全生产知识和管理能力的考核;该企业未能对员工进行安全生产教育培训,作业人员缺乏安全意识与安全技能。

在事故应急管理方面,该企业在事故应急预案编制程序上存在逻辑错误,未能完善事故应急预案。

某日9时,环境相对湿度10%~29%,气候干燥(易产生静电积聚),该企业生产区域作业人员陆续开工。10时40分,装药工吴某未穿防静电服,在装药棚进行双响炮装发射药过程中,直接接触药物,在相对封闭的空气中飘浮有超过规定浓度的药物粉尘,衣服外套带有大量药物粉尘,遇到静电意外释放,引发爆炸。瞬间引发东侧相邻的两个露天作业点,以及西北相邻的露天存药处和配药棚爆炸,又连环引起1号仓库内成品爆炸,仓库垮塌。紧接着配药棚、装药棚相继爆炸,导致在2号仓库的数千公斤亮珠和烟花爆竹成品、半成品发生爆炸,最后又引爆北边两个装药棚,整个厂区炸毁。该起烟花爆竹爆炸事故,造成10人死亡、11人受伤,直接经济损失1341万元。

事故发生后,有关部门迅速成立了事故调查组展开事故调查处理工作。事故调查结束后,负责事故调查的人民政府最终对事故调查组提交的事故调查报告作出批复,有关行政部门对该起事故涉事的企业及人员进行了不同程度的处罚。

根据以上场景,回答下列问题(1~2题为单选题,3~5题为多选题):

1. 该企业的主要负责人接受初次安全培训的时间不得少于( )。

   A. 8 学时
   B. 32 学时
   C. 48 学时
   D. 24 学时
   E. 12 学时

2. 根据《生产经营单位安全生产事故应急预案编制导则》(GB/T 29639),下列关于事故应急预案编制程序,正确的是( )。

   A. 资料收集、成立编制工作组、风险评估、应急资源调查、桌面推演、应急预案编制、应急预案评审、批准实施

   B. 成立编制工作组、资料收集、风险评估、应急资源调查、应急预案编制、桌面推演、应急预案评审、批准实施

   C. 成立编制工作组、资料收集、应急资源调查、风险评估、桌面推演、应急预案编制、应急预案评审、批准实施

   D. 成立编制工作组、资料收集、应急预案编制、桌面推演、应急资源调查、风险评估、应急预案评审、批准实施

   E. 资料收集、成立编制工作组、应急资源调查、风险评估、应急预案编制、桌面推演、应急预案评审、批准实施

第6章 其他安全类案例专项

3. 下列劳动防护用品中,属于躯干防护用品的有( )。
   A. 防静电服 B. 防静电手套
   C. 防静电鞋 D. 防尘口罩
   E. 无尘服

4. 根据《安全生产许可证条例》,下列企业应实行安全生产许可制度的有( )。
   A. 建筑施工企业 B. 矿山企业
   C. 机械制造企业 D. 民用爆炸物品生产企业
   E. 金属冶炼企业

5. 该起事故发生的直接原因不包括( )。
   A. 吴某在装发射药时,未穿防静电服,直接接触药物,衣服外套带有大量药物粉尘,遇到静电意外释放,引发爆炸
   B. 该企业生产区内作业管理混乱,工棚间无安全距离,作业人员定员和药物定量未作限制,有限区域内人员集聚密度大
   C. 该企业未能对员工进行安全生产教育培训,作业人员缺乏安全意识与安全技能
   D. 该企业租用不具备安全生产条件、没有资质的场所,非法购进原材料,非法组织生产、销售烟花爆竹
   E. 原料、半成品、成品堆放过多,无防静电安全设施

案例8

某家具生产企业有木加工车间、油漆喷涂车间等,相关建设的车间于2014年完成验收,并按计划正式投产。木加工车间内有油漆木制件的砂、抛、磨加工等工序及部分金属切割工作,主要设备有跑车带锯机、轻型带锯机、平刨机、压刨机、木磨床等。油漆喷涂车间主要是根据市场需求选择不同颜色类型的油漆进行喷涂作业,日常工作中该车间内有机溶剂和废弃的油漆桶等。

木加工车间内由于作业量大,地面及相关设备上积聚了一定厚度的木粉尘。企业为保障作业人员的健康,为员工配备了口罩等劳动防护用品。某日,当地应急管理部门对该企业进行了检查,就该单位职业病危害严重的情况,重点提出了以下问题及建议:针对木粉尘浓度较大,应采取工程控制措施;油漆喷涂车间要防止人员中毒;要按照相关要求进行职业病危害因素检测、评价。为落实整改措施,该企业为木加工车间安装了除尘净化系统,系统采用反吹布袋除尘器。喷涂车间安装通风设备,加强车间的通风。

由于该企业扩大了生产规模,又新增相关设备,致使木加工车间内粉尘浓度超标。为了治理车间内粉尘污染,企业将布袋除尘器由原有的3套增加到6套,车间内木粉尘浓度经处理有所降低,但新增的3套除尘器未采取有效接地措施。

2017年7月5日11时20分,除尘净化系统2号除尘器内发生燃爆着火,并瞬间引起3号除尘器内燃爆着火,并导致车间的部分木材着火。同时造成燃爆点周边20m范围内部分厂房和设施损坏。车间内作业人员受到爆炸冲击,造成了一定的人员伤亡。

根据以上场景,回答下列问题(1~2题为单选题,3~5题为多选题):

1. 依据《职业病防治法》的规定,该企业车间建设项目在竣工验收前应进行的职业病危害评价类型是( )。
   A. 职业病危害预评价
   B. 职业病危害控制效果评价
   C. 职业病危害现状评价
   D. 职业病危害因素日常监测评价
   E. 职业病健康风险评估

2. 依据《火灾分类》(GB/T 4968),按物质的燃烧特性,该车间木材着火的火灾类型为( )。
   A. A类火灾
   B. B类火灾
   C. C类火灾
   D. D类火灾
   E. F类火灾

3. 依据《职业病危害因素分类目录》(国卫疾控发〔2015〕92号),该企业存在的职业病危害因素包括( )。
   A. 噪声
   B. 机械伤害
   C. 木粉尘
   D. 高温
   E. 苯

4. 为减少职业危害,企业应采取的工程控制技术措施有( )。
   A. 采用湿法除尘工艺
   B. 合理安排作业时间,减少粉尘产生量
   C. 增加除尘器布袋清灰频次
   D. 采用隔离降噪、吸声等技术措施
   E. 机械自动化抛光技术

5. 根据题目信息,导致此次事故的原因可能包括( )。
   A. 除尘器管道内含尘气体流速过大
   B. 木加工车间内气温太高
   C. 除尘器内气体湿度大
   D. 除尘器内木粉尘浓度达到爆炸极限
   E. 除尘器吸进大量空气

案例9

甲烟花厂成立于1999年3月5日,为个人投资企业,刘某为法人代表并全面负责烟花厂的所有事务。该厂许可生产范围为组合烟花类(C)级,喷花类(B、C、D)级,升空类(C)级,有效期自2014年12月16日至2017年12月15日。目前厂内厂房共有136栋,员工48人。

该厂成立了专门的安全生产管理机构,并配备了2名专职安全生产管理人员(张某、王某)和2名兼职安全生产管理人员(李某、董某)。张某和李某持有安全生产管理人员资格证,并均在有效期,但其他人均未取得安全生产管理人员资格证(4人均在2016年3月进入该厂工作)。该厂持有特种作业资格证的人员14人(其中李某特种作业资格证因有效期满未进行复审而失效)。

该厂正在研制的"鸟巢"产品为一种异形组合类烟花,此样品燃放时有一定的危险性,必须由专业燃放人员在特定的室外空旷地点燃放。2016年5月17日15时30分,李某在装药工房将组合烟花样品("鸟巢"样品)搬上了厂内运输药物的微型运输车,准备晚上进行试放;17时左右,装药车间主任要求李某送一批军工硝,李某在军工硝装车后发现司机郑某已下班,于是决定次日配送;19时20分左右,李某吃完饭返厂(喝了3~4两白酒),准备去试放烟花,但码放的军工硝遮挡住了烟花,李某便将军工硝搬到生活楼的通道内。李某搬完军工硝后感到劳累,便决定在生活楼外空地上试放烟花。19时32分左右,在李某试放样品近10分钟后,试放中的"鸟巢"样品烟花效果件在上升过程中遇到屋檐和墙体等障碍而改变运行轨迹,折射到军工硝箱体上,效果件开爆,引爆军工硝发生剧烈爆炸事故。事故导致生活楼中的陈某、郑某当场死亡,李某重伤,10天后因抢救无效死亡,直接经济损失1200万元。

事故发生后,当地政府成立了事故调查组,对事故进行调查,发现实际伤亡人数存在错误,本次事故实际死亡人数为6人,甲公司存在漏报瞒报情况。

根据以上场景,回答下列问题(1~2题为单选题,3~5题为多选题):

1. 根据《生产安全事故报告和调查处理条例》,本次事故的事故等级为（　　）。

A. 一般事故
B. 较大事故
C. 重大事故
D. 特别重大事故
E. 较大涉险事故

2. 根据《特种作业人员安全技术培训考核管理规定》,李某特种作业资格证有效期满需要进行复审,则李某应当在期满前（　　）提出。

A. 15日
B. 30日
C. 45日
D. 60日
E. 90日

3. 依据《生产安全事故报告和调查处理条例》,下列关于本次事故上报的说法,正确的有（　　）。

A. 该起事故应当上报至省、自治区、直辖市人民政府应急管理部门和负有安全生产监督管理职责的有关部门
B. 必要时,应急管理部门和负有安全生产监督管理职责的有关部门可以越级上报事故情况
C. 应急管理部门和负有安全生产监督管理职责的有关部门逐级上报事故情况,每级上报的时间不得超过1h
D. 刘某接到事故报告后,应当立即向发生地县级以上人民政府应急管理部门和负有安全生产监督管理职责的有关部门报告
E. 本次事故可以由设区的市级人民政府直接组织事故调查组进行调查

4. 根据事故背景,导致本次事故发生的间接原因有（　　）。

A. 企业药物保管配送存在严重管理漏洞
B. 人员安全意识淡薄
C. 酒后在生活办公区试放烟花
D. 安全管理制度不落实
E. 将军工硝临时存放在生活楼通道

5. 依据《生产安全事故报告和调查处理条例》,指出本次事故调查的组成应当包括（　　）。

A. 有关人民政府
B. 公安机关
C. 有关专家
D. 环保部门
E. 监察机关

专题 2　主观题专项练习

真题必刷

建议用时 375′　　答案 P175

案例 1

[2023]

B 公司是位于 H 市 Q 工业园区的轨道装备制作企业,占地面积 10 万 m²,建筑面积 4 万 m²,现有员工 420 人,为了满足企业发展需要,提高产能和产品质量,B 公司于 2021 年在厂区北侧新建一个 2 万 m² 的结构件涂装车间,涂装车间废水经过公司污水处理站处理后,排入市政管网。

涂装车间工艺流程:上件→前处理→流平→喷底漆→烘干→喷面漆→烘干→下件。工艺布局:上件室、前处理室、流平室、烘干室 1、面漆室、底漆室、调漆室、烘干室 2、下件室。

涂装前处理:在前处理室采用抛丸除锈处理工艺,清理机构件表面的氧化皮,消除焊接产生的内应力,前处理产生的含尘废气经旋风式除尘器和滤筒式除尘器过滤后,经过 15m 高的管道排放。

流平处理:在前处理的结构件表面刮腻子、打磨、抛光,流平处理产生的粉尘经袋式除尘器收集过滤后释放。

喷漆作业:喷底漆和面漆,采用油性漆,分别在底漆室和面漆室进行,室内采用局部通风方式,产生的废气经过吸附阀过滤后排放。

烘干作业:烘干室 1 和烘干室 2 采用热风对流方式烘干,热源来自于天然气加热炉,室内采用局部通风方式,产生的废气经过吸附过滤后排放。调漆室、底漆室、面漆室、烘干室 1 和烘干室 2 内分别装有可燃气体报警器和二氧化碳自动灭火系统。2022 年 12 月 10 日,因面漆室可燃气体报警器故障,临时把调漆室可燃气体报警器拆下安装到面漆室。

2022 年 12 月 16 日,底漆室和烘干室废气排放系统故障,B 公司随即委托 C 公司对废气排放系统进行维修改造,12 月 20 日上午,C 公司维修人员甲、乙、丙三人进入 B 公司开展维修作业,当天 14 时,Q 工业园区安全科对 B 公司进行安全检查时发现,B 公司的高压电工甲电工证过期,B 公司未对污水处理站等有限空间进行辨识并建立台账,B 公司未与 C 公司签订安全管理协议,B 公司未对 C 公司的维修改造过程进行监督检查,C 公司维修人员乙高处作业未系安全带,Q 工业园区安全科认定存在重大事故隐患,要求立即停产整顿。

根据以上场景,回答下列问题(共 22 分):

1. 根据《企业职工伤亡事故分类》,辨识 B 公司涂装车间可能存在的事故类别。
2. 对 B 公司涂装车间的上下件室、前处理室、流平室、底漆面漆室、烘干室、调漆室进行爆炸性危险区域划分。
3. 简述 B 公司喷涂作业安全操作要求。
4. 根据《工贸企业重大事故隐患判定标准》,辨识 B 公司存在的重大事故隐患。

案例2

[2023]

F公司是一家生产低温和常温奶制品的食品企业,现有员工200人,下设生产部、工程部、销售部、安全管理部、综合部和质量部。F公司有氨制冷车间和危险化学品库,制冷车间内液氨储罐、氨制冷压缩机、冷凝器之间通过不同管径的压力管道(GCI等级)相连接。

F公司危险化学品库分为3个独立的库房,分别为过氧乙酸库房、硝酸库房和氢氧化钠库房。F公司液氨储存量60t,构成2级危险化学品重大危险源,公司为液氨建立了重大危险源档案,并向当地应急管理部门进行了备案。2022年2月,按照压力管道定期检验要求,F公司组织对氨制冷间压力管道进行了全面检查,具体情况如下:

(1)供液管道耐压强度校核不合格。

(2)排气管道存在未焊透的严重缺陷。

(3)管道外壁错边量小于公称厚度的20%且不大于3mm。

(4)管道安装位置不符合要求;受条件限制无法调整,对管道安全运行影响较大。

(5)管道材质不明,但未查出新生缺陷,且强度校核合格。

(6)管道本身原因耐压试验不合格。

(7)管道支吊架出现异常。

(8)管道组成件出现变形,但不影响使用。

(9)管道阀门砂眼,经堵漏后仍有轻微泄漏,但不影响使用。

根据检查结果,对照《压力管道定期检验规则——工业管道》中压力管道安全状况分级标准,F公司对氨制冷车间压力管道进行了分级。

2022年3月,F公司因产能扩大,消毒用酒精量增加,计划在原危险化学品库旁建设一座200m^2危险化学品库房,用于存放酒精。

2022年5月,按照设计方案及图纸要求,F公司完成了酒精库房的消防设施、静电导出装置、电气线路及照明、远程监控及报警装置、排风设施、导流及应急收集设施安装,并对地面进行了防漆处理,配置了应急物资等,验收后投入使用。

因使用需要,F公司在酒精库房内划出一块区域,设置了分装区并安装了分装设备,将每桶50kg的酒精分装到2500mL的喷壶内。

2022年7月5日,当天最高气温40℃,13时许,地表温度超过70℃,装有2000kg酒精(40桶,每桶50kg,乙醇含量95%)的货车到达酒精库房。管理员甲核实了相关手续,对车辆进行了安全检查,并穿戴好防护用品,随后开始酒精入库作业。因天气炎热,为提高入库效率,甲从成品车间调用一辆柴油叉车,将货车上的酒精又运到酒精库内,当日正值酒精库房内电气线路检修,排风机未能启动,为了节省空间,酒精库房内每个堆垛的面积按照20m^2进行码放,保持垛与墙的距离为30cm,垛与垛的距离为50cm。

15时,安全管理部员工乙现场检查时发现:过氯乙酸库房内过氯乙酸超量,存在安全隐患。于是,甲将单桶重25kg的10桶过氯乙酸转运至酒精库房内储存。2023年5月,为加强和规范应急管理工作,F公司明确由安全管理部负责编制应急预案,任命安全管理部部长为预案编制小组组长,安全管理部其他员工为组员,预案编制小组从同行企业复制了一份类似的应急预案,在对单位名称、组织机构、联系方式等要素进行修改后,由预案编制小组组长直接签发。

根据以上场景,回答下列问题(共26分):

1. 简述液氨的重大危险源档案应包括的主要内容。
2. 辨识氨制冷车间压力管道安全登记状况属于4级的情形。
3. 分析酒精装卸和储存过程中存在的安全隐患。
4. 指出F公司在应急预案编制中存在的问题。
5. 简述新建酒精库房应设置的防爆技术要求。

案例3

[2022]

A食品加工企业成立于1998年,主要生产速冻类包装食品,占地面积4万m²,有员工340人。A企业主要有生产车间、冷藏库、冷冻库、氨制冷机房、配电室、办公楼、食堂、液化气瓶间等。

2022年1月,因设备设施老化,A企业计划进行技术改造,改造内容:拆除原有18台压力容器(包括螺杆压缩机、液氨储罐等)和900m压力管道的氨制冷系统,更换为新型制冷系统;食堂用液化气改天然气;新建一单层10kV配电室及值班室。

2022年3月10日,A企业与R施工单位签订氨制冷系统拆除合同,与B建筑公司签订配电室建设合同,与D燃气公司签订天然气管道施工合同。

R施工单位对氨制冷系统的拆除工作进行了危险源辨识和风险评估,编制了氨制冷系统拆除专项施工方案,明确了拆除步骤,包括:①拆除制冷系统电气线路和电气设备;②拆除报警及传感系统;③拆除喷淋系统;④对制冷设备和管道内的氨介质进行抽空;⑤用惰性气体对制冷设备和管道内介质进行置换;⑥拆除制冷设备和管道;⑦拆除管道保温层。

随后,A企业组织专家对R施工单位编制的氨制冷系统拆除专项施工方案进行了评审,发现拆除步骤存在重大错误,需要调整。

2022年4月5日,R施工单位完成了对氨制冷系统拆除步骤的重新编制,并对相关作业人员进行了安全培训,按照施工方案开始拆除工作。

4月25日,A企业10kV配电室建设和天然气管道安装开始施工。

9月15日,A企业所在地应急管理局,在A企业施工现场进行执法检查时发现如下问题:新建10kV配电室防雨雪及防蛇鼠等小动物进入的安全技术措施缺失;压缩空气储气罐安全附件不全;穿越厂区主干道的临时电气线路敷设方式不符合要求;现场交叉作业管理不规范;R施工单位的劳动防护用品数量配置不足;施工现场砂轮机防护罩破损。

针对以上问题,应急管理局下发责令整改通知单,要求 A 企业立即停止现场施工并对相关问题进行整改。9 月 30 日,A 企业按照要求完成了整改,并通过了所在地应急管理局验收。10 月 15 日改造项目完工。

根据以上场景,回答下列问题(共 26 分):

1. 对氨制冷系统拆除专项施工方案中的拆除步骤进行排序。
2. 简述 R 施工单位在制冷设备设施拆除前,对作业人员安全培训的主要内容。
3. 简述临时电气线路穿越厂区主干道时可采用的敷设方式及相关安全要求。
4. 简述 A 公司新建 10kV 配电室应采取的防雨雪及防蛇鼠等小动物进入的安全技术措施。
5. 根据《生产过程危险和有害因素分类》,辨识拆除液氨制冷系统作业过程中存在的物理性危险和有害因素。

案例 4

[2021]

C 企业为一家大型饲料生产企业,年产能为 60 万 t,有员工 216 人。设有生产部、销售部、安全环保部、综合部、保障部等部门。

C 企业主要生产设施包括前端设施、饲料生产设施及辅助设施。前端设施包括卸粮坑、原料立筒仓等原粮接收装置;饲料生产设施包括待粉碎仓、配料仓、待制粒仓、粉料成品仓、斗式提升机、脉冲式除尘器等;辅助设施包括单独设置的除尘器风机房、成品库(包装)、中央控制室、机修间、消防泵房等。

由于对粉尘防爆标准理解有误,C 企业将前端设施、饲料生产设施及辅助设施一律按粉尘爆炸危险场所 20 区进行管控。

2020 年 9 月,为了满足饲料生产和冬季供暖的需要,C 企业新增 1 台 6t/h 的天然气蒸汽锅炉。在锅炉投入使用前,安全环保部对该锅炉的安全装置进行了全面检查,发现锅炉燃烧器安全与控制装置部分部件缺失,只配置了自动控制器和火焰监测装置两个部件。C 企业保障部随后联系锅炉供货厂家进行了补充安装。

2021 年 6 月,为了全面排查粉尘爆炸隐患,C 企业聘请了有资质的 D 公司对饲料生产全过程进行了防火防爆专项评估。D 公司评估发现,C 企业采取了下列防火防爆安全措施:制订了防火防爆安全管理制度;在原料进入设备加工前安装去除金属杂质的磁选设备;车间电气设备均选用防爆型；所有设备设施、金属管件等均设置静电保护接地；厂房设施设置防雷接地装置；干燥设备采用隔热保温层；所有轴承采用防尘密封；生产系统设置防火防爆相关安全标志标识。

D公司在评估后指出：C企业针对人员作业时在防火防爆方面的要求还有欠缺，针对设备设施方面的防火防爆措施还需完善，并提出了整改建议。

C企业按照D公司的建议整改后，由安全环保部组织对整改情况进行了现场检查。检查发现，斗式提升机防打滑防跑偏的安全装置脱落后已失效，需要重新焊接。保障部随后按规定办理了《动火作业许可证》和《临时用电许可证》后，开始进行电焊维修作业，并全程安排专人监护。

根据以上场景，回答下列问题(共22分)：

1. 根据《粉尘防爆安全规程》，指出C企业粉尘爆炸危险场所的分区错误并纠正。
2. 列出6t/h天然气蒸汽锅炉供货厂家补充安装的燃烧器安全与控制装置部件。
3. 完善C企业针对人员作业时在防火防爆方面的要求。
4. 简述C企业保障部进行斗式提升机焊接动火作业前应采取的安全措施。

案例5

[2021]

F集贸市场是建设在东西走向干涸河道空间上的二层建筑。该建筑地上一层有20个餐饮和零售铺面，东西长100m，南北宽20m；负一层为河道空间，长约110m，宽约18m，高约3m，其南、北、西侧均被封堵，只能通过东侧一个2m×2m的入口进出。

F集贸市场南侧路面下有DN100、压力0.5MPa的燃气管线。2010年该管线被第三方施工单位挖断，导致燃气泄漏并引发火灾。事故发生后，燃气管线业主单位E燃气公司改变了燃气管线敷设路径，从F集贸市场西侧负一层河道空间内由南向北穿越，穿越位置距离东侧入口95m。

F集贸市场一层餐饮商户使用燃煤鼓风灶具，常年向负一层排放带火星的油烟气体；部分生活污水直接排到负一层河道空间内，导致燃气管线穿越部分长期受污水腐蚀。

河道空间内刺激性气味刺鼻，E燃气公司未给检查人员配备相关安全防护装备，在进行燃气管线安全巡检时，检查人员无法到达穿越管线位置。

2021年5月10日22时许，F集贸市场一层商户闻到疑似天然气泄漏的刺激性气味，向E燃气公司报修。E燃气公司接报后，未及时派人前往现场处置。11日5时，疑似天然气泄漏的刺激性气味更浓，商户再次向E燃气公司报修，并拨打"119"报警。5时15分，燃气公司员工到达事发现场，在东侧入口处检测到天然气浓度超过8%(V/V)，随即前往天然气管线上游阀门井处关闭阀门。随后，消防、应急、市政等部门抢险人员陆续到达现场。燃气公司员工对到达的抢险人员表示，泄漏燃气管线阀门已关闭,燃气泄漏事故已得到控制。

5时30分,F集贸市场负一层河道空间内发生爆炸事故,事故造成15人死亡,31人受伤,F集贸市场地上一层建筑损毁,周边相邻建筑不同程度受损。

经现场勘查,排除了人为纵火、电气火花点燃泄漏天然气发生爆炸的可能性。

根据以上场景,回答下列问题:

1. 分析该起事故的直接原因。
2. 指出E燃气公司员工进入F集贸市场负一层对燃气管线巡检时,应配备的安全与防护装备。
3. 简述燃气泄漏发生后应采取的应急处置措施。
4. 分析E燃气公司在安全管理中存在的问题。

案例6

[2021]

G公司是位于H市的一家汽车零部件生产企业,共有员工600人,主要建筑设施包括一栋建筑面积1500m² 单层生产车间和库房、一栋建筑面积2000m² 三层办公楼、装配的能源动力等生产辅助用房及公司食堂等。食堂东侧设独立液化气气瓶间。G公司主要生产车间包括模塑车间、喷涂车间和成型车间。

G公司模塑车间和喷涂车间为全自动生产线,产品在模塑车间成型后,通过生产线传送至全封闭喷涂车间,由机械手进行涂装,然后进入暂存区储存,最后转运到成型车间,进行人工抛光打磨。喷涂车间有4个涂装间,车间门口设置"严禁烟火"和"必须穿防静电服"安全标志。

液化气气瓶间为砖混结构建筑,耐火等级为二级,是G公司的重点防火区域。G公司安全生产管理人员编制了安全检查表,并定期对气瓶间进行安全检查。

2019年3月,G公司计划在生产车间西侧新建一个能容纳30台叉车(铅酸电池)同时充电的叉车充电间。经过招标投标,I建筑公司承包了G公司的叉车充电间施工项目。叉车充电间属于易燃易爆场所,G公司按照"三同时"规定,要求承包单位在充电间内配置相应的安全设施。

因工期紧张,I建筑公司在中标当天即安排6名建筑工人进入G公司施工。在施工第三天,H市应急管理局到G公司进行专项安全检查,发现G公司无承包商安全管理制度,未对承包商进行管理,I建筑公司员工对施工现场的危险因素不了解,且无证进行焊接作业。H市应急管理局责令G公司和I建筑公司立即停止施工,并要求限期整改。G公司和I建筑公司按照要求进行了整改。2019年8月,叉车充电间建成并投入使用。

为规范安全生产管理工作,G公司从2020年2月开始开展安全生产标准化二级达标工作,并成立了以公司总经理为组长的安全生产标准化领导小组。G公司对照《机械制造企业安全生产标准化评定标准》开展自评,发现存在下列安全问题:①未对新员工进行三级安全教育培训;②未为2019年入职员工缴纳工伤保险;③喷涂车间安全标志不全;④成型车间未制订相关设备安全操作规程;⑤食堂未进行危险有害因素辨识;⑥叉车充电间未编制作业人员应急处置卡。

根据自查情况,G公司安全生产标准化领导小组作出安排,对检查出的现场安全问题进行了整改。2020年12月,G公司顺利通过安全生产标准化二级评审。

根据以上场景,回答下列问题:
1. 补充完善G公司喷涂车间应设置的安全标志。
2. 分析G公司新建叉车充电间应配置的安全设施。
3. 简述叉车充电间施工项目中,G公司对I建筑公司的安全管理责任。
4. 根据《企业安全生产标准化基本规范》,指出G公司自评中发现的问题所对应的体系一级要素。
5. 简述液化气气瓶间安全检查表的主要内容。

案例7

[2020]

S公司为发动机研发企业,占地10万 m^2,有员工350人,其中专职安全管理人员2人。2018年S公司新建发动机试验技术中心,该中心由主功能区和辅助区组成。主功能区建筑面积2万 m^2,建筑高度13.75m;辅助区建筑面积1万 m^2,建筑高度5m,均为单层钢结构建筑,房顶采用彩钢板。

主功能区和辅助区均为独立的防火分区,配有相应的消防器材。发动机试验技术中心四周铺设了环形水泥道路,建筑内设疏散通道、安全出口和火灾报警系统。发动机试验技术中心主要进行发动机性能测试,所使用的化学品包括柴油、机油、氢气、液氮、天然气、清洗剂等。

主功能区包括拆卸区、柴油机性能试验区和发动机存放区。拆卸区配备了额定起重量500kg的悬臂吊、电瓶叉车、翻转台各1台;工作压力0.7MPa、容积6m^3的压缩空气罐2个;柴油机性能试验区有8个试验间(重型发动机台架和轻型发动机台架各4个)、4个设备间和1个控制间;发动机存放区分为重型发动机区和轻型发动机区。

辅助区包括配电间、工具间、液氮间、氢气瓶间、辅料间、清洗间、控制间、空调间和循环水泵房。

发动机试验技术中心按照第二类防雷建筑物设计,采用在屋顶敷设接闪带的方式,预防直击雷。主功能区和辅助区均设有独立的配电系统,建筑物采取了防触电及接地安全措施,高、低压电气设备的金属外壳及其金属支架设置了保护接地线(PE线);低压系统中,变压器中性点直接接地,接地电阻不大于1Ω,电缆的PE线在引入建筑物处按规范进行了重复接地;建筑物内的导电体均进行了等电位连结。

根据以上场景。回答下列问题:

1. 根据《企业职工伤亡事故分类》(GB 6441),辨识拆卸区存在的危险有害因素。
2. 简述发动机试验技术中心氢气瓶间的安全技术要求。
3. 列出与建筑物接地线做等电位连结的导电体名称。
4. 简述对压缩空气罐进行安全检查的要点。

案例 8

[2019]

D企业是一家新建大型燃煤发电企业,有员工850人,设置有安全管理部、设备保障部、生产运营部等部门。发电用燃煤以铁路运输为主,汽车运输为辅。燃煤堆放在煤场,通过皮带运输机送至煤仓,经给煤机进入磨煤机,磨制的煤粉进锅炉燃烧,将热能转化为高温高压蒸汽,进入汽轮发电机转化为电能,通过配电线路输送到电网。

D企业在生产区域和设备系统上设置的安全技术措施包括压力、温度、液位监测与报警装置;易燃易爆、有毒有害气体监测报警装置;传动机械安全防护装置;起重设备安全装置;锅炉和压力容器的安全门、安全阀、防爆膜等;输煤皮带运输机的急停装置;全厂消防灭火系统。

D企业采用氨气脱硝工艺。建有氨站1座,设有2个1.0MPa、30m³常温卧式液氨储罐,配备了应急物资柜,现场设置了安全警示标志。

D企业成立了以总经理为主任的安全生产委员会,定期召开安委会会议,研究安全生产工作。企业根据建设项目安全"三同时"要求,委托具有相应资质的安全评价机构进行了安全验收评价,并于2018年3月正式投产运行。

2018年5月15日,燃煤输送皮带运输机电机发生故障,设备保障部安排电工甲、乙前往维修。甲、乙在办理了作业许可后,进入皮带运输机的独立配电间,断开电机电源,未挂牌上锁。随后二人登上2m高的平台进行维修作业。维修过程中,恰逢交接班,生产运营部员工丙发现皮带运输机停运,未经确认就重新开启了电机电源,导致电工甲触电后从平台坠落,小腿严重变形。电工乙按照安全培训学到的知识和技能,采取了应急处置措施。

2018年6月，D企业开展了"生命至上，安全发展"为主题的安全月活动，针对5月15日的事故，安全管理部组织生产运营部和设备保障部全体员工进行了电气安全培训，对皮带运输机配电间进行了安全专项检查，并对发现的隐患提出了整改方案。

根据以上场景。回答下列问题：

1. 按照防止事故发生和减少事故损失两类进行分类，分别列出D企业采用的安全技术措施。
2. 列出氨站应急物资柜应配置的应急物资清单。
3. 简述电工乙在甲触电坠落后应采取的应急处置措施。
4. 列出皮带运输机配电间安全检查的主要内容。

案例9

[2019]

E企业为肉制品加工企业，占地面积12000m^2，有员工611人。

E企业的主要建(构)筑物有综合办公楼、宿舍楼、生产车间、冷库、锅炉房、变电站、制冷车间、污水处理站等。主要原料和辅料有原料肉、辅料、水、内外包材、食品添加剂等。主要生产工序：原料采购运输、解冻挑拣、滚揉斩拌、灌装成型、熏蒸、包装、冷藏、运输等。主要设备设施：10辆冷藏车、4台叉车、4台氨压缩机、2个氨储罐、1台4t/h燃气锅炉、1台导热油锅炉、2台1800kVA干式变压器、若干肉制品专用设备以及热力、制冷管网等。

2018年12月，为消除液氨隐患，该企业将制冷车间的制冷工艺由液氨制冷改为二氧化碳制冷，并按照变更管理的要求实施该项目。

E企业污水处理站的厌氧发酵池为半封闭结构，尺寸为5m×4m×4m(长×宽×深)，顶部设有两个1m×1m的入口，设有围栏防护，未设置安全警示标志。现场配有3根安全带、3条安全绳、2个救生圈、1套电动葫芦、1套维修工具。

2019年5月10日9时，厌氧发酵池内污泥泵故障。当班班长甲发现故障后，立即安排当班工人乙、丙入池维修。恰逢企业安全部安全管理人员丁现场巡查，丁及时制止了入池维修作业。当天下午，企业安全部对污水处理站全体员工进行了安全教育培训。为全面提升企业安全生产管理水平，2019年6月，E企业根据生产经营活动的特点，进行了全员安全培训、系统安全大检查，完善了安全生产规章制度、操作规程和应急预案。

根据以上场景，回答下列问题：

1. 简述制冷车间制冷工艺变更管理的相关安全要求。

2. 根据《工贸行业重大安全事故隐患判定标准(2017版)》，辨识以上场景中存在的重大隐患并说明原因。(根据《工贸企业重大事故隐患判定标准》回答此题)
3. 简述 E 企业污水处理站维修作业的安全管理要求。
4. 简述 E 企业安全管理人员对污水处理站全体员工进行安全教育培训应包含的主要内容。

案例 10

[2019]

F 工厂为水泥生产企业，占地 30 万 m²，有员工 580 名。

F 工厂的主要设施包括：石灰石库、原材料堆场、熟料库、水泥成品筒型库、备件材料存储仓库、水泥包装设施、水泥散装设施、维修车间、配电室等。主要设备：回转窑 1 条、球磨机 2 台、磨煤机 1 台、选粉机 4 台、辊压机 2 台、高压离心风机 9 台、螺杆式空压机 8 台、桥式刮板取料机 1 台、侧堆取料机 4 台、电收尘器 2 套、皮带机 25 条、篦冷机 1 台、9MW 余热发电机组 1 套及配套锅炉 2 台、回转式包装机 3 台、叉车 4 辆、起重设备 3 台、电气焊设备及气瓶若干。

2017 年 8 月，F 工厂启动了安全生产标准化二级企业达标创建工作，按照相关要求，F 工厂总经理甲指定安环部成立应急救援预案编制小组，由安环部部长乙任组长，安环部其他员工为组员，10 月初完成了应急救援预案编制并由组长签发。2018 年 12 月，该厂通过了安全生产标准化二级企业验收。

2019 年 4 月底，该厂在安全生产大检查中发现水泥成品筒型库内壁有附着物，存在脱落风险，必须进行清理。5 月 8 日，F 工厂维修班当班班长丙在办理《高处作业安全许可证》后，安排架子工搭设了 16m 高脚手架，维修班员工丁、戊登高对成品筒型库内壁进行清理维修，于当天 15 时完成该项作业。

2019 年 6 月 10 日，F 工厂按照《企业安全生产标准化基本规范》关于设备设施检维修要求，编制了检维修方案，对 3 号窑进行了检维修。当天 4 时 03 分，止火停窑；10 时 37 分，窑油煤混烧保温。窑内油煤混燃，产生大量的一氧化碳，窑内烟气经过预热器进入增湿塔和生料粉磨系统后，再进入窑尾电收尘器。在检修过程中，进入窑尾电收尘器进行了维修。

根据以上场景，回答下列问题：
1. 指出 F 工厂应急预案编制过程中存在的问题，并简述应急预案的编制程序。
2. 简述水泥成品筒型库内壁清理维修高处作业完工后的安全要求。

3. 根据《企业安全生产标准化基本规范》(GB/T 33000),简述 F 工厂 3 号窑检维修方案应包括的主要内容。

4. 根据《企业职工伤亡事故分类》(GB 6441),辨识 3 号窑尾电收尘器维修过程中存在的危险有害因素。

5. 指出进入 3 号窑尾电收尘器进行维修作业时应佩戴的劳动防护用品,并说明其作用。

模拟必刷

建议用时 925′　　答案 P179

案例 1

E 建筑工程公司原有从业人员 650 人,为减员增效,2009 年 3 月将从业人员裁减到 350 人,质量部、安全部合并为质安部,原安全部的 8 名专职安全管理人员转入下属二级单位,原安全部的职责转入质安部,具体工作由 2 人承担。

2010 年 5 月,E 公司获得某住宅楼工程的承建合同,中标后转包给长期挂靠的包工头甲,从中收取管理费。2010 年 11 月 5 日,甲找 E 公司负责人借用起重机吊运一台 800kN·m 的塔式起重机组件,并借用了有"A"类汽车驾驶执照的员工乙和丙。2010 年 11 月 6 日中午,乙把额定起重量 8t 的汽车式起重机开到工地,丙用汽车将塔式起重机塔身组件运至工地,乙驾驶汽车式起重机开始作业,C 公司机电队和运输队 7 名员工开始组装塔身。当日 18 时,因起重机油料用完且天黑无照明,丙要求下班,甲不同意。甲找来汽油后,继续组装。

20 时,发现起重机的塔身首尾倒置,无法与塔基对接。随后,甲找来 3 名临时工,用钢绳绑定、人拉钢绳的方法扭转塔身,转动中塔身倾斜倒向地面,作业人员躲避不及,造成 3 人死亡、4 人重伤。

根据以上场景,回答下列问题:

1. 确定此次事故类别并说明理由。
2. 指出 E 公司安全生产管理人员应履行的安全生产职责。
3. 分析本次事故暴露出的现场安全管理问题。
4. 提出为防止此类事故发生应采取的安全措施。

案例 2

2011年8月5日,H炼油企业污水车间要将污水提升泵房隔油池中的污水抽到集水池中。污水车间主任甲在安排抽水作业时,因抽水用潜水泵要临时用电,于是联系电工班派电工到污水提升泵房拉临时电缆,并按要求申办了临时用电许可。

5日15时,电工班安排2名电工到污水提升泵房为潜水泵接电,污水车间在未对作业进行风险辨识、未制订具体作业方案的情况下,安排乙、丙、丁、戊将2台潜水泵下到隔油池内,并启动潜水泵开始抽水。

6日9时,乙、丙、丁、戊继续进行抽水作业,10时,污水车间主任甲到作业现场检查,发现使用刀闸式开关和明接线,但未向乙、丙、丁、戊指出现场用电存在的安全隐患,只要求大家注意安全后就离开了现场。11时20分,乙等发现2台潜水泵出水管不出水,遂拉下了刀闸式开关去吃午饭。

6日13时,当地气温达到35℃,乙等吃完饭后,到抽水作业现场准备继续抽水作业,乙合上潜水泵的刀闸式开关后,发现潜水泵还是不工作,于是提拉电缆,将潜水泵从隔油池中往上提,由于电缆受力,且未拉下刀闸式开关,导致电缆与潜水泵连接线松动脱落,形成电火花,引爆隔油池中的混合气体。爆炸引起大火,消防队接警赶到后将大火扑灭。

该起事故,造成现场作业的乙、丙、丁、戊当场死亡,污水提升泵房严重损毁。

根据以上场景,回答下列问题:
1. 根据《企业职工伤亡事故分类》(GB 6441),辨识抽水作业现场存在的危险因素。
2. 指出该起事故中作业现场存在的违章行为。
3. 分析该起事故的成因并提出预防措施。
4. 简述以上场景中抽水作业安全培训的内容。

案例 3

某空分厂设有专用的空分装置,空分装置是以空气为原料,通过压缩循环深度冷冻的方法把空气变成液态,再经过精馏而从液态空气中逐步分离生产出氧气、氮气及氩气等气体的设备。空分装置分为5个基本系统。

(1)杂质的净化系统:主要是通过空气过滤器和分子筛吸附器等装置,净化空气中混有的机械杂质、水分、二氧化碳、乙炔等。

(2)空气冷却和液化系统:主要由空气压缩机、热交换器、膨胀机和空气节流阀等组成,起到使空气深度冷冻的作用。

(3)空气精馏系统:主要部件为精馏塔(上塔、下塔)、冷凝蒸发器、过冷器、液空和液氮节流阀,起到将空气中各种组分分离的作用。

(4) 加温吹除系统：用加温吹除的方法使净化系统再生。

(5) 仪表控制系统：通过各种仪表对整个工艺进行控制。

空气分离主要用于分离氧气和氮气，采用深度冷冻法，可制得氧、氮与稀有气体，所得气体产品的纯度可达 98.0%~99.9%，需在-150℃下操作。采用分子筛吸附法分离空气制取含氧 70%~80% 的富氧空气。

2020 年 7 月 15 日，该空分厂空分装置冷箱发生泄漏，富氧液体泄漏至珠光砂中，使碳钢冷箱构件发生低温脆裂，导致冷箱失稳坍塌，冷箱及铝质设备倒向某偏北方向，砸裂东侧 500m³ 液氧贮槽，大量液氧迅速外泄到周边，正在装车的液氧运输车辆发生第一次爆炸，随后铝质填料、筛板等在富氧环境下发生第二次爆炸。

此次爆炸事故共造成 16 人死亡、23 人重伤、89 人轻伤，事故损失包括：设备设施等固定资产损失 2400 万元、建筑物损坏及修复费用 612 万元、事故造成环境污染处置费用 98 万元、清理现场费用 231 万元、事故罚款 350 万元、受伤人员医疗费用 650 万元、丧葬抚恤金 1600 万元、员工歇工工资 360 万元、补充新员工培训费用 9 万元、停产损失 800 万元等。

根据以上场景，回答下列问题：

1. 简述防止爆炸的一般原则，并指出防止爆炸的措施。
2. 结合案例背景指出此次事故的直接经济损失和间接经济损失。
3. 简述安全生产管理人员的主要职责。
4. 简述该空分厂防止此次事故再次发生的安全管理措施。

案例 4

K 企业为汽油、柴油、煤油生产经营企业。2012 年实际用工 2000 人，其中有 120 人为劳务派遣人员，实行 8 小时工作制。对外经营的油库为独立设置的库区，设有防火墙。库区出入口和墙外设置了相应的安全标志。

K 企业 2012 年度发生事故 1 起，死亡 1 人、重伤 2 人。该起事故情况如下：2012 年 11 月 25 日 8 时 10 分，K 企业司机甲驾驶一辆重型油罐车到油库加装汽油，油库消防员乙检查了车载灭火器、防火帽等主要安全设施的有效性后，在运货单上签字放行。8 时 25 分，甲驾驶油罐车进入库区，用自带的铁丝将油罐车接地端子与自动车载系统的接地端子连接起来，随后打开油罐车人孔盖，放下加油鹤管。自动加载系统操作员丙开始给油罐车加油。为使油鹤管保持在工作位置，甲将人孔盖关小。

9时15分,甲办完相关手续后返回,在观察油罐车液位时将手放在正在加油的鹤管外壁上,由于甲穿着化纤服和橡胶鞋,手接触到鹤管外壁时产生静电火花,引燃了人孔盖口挥发的汽油,进而引燃了人孔盖周围油污,甲手部烧伤。听到异常声响,丙立即切断油料输送管道的阀门,乙将加油鹤管从油罐车取下,用干粉灭火器将加油鹤管上的火扑灭。

甲欲关闭油罐车人孔盖时,火焰已燃烧到人孔盖附近。乙和丙设法灭火,但火势较大,无法扑灭。甲急忙进入驾驶室将油罐车驶出库区,开出25m左右,油罐车发生爆炸,事故造成甲死亡、乙和丙重伤。

根据以上场景,回答下列问题:

1. 计算K企业2012年度的千人重伤率和百万工时死亡率。
2. 分析该起事故的间接原因。
3. 根据《企业职工伤亡事故分类》(GB 6441),辨识加油作业现场存在的主要危险有害因素。
4. 提出K企业为防止此类事故再次发生应采取的安全技术措施。

案例5

某家具生产厂有金属件加工车间、型材加工车间、喷漆车间、打磨抛光车间、组装包装车间、机械维修车间和锅炉房、配电室等生产动力辅助设施。

型材加工车间的生产过程包括木材烘干、木型材加工、喷漆、打磨抛光、组装、各种材料运输和装卸、调试等。主要机械包括8t桥吊1台、2t轮式起重机2台、叉车6辆、电瓶车8辆,还有电刨、冲击钻、电锯等机械工具设备。

型材加工车间的除尘净化系统全部采用反吹布袋净化除尘器,以满足车间内职业卫生和外界环境保护的要求。由于扩增了设备并加大了生产规模,致使车间内粉尘浓度超标。

某天上午7时50分,除尘净化系统B号除尘器内发生燃爆着火,车间内瞬间变成火海,车间部分厂房和设施遭到严重损坏。此次事故造成当场死亡2人、重伤1人;重伤人员在受伤第6天后经抢救无效死亡。直接经济损失为360余万元。

事故调查与处理结束后,该企业的主要负责人和其他有关人员均受到有关行政部门不同程度的处罚,该企业按照国家现行的法律法规要求,进行了相应的整改并符合要求。

根据以上场景,回答下列问题:

1. 根据《企业职工伤亡事故分类》(GB 6441),辨识型材加工车间存在的危险有害因素类型。
2. 根据《生产安全事故报告和调查处理条例》(中华人民共和国国务院令第493号),指出此次事故的生产安全事故分级,并说明理由。

3. 为预防此类事故再次发生，指出该企业可采取的安全技术措施。
4. 简述企业主要负责人的安全生产职责。

案例 6

L 印刷企业是重点防火单位，工程占地面积 23000m²，有员工 1200 人，设有安全生产管理科并配备了 2 名专职安全生产管理人员，各车间有兼职安全生产管理人员。

L 印刷企业厂区主要设施和设备有：胶版印刷、凹版印刷、凸版印刷、彩印、油墨调配、维修等车间；原料库、油墨库、化工库、废料库；变配电站、柴油发电机房、空压机房、燃气锅炉房、消防监控室；5t 桥式起重机 8 台、叉车 15 辆、电瓶车 20 辆及电瓶车充电室。企业内 10kV 变配电站配置 2 台变压器；柴油发电机房有柴油发电机 1 台；在厂区西南角有柴油罐区 1 个，罐区内有供发电机使用的 10t 柴油储罐 1 座；空压机房有供气量为 20m³/min 的空气压缩机 3 台；锅炉房有蒸发量 20t/h 的燃气锅炉 1 台。油墨调配车间用水性油墨、乙酸乙酯、丙酮、酒精等原料为其他车间调配、提供不同的油墨。

维修车间有车床 3 台、钻床 8 台、铣床 3 台、电焊机 6 台、砂轮机 3 台及氧气瓶、乙炔气瓶等。

原料库储存纸 500t，油墨库储存各类油墨 30t，化工库储存稀料 20t、丙酮 5t、乙酸乙酯 10t、酒精 8t，废料库存放压坨打包后的废纸 25t。

2013 年 7 月的隐患排查治理活动中，发现废料库房存在坍塌危险。为确保安全，采取了设置警示标志、加强监测检查、控制人员进入等临时性措施，并制订了拆除重建方案，计划在年底前完成整改。

根据以上场景，回答下列问题：
1. 指出 L 印刷企业的特种设备和特种作业。
2. 根据相关法律法规，指出 L 印刷企业应取得的安全检测报告的类别。
3. 指出 L 印刷企业内必须使用防爆电器的场所。
4. 根据《安全生产事故隐患排查治理暂行规定》（国家安全监管总局令第 16 号），编制 L 印刷企业废料库房坍塌隐患治理的简要方案。

案例7

M集团公司拥有长距离轻质原油输运管道(简称Ⅱ号管道),公司下属的H分公司负责Ⅱ号管道日常巡检维护,公司下属的T分公司负责Ⅱ号管道现场抢险堵漏及其他应急处置。

Ⅱ号管道路在G市的海港居民生活区(简称海港区)。2013年12月2日19时,Ⅱ号管道在海港区的港大十字路口附近发生原油泄漏。原油泄漏到港大路路面,再与港大路的污水并流入港海下水道。

港海下水道是G市生活污水排水系统的一部分,负责将生活污水输运至G市的二污水处理厂。

当日21时许,H分公司向G市海港区应急管理部门、M集团公司安全生产管理部门报告了Ⅱ号管道在海港区的原油泄漏情况。同时,H分公司开展泄漏点分析、泄漏量估算和泄漏原油流淌范围的勘查。初步确认,泄漏点在港海下水道与Ⅱ号管道交叉点的上方,泄漏原油已沿港大路流淌约70m,并有大量原油流入港海下水道。

为控制原油泄漏,H分公司通知T分公司进行现场抢险堵漏。T分公司抢险人员和装备于3日5时到达泄漏现场,并组成现场抢修组,由甲任组长。甲带领技术人员乙、丙进行了现场勘查,发现Ⅱ号管道泄漏部位上方有0.4m厚的水泥盖板,必须用工程机械先将水泥盖板凿碎、拖离,才能确认泄漏点,并进行后续抢修堵漏。甲调来液压破碎锤,准备进场施工。

海港区的部分晨练居民闻到油气味,不知发生了什么事情,部分居民到抢修地点围观。一些通过港大十字路口的行人,发现抢修现场交通受阻,也挤到现场观望。

3日7时30分,甲下令工程破碎机械进入抢修点作业,液压破碎锤开始敲砸水泥盖板,施工5min后突然发生爆炸,随后施工点周围港海下水道内多处发生爆炸。此次事故造成重大人员伤亡和极其恶劣的社会影响。经事故调查组确认,此次爆炸事故第一起爆点在液压破碎锤周边0.5m范围内。

根据以上场景,回答下列问题:

1. 分析第一起爆点的可能点火源和港海下水道内参与爆炸的物质。
2. 指出此次事故在应急响应和应急处置方面存在的问题。
3. 指出此次事故事后处置应开展的工作。
4. 简要说明M集团公司为确保Ⅱ号管道正常运行应采取的安全措施。

案例 8

N氧化铝厂采用拜耳法生产氧化铝,生产工艺为:原料储运、石灰消化、原矿浆制备、高压溶出、赤泥沉降洗涤、分解与种子过滤、蒸发及排盐、氢氧化铝焙烧与包装等。原料、中间产品、产品主要有:铝土矿、石灰、液碱、燃煤、硫酸、柴油、硫酸铵、赤泥、氧化铝、灰渣、煤气、过热蒸汽、液氨、水等。该厂主要的生产工作由本厂负责,辅助性工作承包给G企业。N厂主办公楼有2部电梯、1套消防系统,26个灭火器。

N厂自备煤气站和热电站。煤气站生产氢氧化铝焙烧用煤气,煤气生产能力为6500m^3/h。热电站有3台130t/h燃煤锅炉、1套12MW汽轮发电机组、1套25MW汽轮发电机组。热电站生产270℃的蒸汽,生产能力为220t/h,蒸汽在管道中的压力为3.7MPa。

N厂热力工程系统有:主厂房、堆煤场、燃煤破碎筛分输送系统、油泵房、除盐水站、点火泵房、灰渣库、熔盐加热站、除灰系统、热力管网、氨法脱硫系统等单元。工艺间物料采用管道或机动车辆输送。

2010年3月,N厂组织了安全检查,对发现的事故隐患分析表明,现场作业人员意识到的事故隐患占31%,查出的两个重大事故隐患Ⅰ、Ⅱ在2010年1月检查时已经发现。重大事故隐患Ⅰ未整改的原因是N厂的甲车间认为应由乙车间负责整改,乙车间认为应由甲车间负责整改;重大事故隐患Ⅱ未整改的原因是N厂认为应由G企业出整改资金,G企业认为应由N厂出整改资金。

根据以上场景,回答下列问题:

1. 指出N厂原料、中间产品、产品中的火灾爆炸物质并说明理由。
2. 指出上述场景中的特种设备。
3. 指出N厂热力工程系统中的危险因素及其存在的单元。
4. 确定重大事故隐患Ⅰ、Ⅱ的整改责任单位并说明理由。
5. 针对安全检查发现的问题,提出整改措施。

案例 9

P公司是一家农产品加工、仓储、物流、销售企业。

2011年,P公司有员工780人,其中含安全管理人员3人和L劳务公司劳务派遣人员150人,2011年度,共发生生产安全事故2起,造成1人重伤、2人轻伤。其中一起事故由L劳务公司的劳务派遣人员违章造成,导致1名劳务派遣人员轻伤。

P公司的主要生产工序为:原料采购运输、分拣清洗、浸泡灭酶、冷却器、布料、蒸制、速冻、包装和冷藏等。主要原料及辅料有:蔬菜瓜果等农产品、水、天然气、液氨、柴油、食品添加剂等。

P公司主要建(构)筑物有：综合办公楼、农副产品加工厂房、冷库、配送库、车库、锅炉房、变电所等。主要设备设施有：冷藏冷冻车20台、货车50台、叉车20台、冷库设施(制冷剂为液氨)1套、10t/h燃气(天然气)蒸汽锅炉2台、电梯2部、2000kVA的干式变压器2台、分拣设备1套、加工设备1套，以及包装物生产设备及热力、制冷管网等。

P公司根据生产经营活动实际情况和特点，建立了安全生产规章制度和操作规程，编制了应急救援预案，层层签订了安全生产责任书，并以书面形式对员工的权利和义务进行了告知。

根据以上场景，回答下列问题：

1. 计算P公司2011年度千人重伤率和百万工时伤害率。（计算结果精确到小数点后两位）
2. 列出P公司主要设备中的特种设备。
3. 辨识P公司生产工艺中的职业病危害因素。
4. 指出L劳务公司派遣人员违章事故的事故责任主体并说明理由。
5. 列出P公司安全生产规章制度中属于综合安全管理的规章制度。

案例10

某企业为肉类加工厂，厂房占地面积为9000m²，有员工160人，设有A车间、B车间、冷冻库、冷藏库、液氨车间、配电室等生产模块和办公模块。液氨车间为单独厂房，其余生产模块位于一个综合厂房内。综合厂房设有8个安全出口，由于该企业实行节能降耗，导致其中5个安全出口长期处于锁闭状态。

A车间为屠宰和粗加工车间，主要加工半成品送往B车间。

B车间为精加工车间，主要工序有：用刀分割肉类、真空包装、制作成品。成品则送往冷冻库或冷藏库。

该企业采用液氨制冷，液氨车间制冷压缩机为螺杆式压缩机，液氨储量为100t。液氨车间的电气设备均不属于防爆电气设备。

该企业设置有消防水池与高位消防水箱，在厂区设置室内消火栓19个、室外消火栓6个，均未按照有关规定进行消防检测和维护保养。

该企业负责人安全意识淡薄，未能有效地制订应急救援预案，并未组织员工进行安全培训和应急演练。

根据以上场景，回答下列问题：

1. 根据《企业职工伤亡事故分类》(GB 6441)，辨识液氨车间可能存在的危险有害因素及致因物。
2. 结合案例背景，指出液氨车间可能发生的爆炸形式。

3. 指出液氨车间发生泄漏事故时应采取的应急措施与对策。
4. 结合案例背景，指出该企业在安全生产方面存在的问题。
5. 根据《安全生产法》，指出该企业是否需要设置安全生产管理机构或者配备专职安全生产管理人员，并简要说明理由。

案例 11

Q 公司为从事粮油转运、储存、贸易的工贸企业，拥有专用的粮油码头，现有从业人员 980 人，其中有来自 G 公司的劳务派遣人员 230 人。Q 公司有专职安全生产管理人员 8 人。

Q 公司现有：$60×10^4$t 立筒仓 1 组、$10×10^4$t 平房仓 1 组、$10×10^4$t 食用植物油罐 1 组、$5×10^4$t 泊位 2 个、铁路专用线 2 条、500t/h 吸粮机 2 台、100t/h 出仓散粮输送线 2 条、100t/h 进出油输送管道 2 条、码头起重机（额定起重 5t 或 5t 以上）3 台、电梯 5 部、叉车 20 辆、1000kVA 变压器 3 台、10t/h 燃气锅炉 2 台、储存磷化铝等储粮化学药剂的药品库 1 座、二氧化碳钢瓶和磷化氢钢瓶各 50 个、氮气钢瓶 45 个。

Q 公司粮油进出流程为：接卸船舶、火车、汽车上的粮油，通过粮食输送系统进入立筒仓或平房仓，通过油料输送系统进入植物油罐；储存一段时间后，再通过相应系统装船舶、火车、汽车。为防止储存的粮食生虫，采用固定环流熏蒸系统，使用瓶装二氧化碳气体和瓶装磷化氢气体，对立筒仓进行熏蒸；采用人工投放磷化铝药片，对平房仓进行常规熏蒸。充入纯度为 98% 的氮气，对植物油罐进行气调储藏。2013 年 5 月 18 日，Q 公司发生 1 起未遂事故。该起事故过程为：8 时，作业人员在平房仓储区域向集装箱装散粮时，有 2 名劳务派遣人员违章乘坐粮食输送带上平房仓；9 时 40 分 1 人从离地 8m 的输送带滑落，掉落在散粮堆上，未造成伤害。

Q 公司的安全生产管理制度健全，设有专门的安全生产管理部门。在 2013 年 5 月组织的安全生产检查中发现立筒进出仓系统的电气设备老化，存在粉尘爆炸隐患。检查还发现了立筒仓区域其他 3 处一般安全生产事故隐患。

根据以上场景，回答下列问题：
1. 简述此次未遂事故报告的内容。
2. 列出 Q 公司的主要特种设备。
3. 简述 Q 公司立筒仓粮食装卸作业的职业危害控制措施。

4. 根据《安全生产事故隐患排查治理暂行规定》(国家安全监管总局令第16号),简述粉尘爆炸隐患治理方案的主要内容。

5. 简述Q公司主要负责人的安全生产职责。

案例 12

某日用品批发经营公司,日常经营家居用品、厨卫用品以及床上用品等产品。

该公司安全生产主体责任未能落实,安全生产规章制度形同虚设,未组织员工进行安全生产教育培训。由于该公司事故应急预案尚未完善,造成公司全员应急演练不充分。

某日15时28分,该公司员工焦某在醉酒状态下,误将加热后的异构烷烃混合物倒入塑料桶,因静电放电引起可燃蒸汽起火并蔓延成火灾,造成焦某当场死亡。

现场有关人员立即将事故发生情况汇报给该公司负责人,公司负责人及时如实将事故情况上报给有关应急管理部门,并采取多方面应急措施,防止事故进一步扩大,但该起事故还是造成了8人死亡、53人重伤、27人轻伤,过火总面积约1700m²,直接经济损失约2600万元。

事故发生后,有关部门迅速成立了事故调查组,经事故调查组调查认定,这起事故存在多方面的事故原因。

事故调查结束后,负责事故调查的人民政府依据事故调查的结论,对涉事的企业及相关人员进行了不同程度的处罚。

根据以上场景,回答下列问题:

1. 结合案例背景,指出员工焦某能否被认定为工伤,并说明理由。

2. 结合案例背景,指出发生该起事故的直接原因和间接原因。

3. 根据《生产安全事故报告和调查处理条例》(国务院令第493号),指出该起事故的生产安全事故等级,并说明理由。

4. 指出编制火灾事故应急预案的主要内容。

5. 简述事故上报的主要内容。

案例 13

R 市地铁 1 号线由该市轨道交通公司负责投资建设及运营。该市 K 建筑公司作为总承包单位承揽了第 3 标段的施工任务。该标段包括：采用明挖法施工的 304 地铁车站 1 座、采用盾构法施工的、长 4.5km 的 401 隧道 1 条。

R 市位于暖温带，夏季潮湿多雨，极端最高温度 42℃。工程地质勘察结果显示，第 3 标段的地质条件复杂，401 隧道工程需穿越耕土层、砂质黏性土层、含水的砂砾岩层，并穿越一条宽 50m 的季节性河流；304 地铁车站开挖工程周边为居民区，人口密集，明挖法施工需特别注意边坡稳定、噪声和粉尘飞扬，并监控周边建筑物的位移和沉降。为了确保工程施工安全，K 建筑公司对第 3 标段施工开展了安全评价。

R 市轨道交通公司与 K 建筑公司于 2014 年 5 月 1 日签订了施工总承包合同，合同工期 2 年。K 建筑公司将第 3 标段进行了分包，其中 304 地铁车站由 I 公司中标。I 公司组建了由甲担任项目经理的项目部，项目部管理人员共 25 人，于 6 月 2 日进行了现场开工仪式。

304 地铁车站基坑深度 35m，开挖至坑底设计标高后，进行车站底板垫层、防水层的施工。车站主体结构施工期间，模板支架最大高度为 7m。施工现场设置了 2 个钢筋加工区和 1 个木材加工区。在基坑土方开挖、支护及车站主体结构施工阶段，施工现场使用的大型机械设备包括：门式起重机 1 台、混凝土泵 2 台、塔式起重机 2 台、履带式挖掘机 2 台、排土运输车辆 6 辆。施工用混凝土由 R 市 M 商品混凝土搅拌站供应。

根据以上场景，回答下列问题：

1. 根据《企业职工伤亡事故分类》（GB 6441），辨识 304 地铁车站土方开挖及基础施工阶段的主要危险有害因素。
2. 简述 K 建筑公司对 I 公司进行安全生产管理的主要内容。
3. 简述第 3 标段的安全评价报告中应提出的安全对策措施。
4. 简述 304 地铁车站施工期间 I 公司项目经理甲应履行的安全生产责任。
5. 根据《危险性较大的分部分项工程安全管理规定》，指出 304 地铁车站工程中需要编制安全专项施工方案的分项工程。

案例 14

某仓库为一栋二层钢筋混凝土结构，面南背北，东西走向，建筑南侧靠外窗部位为局部四层，第一、第二层对应仓库第一层，第三、第四层对应仓库第二层，为办公及辅助用房。仓库经过多次改建，规模增至约 12000m²。仓库内存放叉车 3 辆。

仓库第二层及相应南侧办公辅助用房第三、第四层，东西长约 90m，南北长 50m，层高 8m。由东至西,共设有三间仓库,四部疏散楼梯,对称布置。西侧第一间仓库东西长40m,南北长45m,层高8m,南侧设有三个门,北侧设有一个门,门宽均约1.9m。仓库墙、顶、柱表面均用泡沫材质保温材料敷设,其燃烧性质为可燃性。仓库对应的第三、第四层,宽约6.5m,南侧有窗,第四层已拆除。第三层东西两侧各有一部货用电梯,对称分布,西侧电梯位于仓库的自西向东的第二个门和第三个门之间,北侧靠仓库南墙设置,距离南侧建筑外墙约2.4m。

某日7时,工人开始进入作业现场。工程维修总承包负责人李某在进场作业前制订了设备设施检维修方案,雇用3人在二层西侧仓库内进行压力管道拆除作业;2人在三层西侧进行栏杆拆除作业;2人在三层西侧进行电梯拆除作业;2人在三层东侧进行电梯拆除作业。

上午10时38分,位于仓库西起第二列、南起第三排立柱处,现场施工人员使用液化丙烷、氧气进行气割动火作业,引燃周边可燃物,形成火灾。仓库建筑二层西侧处(李某雇用3人所在作业处)突然冒烟着火,随后四层西侧南外窗涌现大量黑烟。事故造成2人死亡、5人受伤,事故造成的经济损失包括医疗护理费16万元、丧葬抚恤费310万元、作业人员歇工工资3万元、事故罚款8万元、停工损失费11万元、新员工的技术安全培训费2万元、仓库建筑物与仓库存放物品被烧毁损失费130万元、清理现场费用1万元、现场抢救费用2万元。

事故发生后,有关部门迅速成立了事故调查组展开事故调查处理工作。

经调查,该仓库存在以下安全问题:

(1)承包仓库使用权的主要负责人未落实安全生产责任,对进场作业人员的安全培训和教育等情况审核把关不严,默许承包单位作业人员进行动火作业,未督促相关单位及人员严格履行各自的安全生产责任。

(2)工程维修总承包负责人李某没有履行安全生产主体责任,未建立拆除现场安全管理制度,未认真履行"工程施工安全管理协议书"相关条款,未对现场作业人员进行安全技术交底与相关的安全培训教育,致使现场施工人员未能及时有效地辨识作业现场存在的危险因素。

最终,负责事故调查的人民政府对事故调查组提交的事故调查报告作出批复,有关行政部门对该起事故涉事的企业及人员进行了不同程度的处罚。

根据以上场景,回答下列问题:

1. 结合案例背景,指出案例中所涉及的特种设备。
2. 根据《企业安全生产标准化基本规范》(GB/T 33000)的规定,简述设备设施检维修方案的主要内容。
3. 结合案例背景,分别列举该起事故造成的直接经济损失和间接经济损失。
4. 结合案例背景,指出造成该起事故的直接原因。
5. 简述动火作业许可证管理的主要内容。

案例 15

甲厂是一家酿酒企业,注册类型为个人独资,法人代表为杨某,经营范围:黄酒、米酒、配制酒生产、销售。企业的生产工艺为浸米、蒸饭、发酵、二次发酵、榨酒、过滤、兑制、杀菌、灌装、成品(黄酒),共有员工47名,从2012年9月开始一直从事黄酒和露酒生产。

该企业的储酒池位于简易综合生产厂房内中部的东北侧,共有4个,东、西各2个。储酒池位于室内地坪以下,长为3m、宽为2.4m、深为1.5m,采用钢筋混凝土结构,内表面涂覆玻璃钢防渗,顶部中央有0.8m×0.8m的方形孔,有高出地面250mm的边沿,平时采用不锈钢盖板盖住。储酒池口也未设置强制通风风机,地面靠墙放置1个1.6m高的铝合金人字梯,用于清理人员临时上下。其中2号储酒池存在渗漏,故一直未使用,池内有较高浓度的二氧化碳。

10月15日上午7时,质检科长毛某组织员工张某、范某共同清理2号储酒池,8时左右,员工于某发现毛某等3人躺在东南角储酒池内一动不动,意识到出事就赶紧跑到外面喊人。杨某得知出事后立即赶到现场,同时立即拨打"110"报警和"120"求助。随后员工王某下到储酒池,在众人帮助下,把3名遇险人员救上来,分别对他们采取人工呼吸等急救措施。"120"救护车随后将3名遇险人员送至市人民医院,3人经抢救无效死亡。

根据以上场景,回答下列问题:
1. 依据《企业职工伤亡事故分类》(GB 6441),简述该酒厂储酒池可能存在的危险有害因素。
2. 简述该起事故的原因。
3. 简述有限空间作业前该厂对参加作业的人员专项培训内容。
4. 依据《工贸企业有限空间作业安全管理与监督暂行规定》,简述有限空间作业过程检测与通风的要求。

案例 16

A公司主要从事混凝土外加剂的研发、生产和销售,为混凝土公司、铁路、高速公路工程配套提供外加剂。外加剂的功能主要是减少混凝土用水量及延长混凝土凝固时间。该公司法定代表人为廖某,固定员工约96人。

B公司主要从事经营预拌混凝土工作,法定代表人为李某,公司员工约255人。

某日上午,A公司委派4名员工到B公司处理外加剂储罐堵塞问题,10时左右到达现场开始作业,外加剂储罐容量15t,储罐里有13t,用机器把外加剂抽到一个车上然后送到另一个储罐,抽到还有1t左右的沉淀物时再也无法抽动,在13时左右,工人开始进入储罐内清理,从储罐上面的罐口搭梯子,张某先进入罐内,并未佩戴保护绳、防毒面罩等安全保护设施,张某下到罐内工作不久就晕倒,另一名工人郑某立即下到罐内施救,但下到一半就闻到一股异味,造成呼吸困难,并出现体力不支,未能将张某救上来,罐口上面的其他工人将郑某拉了上来。后续,B公司的工作人员用切割机在储罐侧面割出一个洞,把倒在储罐内的张某抬了出来。事故发生后现场人员及时报警,"120"工作人员到现场后,经奋力抢救,仍未挽救回张某的生命。该起事故造成1人死亡,直接经济损失约126万元。

事故发生后,有关部门成立了事故调查组,对事故展开调查。

经查,A公司与B公司在该起事故发生之前签订了《外加剂买卖合同》,合同在有效期之内。该起事故的外加剂储罐是A公司长期放置在B公司的,作为销售外加剂给B公司的储罐,平时的使用、维修、保养均由A公司负责管理。事故发生后,根据某环评机构对外加剂储罐进行的检测结果表明,硫化氢最高浓度超标1.27倍(采样距事故发生时间与罐体开口施救时间已相隔4~5小时),事发时罐体下部密闭,仅有顶部罐口通气,加上事故发生后罐体切口与周边较强的通风状况,有害气体扩散很快,检测的各项指标浓度远小于事发当时的浓度。

事故发生存在多方面的原因:A公司虽然制订了安全生产规章制度及教育培训,但落实不到位,导致工人的安全意识淡薄,违反操作规程。A公司法定代表人廖某作为企业安全生产第一责任人,安全生产管理职责落实不到位。A公司工人张某在受限空间(外加剂储罐)作业时违反操作规程,在有害气体环境下,没有佩戴任何安全防护装备的情况下进入储罐作业,导致有害气体中毒晕倒溺亡。B公司与A公司虽然签订《外加剂买卖合同》,但B公司对承包单位安全生产工作没有统一协调、管理。

事故调查结束后,负责事故调查的人民政府最终对事故调查组提交的事故调查报告作出批复,有关行政部门对该起事故涉事的企业及人员进行了不同程度的处罚。

根据以上场景,回答下列问题:

1. 根据《化学品生产单位特殊作业安全规范》(GB 30871),指出对受限空间作业前进行清洗或置换的检测指标。
2. 根据《化学品生产单位特殊作业安全规范》(GB 30871),列举作业人员在缺氧或有毒、易燃易爆的受限空间的防护措施。
3. 根据《化学品生产单位特殊作业安全规范》(GB 30871),列举受限空间内照明及用电安全方面的要求,并指出受限空间内作业监护的注意事项。
4. 结合案例背景,简述廖某的安全生产职责的主要内容。
5. 结合案例背景,列举发生该起事故的直接原因和间接原因。

案例 17

某精炼厂从事冶炼、热轧、固溶、冷轧、机械加工,并经销金属镍、镍合金、各类合金、热(冷)轧不锈钢卷板、镍合金卷板、碳素高合金卷板、煤炭焦化等。该企业共分成9个工段,分别为转炉、连铸、钢包、中频炉、行车、原料、外围、石灰窑、设备,现有员工530人。该企业厂长陈某长期在海外从事其他商业贸易活动;副厂长朱某负责该企业安全生产的日常管理工作;副厂长林某负责该企业基建与设备设施方面的全局工作;总经理黄某全面负责该企业安全生产与综合管理工作。

该企业在安全生产方面存在的不足:对精炼厂检修期间进入有限空间作业管理不到位;员工安全培训教育缺乏实效性,员工安全防范意识薄弱;有限空间突发事故应急演练针对性不够,应急处置措施不完善。

有关行政部门对该企业进行了安全生产检查行动,要求该企业限期整改,但该企业却无动于衷。

某年1月29日,该企业按照检修计划安排停产检修,计划实施日期为1月29日至31日。因精炼厂转炉1至4号汽包需要每年进行一次压力容器检测检验,按照以往惯例,年检前要进行汽包内焊缝打磨,因此将1至4号汽包纳入此次检修计划中。该项目负责人为精炼厂机械设备区域工程师(兼特种设备管理员)李某,实施人员为精炼厂连铸工段中包涂抹工詹某等5人,项目监护人为精炼厂连铸工段精整班班长黎某。转炉工段汽化班班长王某负责本次检修作业的区域能源介质管理及工作场所"5S"工作。

1月29日上午9时至10时,转炉1至4号汽包两侧人孔陆续拆除,保持自然通风,为第二天人员进入做准备。1月30日上午10时10分,作业人员经过安全技术交底及办理有限空间作业签证后到达转炉4号汽包,现场使用工业风扇通风,经过气体检测合格后进入汽包内打磨焊缝。上午11时40分,作业人员完成4号汽包第一轮打磨作业后,詹某接到李某电话通知,要求停止打磨并取消原汽包打磨作业计划。上午12时,作业人员(含连铸现场监护人黎某)收拾完工器具后全部撤离。15时30分,转炉工段长白某在当日检修作业项目结束后清点人数时,发现王某不在,并用手机及对讲机呼叫均未果后立即开始搜寻。于16时12分,白某发现王某趴在转炉3号汽包人孔处,并立即组织人员进行施救,将王某转移至4号炉西侧地面开展心肺复苏救护,并拨打120急救电话,公司及厂部领导到达现场后立即启动事故应急救援预案。

16时30分,在将王某转移至地面开展心肺复苏救护时,总经理黄某在3号汽包旁边使用手电筒勘查汽包内部状况时发现李某倒在3号汽包人孔下方,并立即组织人员对3号汽包使用轴流风机通风,通风大概10分钟使用氧含量报警仪检测氧含量为19.9%后,进入营救。17时,将李某从汽包内救出。"120"急救车在17时02分到达精炼厂,先后对王某和李某进行抢救,17时05分宣布王某抢救无效死亡,17时15分宣布李某抢救无效死亡。

事故发生后,有关部门迅速成立了事故调查组展开事故调查处理工作。经调查,死者李某未经审批确认安全保障措施的情况下冒险进入转炉工段3号汽包内作业,导致其窒息死亡;死者王某未确认施救环境安全保障措施的情况下,盲目施救,施救时其身体堵住3号汽包人孔且难以进退,造成局部含氧量下降,导致其窒息死亡。该事故共造成2人死亡,直接经济损失286万元。

事故调查结束后,负责事故调查的人民政府最终对事故调查组提交的事故调查报告作出批复,有关行政部门对该起事故涉事的企业及人员进行了不同程度的处罚。

根据以上场景,回答下列问题:

1. 结合案例背景,指出该企业安全生产的第一责任人,并说明理由。
2. 结合案例背景,简述副厂长朱某的安全生产职责的主要内容。
3. 结合案例背景,并根据《企业安全生产标准化基本规范》(GB/T 33000)的有关规定,列举转炉汽包检维修方案的主要内容。
4. 简述作业现场安全管理的"5S"工作的主要内容。
5. 结合案例背景,列举发生该起事故的直接原因和间接原因。

案例 18

A公司成立于2019年4月28日,经营范围包括:农业文化产品技术开发、咨询、服务、转让;组织艺术文化交流;承办展览、展示活动;园林绿化;广告设计、制作、发布。刘某负责公司的全面工作。

2019年9月8日,刘某联系B安装公司为A公司制作牌匾并进行安装。B公司安排电焊工付某、王某、赵某、齐某等人制作并安装。赵某制作了1个14m×7m的牌匾,牌匾的背架用了36根4m×8m和4m×6m的镀锌方钢,内设发光点的公司标志灯箱。2019年9月21日,刘某雇了1台汽车吊,并组织齐某、付某、王某、赵某等人进行牌匾和美工铁字的吊运安装作业,齐某进行高处安装作业时,使用的是其自带的座板式单人吊具。他将楼顶女儿墙内侧的消防管道作为挂点装置的固定栓固点,通过手控下降器沿工作绳将座板下移或固定在任意高度进行作业,作业时未使用柔性导轨、安全带、安全绳等防坠落保护系统。

9月21日13时,午饭后刘某组织齐某、王某、赵某进行广告灯箱最后吊运安装。付某、王某、李某将标志灯箱在楼下广场空地捆绑好,齐某使用座板式单人吊具在五楼外墙壁上安装完穿墙螺栓后,他们4人合力将灯箱由地面拉至预定安装位置,刘某到对面二楼看安装效果,赵某在安装现场看护过往行人。齐某准备再次到5层楼外安装广告灯箱,他使用座板式单人吊具由楼顶慢慢下降,当下降至6层时工作绳断裂,齐某下降速度瞬间加快,身体发生倾斜旋转后急速坠落到地面,当场死亡。

经事故调查组调查,导致本次事故发生的间接原因有:B公司并未依法为齐某等人缴纳工伤保险费,齐某等人上岗前也未进行安全培训;在进行吊装作业前未制订方案,未落实安全措施;对齐某未使用柔性导轨、安全带、安全绳等防坠落保护措施进行高处安装作业未进行制止;在吊装作业过程中未遵守"五不挂""十不吊"原则。

根据以上场景,回答下列问题:

1. 根据《特种作业人员安全技术培训考核管理规定》,指出事故背景中涉及的特种作业,并简述从事特种作业人员应当具备的条件。
2. 依据《生产经营单位安全培训规定》,简述从业人员车间级岗前安全教育培训内容。
3. 指出该公司未为从业人员缴纳工伤保险费属于哪项主体责任未落实。简述生产经营单位的安全生产主体责任的主要内容。
4. 简述起重作业中"十不吊"的内容。

案例 19

某电力公司隶属于某油田集团,是一个集供电、电力设备安装、电力设施检修测试和多种经营为一体的综合性企业。110kV变电站隶属该电力公司旗下的变电分公司,担负着该地区生产生活供电任务。该站有2条110kV进线,5条35kV出线,11条6kV出线,2台主变电设备,内设主控室和6kV高压室。高压室主要电气装置包括30个6kV高压开关柜,南北对向分布。站内共有6名员工,分三班,每班2人倒班工作制。

某日,该电力公司所属检修分公司负责对该110kV变电站的1号站用变、1013开关和1015开关进行检修。站内值班员为正值班员刘某、副值班员张某,按照当天检修计划,检修人员完成1号站用变和1013开关检修任务后,进行1015开关检修。10时44分,完成1015开关检修工作,办理完工作终结手续后,检修人员离开检修现场。10时54分,值班员刘某接到电力调度命令进行"联线1015开关由检修转运行"操作。11时,刘某与张某在高压室完成联线1015-1刀闸和1015-2刀闸的合闸操作,两人回到主控室后,发现后台计算机监控系统显示1015-2刀闸仍为分闸状态,初步判断为刀闸没有完全处于合闸状态。两人再次来到1015开关柜前,用力将1015-2刀闸手柄向上推动。11时03分,刘某左手向左扳动开关柜柜门闭锁手柄,右手用力将开关柜门打开,观察柜内设备。11时06分,刘某身体探入已带电的1015开关柜内进行观察,柜内6kV带电体对刘某身体放电,引发弧光短路,造成全身瞬间起火燃烧,当场死亡。该起事故造成1人死亡,直接经济损失223万元。事故发生后,负责事故调查的人民政府迅速成立了事故调查组,并对该起事故进行了全面调查与处理。

经调查,发生该起事故存在多方面原因:

(1)变电站两名值班人员发现1015-2刀闸没有变位指示后,没有执行报告制度,也没有向电力公司生产调度中心进行核实,而是蛮力操纵刀闸,值班员刘某违规进入高压开关柜,遭受6kV高压电击。

(2)该起事故中,当事人在合闸操作后到主控室监控屏确认刀闸的分合指示时,二次信号系统传输出现异常,现场刀闸状态与主控室监控屏显示不符,导致运行人员判断失误。

(3)检修现场没有安排人员实施现场安全监督,现场人员安全护具佩戴不合规。

(4)检修工作组织协调存在漏洞。

(5)安全教育不到位、员工安全意识淡薄。值班人员对高压带电作业危险认识不足,两名当事人在倒闸送电过程强行打开开关柜柜门,进入开关柜观察处理问题,共同违章。事故处理结束后,从油田集团再到该电力公司、检修分公司、变电分公司(110kV变电站)进行全面的安全生产整改,整改内容如下:

①完善相应的安全生产规章制度。

②全面排查与治理安全隐患。对于及时发现的重大事故隐患,务必编制相应的重大事故隐患治理方案与之"1对1"进行治理,并形成闭环管理。

③强化电力制度执行情况的监督考核。加强员工对《电力安全工作规程》《变电站倒闸操作规程》《变电站运行规程》等规章制度的掌握,加大"两票"及倒闸操作执行情况的考核,确保各项电力制度得到严格执行,并加强运行操作和检修作业的现场监督、检查。

④组织全员开展事故反思活动。详细通报事故的经过,以安全经验分享的形式来警示员工,同时,要举一反三,吸取此次事故的深刻教训,还要加强员工专业知识和安全技能的教育培训。

⑤完善事故应急预案,注重全员应急演练的实效性。

根据以上场景,回答下列问题:

1. 结合案例背景,列举该起事故发生的直接原因和间接原因。
2. 简述重大事故隐患治理方案的主要内容。
3. 指出《变电站倒闸操作规程》属于安全生产规章制度体系中的哪一种安全管理制度,并简述该安全管理制度还包括哪些内容。
4. 简述应急演练的主要内容。

案例20

某企业经营碳素制品的加工与销售,法人代表为宋某,实际控制人为王某。为克服老厂区空间狭小和安全防护距离不足的缺陷,该企业2015年6月份制订了技改搬迁的规划,2018年10月份新厂区基本建成投产。老厂区的焙烧车间、煅烧车间于2017年第一季度全部停产并进行了拆除，只留存成型车间维持生产（沥青库属于成型车间），用85%煅后焦作原料，15%沥青作黏结剂，经破碎、配料、混捏、成型、焙烧等工序制作成预焙阳极，供电解铝企业使用。

成型车间设置沥青库存储沥青，库内布设半地下沥青池（长28m、宽5.7m、高2.3m），池体采用5mm厚钢板焊接而成，地上部分0.5m，顶部用岩棉耐火砖保温，外层覆盖水泥混凝土；池内用钢板隔为7个小池，由北至南编号1~7号，4~7号正在使用，每个小池顶部均设有一个检查孔（长0.6m、宽0.6m、高0.15m）。池内有沥青32.4t，为保证沥青黏度，采取导热油循环加温，导热油管布设在沥青池内部，池内温度保持在170~180℃。

该企业聘请具有相应资质的安全评价机构进行了相应的现状安全评价，安全评价机构向该企业指出其在安全生产方面存在的不足：安全生产规章制度和操作规程不健全；成型车间生产现场管理混乱，对燃气导热油炉（特种设备）没有按照要求每年进行检验检测；未严格落实全员安全教育培训，成型车间3名锅炉工仅1人持有锅炉工操作人员证书。

对于安全评价机构提出的安全问题，该企业始终未重视。

2018年11月12日凌晨4时7分，成型车间燃气导热油炉操作工贾某发现导热油循环系统控制柜的电流值下降为80A（正常值为100~110A），打电话报告给当班维修工尹某，尹某电话通知电工洪某来现场处理，经检查未发现电路异常。尹某和贾某怀疑导热油泄漏，关闭了有关开关和阀门，并向车间主任武某进行了汇报，武某分别向公司分管副总何某和动力部部长黄某进行了汇报。7时左右，维修工徐某经过测量，确认7号沥青池导热油泄漏。随后，武某、何某和黄某先后到达现场。何某安排现场工人卸掉7号沥青池上部的分支导热油管道法兰的螺栓，其中有一个螺栓卸不掉，徐某用手持式切割机把螺栓切掉。

为进一步确定漏油点和便于操作维修，确定在7号沥青池另开开口，武某指挥李某等4名工人用铁锤和钎子破除沥青池顶部的混凝土和保温层，露出顶部钢板。现场操作人员使用手持式切割机切割7号沥青池顶部的钢制盖板时，因产生的火花遇到沥青池上部气相空间爆炸性混合气体引起爆炸，引发沥青池内导热油、沥青燃烧并形成火灾。该起事故共造成6人死亡、5人受伤，直接经济损失1145万元。

事故发生后，负责事故调查的人民政府迅速成立了事故调查组，并对该起事故进行了全面调查。

经调查，该企业现场人员在处理导热油泄漏时，未辨识维修过程中可能存在的危险有害因素，未制订安全可靠的维修方案和现场处置方案，没有严格执行动火作业管理制度，现场管理人员违章指挥，操作人员违章动火作业，是该起事故发生的重要原因。

事故调查结束后，负责事故调查的人民政府依据事故调查的结论，对涉事的企业及相关人员进行了不同程度的处罚。

根据以上场景，回答下列问题：

1. 结合案例背景，列举发生该起事故的直接原因和间接原因。
2. 简述安全评价机构进行安全现状评价的工作步骤。
3. 根据《企业职工伤亡事故分类标准》（GB 6441），指出产生的火花遇到沥青池上部气相空间爆炸性混合气体引起爆炸属于什么事故类别。

4. 根据《火灾分类》(GB/T 4968),说明沥青燃烧引起的火灾类型。
5. 针对该企业现状,提出防范生产安全事故的建议。

案例 21

甲公司是一个粮食购销企业,成立于 2014 年 5 月,注册资金 500 万元,占地面积 $16×10^4 m^2$,主要经营粮食收购、粮食仓储、销售等项目。现有平房仓 14 幢,千吨囤 26 座,仓储能力 $24×10^4 t$,固定资产 0.9 亿元,在职员工 44 人,配备了 1 名注册安全工程师作为专职安全管理人员。

2019 年 2 月,员工反映 4 号平房仓顶出现裂缝,存在漏雨的隐患,公司决定对所有的平房仓、千吨囤进行整修,并安排后勤科科长王某负责此事。

王某为方便施工将建设库房时使用的物料提升机用来输送物料,该物料提升机长时间未使用,且缺少必要的维修保养。

2019 年 5 月 9 日 13 时左右,王某组织 6 名工人到达工地开始干活,并安排赵某、闫某 2 人先行乘坐吊篮上库顶清理杂物。10 时 45 分左右,苏某操作物料提升机,李某、赵某、郑某 3 人带了一斗车砌筑砂浆和一板车多孔砖(约 100 块)乘坐物料提升机吊篮往仓库顶运料,当吊篮上升到一定高度时,吊篮突然下坠直至地面,其中李某和郑某 2 人当场死亡,赵某被送往医院进行救治,于 5 月 10 日 0 时 16 分经救治无效死亡。

事故发生后,当地人民政府迅速启动应急处置机制,相关领导第一时间赶赴事故现场,协调指挥事故应急处置工作,妥善处理死者善后事宜,全力救治伤者。当地政府组织相关部门成立事故调查组,对事故原因、伤亡情况、经济损失进行了调查。

根据以上场景,回答下列问题:
1. 依据《企业职工伤亡事故分类》(GB 6441),简述该次作业过程中涉及的危险有害因素。
2. 简述物料提升机的操作要求。
3. 简述注册安全工程师在工作中应履行的义务。
4. 根据《生产安全事故报告和调查处理条例》,简述事故调查组提交的事故调查报告的主要内容。

案例 22

某特种装配设备厂，经营集装箱的研发和生产。该厂拥有起重机械 31 台、叉车 8 辆、压力容器 11 台、压力管道 1 单元、电梯 3 部，持证特种设备作业人员 7 名（叉车司机），但未配备持证特种设备安全管理员。该厂的安全教育培训制度不完善，事故应急预案存在缺陷。该厂法定代表人叶某授权总经理助理杨某全权负责公司的日常生产经营管理工作，并签订《企业授权管理委托书》。

厂区路口、车间门口、转弯处等危险地段未设置反光镜、安全警示标志和限速措施。该厂现场安全管理不到位，车间未设置良好的照明设施，造成照度不足。厂区过道西半部分为机械车间，东半部分为空旷区域。

某日 19 时 40 分，该厂叉车司机李某驾驶叉车装载 2 托焊丝盘由东往西行驶在 2 号车间与 3 号车间过道近中间段时，由于本人工作不到位刚被领导批评导致情绪异常，在未看清前方是否有行人的情况下继续前行，不慎将刚从 2 号车间边门出来的员工谢某撞倒并带其向前行驶 11.2m。当李某感觉叉车碰到东西停下来时，看到谢某下身已在叉车前后轮中间，李某又倒车 2.7m 导致谢某二次受伤。事发后，现场人员立即拨打 120 急救电话，于当晚 20 时 40 分送至附近医院，谢某经抢救无效死亡。该起事故造成该厂员工谢某死亡，直接经济损失共计人民币 113 万元。

事故发生后，有关部门迅速成立事故调查组。事故调查组立即对该起事故展开调查。

事故调查结束后，负责事故调查的人民政府依据事故调查的结论，对涉事的企业及相关人员进行不同程度的处罚。

关于特种装配设备厂，则严格按照相关法律法规和国家标准要求，加强作业人员安全管理，严格落实企业安全主体责任，全面落实以安全生产责任制为核心的安全管理制度，提高全厂员工的安全意识和自我保护能力；进一步加强日常安全生产管理，深入推进隐患排查治理和风险管控工作，有效改善厂区道路条件，认真开展以叉车为重点的特种设备安全专项整治，确保隐患排查治理全覆盖、重实效；健全叉车安全技术档案；不断完善安全生产应急救援预案，扎实开展应急演练，提高全厂作业人员的安全意识和应急处置能力，杜绝此类事故的再次发生。

根据以上场景，回答下列问题：

1. 结合案例背景，列举特种装配设备厂中特种设备的种类。
2. 叉车的高压胶管是叉车的主要安全部件之一，请指出叉车的高压胶管应通过哪些试验检测。
3. 简述叉车安全技术档案的主要内容。
4. 简述对达到设计使用年限仍可继续使用的叉车的安全措施要求。
5. 结合案例背景，根据《生产过程危险和有害因素分类与代码》（GB/T 13861）的规定，分析该厂存在的危险及有害因素。

第6章 其他安全类案例专项

案例 23

某药业有限公司是发酵型制药企业,占地面积1500亩,有6个生产车间,1个动力车间,1个污水处理车间。该药业有限公司经营化学原料药、化学原料药中间体、化学制剂的生产、销售;中成药的开发、生产、销售技术的出口业务;农药、饲料、饲料添加剂、食品添加剂、肥料的生产及销售。主要原材料为玉米淀粉、豆粉等农产品以及甲醇、丙酮、氨水、乙酸、硫酸、盐酸、硝酸等危险化学品。公司负责人为胡某,现有职工1500人。

2015年1月23日晚11时10分左右,该药业有限公司102车间酯化组中班带班长段某告知前来接班的夜班带班长周某和员工魏某:在Z122号反应罐(罐体规格:直径2.6m、高度6.1m)第二层搅拌叶发现塑料包装物缠绕,等明天白班组长王某在岗时再处理。接班后的周某、魏某上岗后分别又进行了车间里的其他工作,其间,周某又下到车间一层进行作业,魏某打开了罐体的人孔。凌晨0时40分左右,周某上到罐体平台后,发现魏某已从值班室拿到塑料板凳,戴上3M防尘口罩,并告诉周某刚才用PVC管绑钩勾取酯化罐内塑料包装物时,缠绕太紧取不出来,准备下罐去取,带班长周某立即劝阻,不同意其下罐,并告知下罐必须经过置换处理,开具"进入受限空间作业票",经审批后才能下罐操作,然后到值班室联系和填写记录。从值班室出来后就发现魏某已经进入罐内,看到魏某在罐内第二层取到搅拌叶上的包装物,在快速攀爬到罐口时,魏某的身体开始颤抖,周某伸手抓时没能抓到,魏某掉落到罐底。周某立即叫来了值班组长刘某、甲醇回收组张某等人,因罐内甲醇浓度较高,无法下罐,只能先用水冲洗罐内。0时50分左右浓缩组葛某得知魏某出事后也赶到了现场,没有听从劝阻戴着防毒面罩(带滤毒罐)下罐施救,因中毒窒息跌落罐底。0时55分左右,车间值班副主任秦某赶到现场,分别拨打"120""119",并让人拿来气体检测仪检测有害气体浓度,取来正压式空气呼吸器,但因罐口太小,无法使用,就停止了下罐施救,组织人员继续用水冲洗罐内,并注入空气。1时30分左右,罐内有害气体浓度降低,员工张某、杨某佩戴防护用品进入罐内将葛某、魏某先后拉出罐内,由"120"急救车送往医院抢救,因伤势过重,救治无效,魏某于24日凌晨3时死亡,葛某于24日13时死亡。该起中毒窒息生产安全事故共造成2人死亡,直接经济损失310万元。

事故发生后,负责事故调查的人民政府迅速成立了事故调查组,并对该起事故进行了全面调查。

经调查,魏某违反《有限空间作业安全管理制度》,无视酯化罐人孔处喷涂的"受限空间,审批进入"警示标志,在未经审批,没有采取通风、检测措施,没有采取有效防护措施的情况下,进入甲醇浓度较高的有限空间;葛某违反《进入受限空间事故现场处置方案》,盲目施救。该药业有限公司安全生产责任制落实不到位,车间安全管理不严,操作人员违反安全管理制度、违章作业的行为未得到有效制止;员工的安全教育培训未落实,安全生产投入不到位,应急救援器材配备与现场危险有害因素不相适应。

事故调查结束后,负责事故调查的人民政府依据事故调查的结论,对涉事的企业及相关人员进行了不同程度的处罚。

根据以上场景,回答下列问题:

1. 结合案例背景,列举该起事故发生的直接原因和间接原因。

2. 结合案例背景,该药业有限公司需要严格执行有限空间安全作业的具体内容。
3. 简述车间级安全教育培训的重点内容。
4. 指出企业防范此类事故的措施与对策。

案例 24

某化工企业主要从事脂肪酸酯类产品的生产,年生产各类脂肪酸酯 4990t。该企业占地面积 18100m², 现有员工 67 人,其中技术人员 14 人,安全生产管理人员(注册安全工程师)1 人。该企业持有应急管理部门核发的《安全生产许可证》,并持有由应急管理部门核发的《安全生产标准化证书》,安全生产标准化为三级(危化生产)。

该企业于 2018 年 3 月委托某安全技术有限公司(具有相关资质的安全评价机构)编制完成《安全现状评价报告》。

该企业设有多功能车间、精馏车间、综合仓库、溶剂及半成品罐区、硫酸储罐、成品罐区、公用工程楼及灌装车间等。综合仓库分为 1、2、3 号库房,各库房均独立设置。1 号库房存放甲醇 550t;2 号库房存放乙醇 300t、丙酮 200t;3 号库房存放液氨 8t、环氧乙烷 1t。该企业酯化车间外东侧回收溶剂中转罐区共有 4 个储罐,自南向北排列,分别为硬脂酸储罐 90m³、甲醇储罐 25m³、异丙醇储罐 25m³、乙醇储罐 15m³。

2018 年 7 月 31 日至 8 月 1 日,该企业对甲醇储罐和异丙醇储罐安装自动控制阀及配管,需要焊接作业,作业人员办理了动火审批手续(审批流程不规范),同时采取了相应安全措施,对乙醇储罐进行喷水冷却。因 8 月 2 日在乙醇储罐顶上安装自动控制阀原则上不需要焊接作业,故未办理动火安全作业证。乙醇储罐内有 2~3t 浓度为 90%~95% 乙醇,闪爆事故后因燃烧、灭火喷水后的残液经检测其乙醇浓度为 24.9%。8 月 2 日 12 时 15 分,员工张某(电焊工,持有焊接与热切割特种作业证)、黄某、范某 3 人上到酯化车间外东侧回收溶剂中转罐区的甲醇储罐、异丙醇储罐、乙醇储罐上进行进料自动控制阀及配管安装,安全生产管理人员朱某也到乙醇储罐顶上边现场监护,边为栏杆刷油漆。其中张某、黄某在乙醇储罐上安装自动控制阀及配管,范某做辅助工作。因法兰固定的自动控制阀不牢固,所以临时采用加不锈钢管(直径 25mm、长 330mm)支撑固定。范某在帮助抬高自动控制阀完成管道上支撑点焊接(定位焊)后离开乙醇罐顶,到南侧甲醇储罐顶上整理物品。12 时 51 分,张某和黄某在乙醇储罐(直径 2m、高 4.2m)顶上焊接支撑物与储罐顶的支撑点时,乙醇储罐发生闪爆,罐顶被炸落,张某和黄某挂在乙醇储罐两侧,范某坠落至乙醇储罐东北方向的地面上;乙醇储罐闪爆后起火燃烧,但未向外蔓延。最终,该起事故造成 2 人死亡、1 人重伤,事故直接经济损失约 380 万元。

事故发生后,负责事故调查的人民政府迅速成立了事故调查组,并对该起事故进行了全面调查。

经调查,造成该起事故的原因是多方面的:回收溶剂中转罐区自动化控制系统安装未制订安全专项施工方案;自动化控制设备安装未聘请有资质单位施工;危险场所动火等特殊作业未严格执行《化学品生产单位特殊作业安全规范》要求办理动火及登高等特殊作业审批手续,之前已办理的安全作业证审批不规范;动火作业风险辨识及安全措施不到位;涉及动火作业的乙醇储罐未采取清空、置换、通风、检测、注水等安全措施;电焊工张某违章操作,在乙醇储罐顶上进行电焊(动火)作业,引起罐内含有乙醇的爆炸性混合气体发生闪爆。事故调查结束后,负责事故调查的人民政府依据事故调查的结论,对涉事的企业及相关人员进行了不同程度的处罚。

根据以上场景,回答下列问题:

1. 结合案例背景,列举该起事故发生的直接原因和间接原因。
2. 简述《安全现状评价报告》的主要内容。
3. 简述动火作业的分级,并指出各级动火作业办理的动火证有效期的最长时限和审批部门。
4. 结合案例背景,根据《危险化学品重大危险源辨识》(GB 18218),辨识综合仓库的重大危险源,并说明理由。(丙酮的临界量为500t,环氧乙烷的临界量为10t)

案例25

甲企业是专门从事冷藏服务、冷链配送运输的企业,主要负责人为于某。公司占地55亩,有19000m² 大型冷库出租,冷库制冷设备为德国比泽尔压缩机组,蒸发器采用三翼铝排管,采用液氨制冷,过道站台均安装冷风机辅助制冷,无缝站台对接卸货库门。

该企业冷库的液氨机房呈东西向,设置于院内东侧偏北位置,机房门朝北,机房距北侧东西向围墙约3m,墙根内侧东西向排列有贮氨器2个,每个储罐容积为2m³。制冷压缩机位于机房门口位置,机房内还有1台压缩机气缸和2台冷却器液位计,控制室紧邻液氨机房东侧,中间设有观察窗,控制室外墙壁上设有3台压缩机的紧急停机开关,控制室内配备仅有2具防毒面具。为节约成本减少安全生产投入,缩减了防护用品开支。

7月7日23时许,制冷工孙某、李某开启压缩机实施制冷作业,0时30分许,吴某听到机房方向发出"嗞嗞"响声,发现机房开始冒白烟,并闻到有刺激性的氨味,透过观察窗发现孙某、李某晕倒在压缩机旁。吴某立即给在外地的于某打电话说明情况,随后叫上赵某戴上防毒面具去机房救人,两人将李某抬出后,再次返回救援孙某时也因吸入过量氨气晕倒在地。

消防救援人员到达时，发现机房门口处1台压缩机气缸盖处正往外泄氨，便紧急将连通泄漏点的各阀门逐一关闭，在现场全面实施喷淋稀释，并将孙某、吴某、赵某等人抬出机房，紧急送往医院救治，李某、吴某和赵某逐渐恢复意识，但孙某因抢救无效死亡。李某、吴某和赵某的身体被泄漏的液氨灼伤，呼吸道被严重灼伤，经工伤鉴定委员会认定为五级伤残。

事后经调查发现，泄漏的压缩机气缸下端2个螺栓已松动，压盖内的"O"形石棉密封垫已严重老化，失去弹性，且机房内的2台冷却器液位均处于满液位状态，冷却器超压，严重违反了相关的操作规程。综合技术分析认为当晚开机后未观察并及时调节贮氨器供液阀门，致使中间冷却器液氨液位过高，液氨在回液至压缩机气缸内时，造成气缸超压，使本已无弹性、老化的"O"形石棉密封垫从螺栓松动部位开裂，最终导致液氨泄漏事故发生。

根据以上场景，回答下列问题：
1. 指出本次事故的直接原因和间接原因。
2. 简述李某、孙某等人的车间级培训内容。
3. 简述人员发生氨中毒后，应采取的现场抢救措施。
4. 根据《工伤保险条例》(国务院令第586号)，简述应当认定为工伤的情况。

案例 26

甲检测站成立于2013年11月14日，主要负责人为检测站站长李某，公司主要经营业务为压力容器（含气瓶）检验检测服务，现有在职人员63人。

2018年5月18日13时，该检测站站长李某指挥6名职工将几只待检测的40L环氧乙烷钢瓶滚到作业现场进行残液处理。员工孙某将环氧乙烷气瓶阀门打开后未见余气和残液流出，就把阀门卸下，仍没有残液和余气流出，即将阀门重新装上并关好，再将环氧乙烷钢瓶底部的一只易熔塞座螺栓旋松后，即听到有"滋滋"的漏气声，随后孙某分别将剩余几只气瓶的易熔塞座螺栓旋松后便去干其他工作。15时20分左右，检测站作业现场正在泄放环氧乙烷的钢瓶突然发生爆炸，造成作业现场内的4名员工当场死亡，爆炸还导致站内大部分厂房和围墙倒塌，并造成周围一部分民宅门窗玻璃不同程度损坏。

事故调查组为查清事故原因，专门派人到事故钢瓶的产权单位、最近一次环氧乙烷的充装单位进行了调查。调查结论如下：

(1) 检测站站长李某违章指挥，在确认气瓶内存在残液的情况下，未采取任何措施，违规指挥工人在作业区松开底部易熔塞座泄放瓶内环氧乙烷气体。因环氧乙烷气体比空气重，大量气体沉浮于地面并与空气形成爆炸性混合物，最终酿成爆炸事故。

(2)工人违规操作,3名职工在清理地烘炉时,由于对环氧乙烷气体易燃易爆的危险特性缺乏了解,在存在环氧乙烷和空气混合的环境条件下,使用铁锹清理煤渣碰撞产生火花,导致了混合气体的爆炸。

事故发生后,企业负责人进行反思,充分地考虑了企业内部和外部的特征,重新建立了企业安全文化,引导全体员工的安全态度和安全行为,通过全员参与实现了企业安全生产水平持续提高。

根据以上场景,回答下列问题:

1. 根据《气瓶安全技术规程》,简述气瓶的附件。
2. 依据《安全生产法》,简述李某对本单位安全生产工作负有的职责。
3. 简述装卸搬运气瓶的管理要求。
4. 依据《生产安全事故报告和调查处理条例》,简述事故调查组的职责。

案例 27

A机械制造公司始建于2000年,占地面积18000m^2,专业从事铝合金重力铸造、低压铸造、砂型铸造、铝合金铸件加工,2018年年度营收12亿元。

2018年10月16日,A公司的2号加热炉工程发生一起施工升降机吊篮坠落事故,造成7人死亡、2人重伤。

2018年3月18日,A公司在资质不足、没有办理安全生产许可证的情况下,私自成立项目部,使用本企业施工机具,招募劳务班组对该工程进行施工,由于搭设井架之前未编制专项施工方案,施工人员仅凭"经验"搭设,搭设后也未按规范要求设置必需的安全装置。

2018年10月16日,烟囱施工高度已达106m,在烟囱顶部有13名工人绑扎钢筋和支模板作业,完成后等待验收期间,13人中有4人乘吊篮下去。此时地面的卷扬机司机以为还需检查一段时间,所以拉上了卷扬机制动器后便离机。后因下雨,烟囱顶部的作业人员准备下到地面,于是全部乘上吊篮(此时卷扬机司机仍不在岗位)。由于人员过多,其重量超过卷扬机制动器的制动力,而吊篮又没有安装停靠装置,于是吊篮失去控制自动下滑,又因无断绳保护装置,致使吊篮在无任何保护下坠落地面,地面也没按规定装设缓冲装置,过大的冲击及振动造成7人死亡、2人重伤。

A公司主要负责人王某在接到事故报告后,及时向政府有关部门进行了报告。

事故调查组在接下来的调查中发现:①该公司并无相关施工资质;②所使用的施工机具在之前的检查中已经发现问题,但因该企业安全生产费用不足,并未对其进行整改;③该公司缺少必要的安全生产管理制度,现有制度并未经过有关部门及人员审核审批,属于为应对检查临时拼凑。

根据以上场景，回答下列问题：

1. 简述 A 公司安全生产费用使用范围。
2. 简述事故报告的内容。
3. 简述 A 公司安全生产规章制度制定流程。
4. 计算案例中所述机械制造公司 2019 年度应当提取的安全生产费用数目。

案例 28

A 机械制造公司是某大型国企所属子公司，负责人为邹某，经营范围：自动化、航空、基础科研、光纤、通信、半导体、电子、医疗器械、避震器等设备配件的精加工服务。目前公司拥有 5 轴全自动坐标测量仪(CMM)、光学投影仪等先进的检测仪器和多轴 CNC 车、走芯机、4 轴与 5 轴 CNC 铣、自动平面磨、线切割、冲压机等生产设备。

2021 年 4 月 11 日 13 时左右，冲压机操作工吴某在公司 102 车间北线冲压机一工位开始从事冲压作业。14 时 40 分左右，吴某发现冲压机安全门内冲头动作异常停止了工作，在未按规定断开电源且未按下急停按钮、未通知其他人现场监督的情况下打开安全防护门，将手进入到该设备的机械手工作业区域内进行维修作业。维修作业完成后，由于此时冲压机电源仍处于接通状态，冲头突然恢复快速运动撞击吴某双手，发生了冲压事故。

事故发生后，在距事发地约 6m 的称重操作台工作的郭某听到吴某工位的响动声后，发现吴某摔倒在冲压机旁边，呼喊在冲压机西侧(距事发地约 4m)的王某立即切断电源，同时跑向事发地点。郭某到达现场后与到达现场的王某将吴某平抬至安全地带，并立即拨打了"120"急救电话，15 时 1 分，医院急救中心救护车到达事故现场，并将伤者送往医院进行抢救。

当地应急管理局于 2021 年 4 月 11 日 16 时左右接到企业事故报告，随后立即组织人员实地核实情况。经调查发现，该厂机械设备大部分没有设置警示标牌及操作规程，虽然每日安全培训及定期安全培训资料充足，但大多数流于形式，作业人员无法理解，该厂的主要领导除公司大会之外从不到场，并未组织过任何安全检查。

根据以上场景，回答下列问题：

1. 简述该事故的直接原因和间接原因。
2. 列举冲压机安全保护控制装置种类，并简述其相应的安全要求。
3. 为预防此类事故再次发生，简述事故防范和整改措施。
4. 简述 A 公司的安全生产主体责任。

案例 29

甲气瓶有限公司成立于 2005 年 3 月 23 日,属于非金属矿物制品业,主营行业为专用设备制造业,加工方式为 OEM 加工,加工工艺为涂层、其他机械五金工艺,服务领域为安全防护、医用、军工、矿业、航空航天等,现已建成直径 140~180mm、直径 219~232mm 钢质无缝气瓶生产线各四条,民用液化石油气钢瓶生产线两条,直径 232~406mm 车用压缩天然气气瓶生产线和车用压缩天然气钢质内胆环向缠绕气瓶生产线各一条,得到 B1、B2、B3 级压力容器制造许可,并正式投产。工业气瓶、民用气瓶、天然气气瓶年生产能力 200 万只。

2019 年 2 月 3 日 10 时 57 分,乙公司气瓶运输车辆驾驶员林某和叉车驾驶员张某,在甲公司气瓶车间装卸气瓶完毕。张某把刚作业完毕的叉车停在气瓶货车左侧,此时叉车和货车垂直停靠,叉车货叉一端指向货车,叉车货叉顶端和货车左侧厢门之间相距 2m。林某和张某一起关闭气瓶货车左侧厢门,随后再将叉车挂到货车尾部。

11 时 10 分,张某接到甲公司现场负责人通知,另一车间重型物资箱需要临时进行搬运,因急于去隔壁公司现场卸货,张某超速驾驶叉车出车间门左转弯上厂区大道时,撞压两名警卫,致使两人当场死亡。

事故发生后,经过调查组综合分析,认定此事故的直接原因为张某忽视安全、违章驾驶车辆。

为保证安全生产,甲乙两公司决定充分考虑自身内部的和外部的文化特征,引导全体员工的安全态度和安全行为,建立了符合本企业实际情况的安全文化,以实现企业安全生产水平持续提高。

根据以上场景,回答下列问题:

1. 简述叉车使用安全技术。
2. 简述叉车月检项目。
3. 简述企业安全文化建设基本要素及内容。
4. 简述企业安全文化建设的操作步骤。

案例 30

B 酿酒厂创始于 1976 年,是一家集白酒生产、研发、销售为一体的制造型企业,企业厂区占地面积 2 万多 m^2,建筑面积 1 万多 m^2,拥有先进的生产和检测设施,以优质高粱为主要原料,年产 1 万 t 优质白酒。

B 酿酒厂公用设施齐全,有 110kV、容量 5 万 kVA 的供变电系统,两条年运输能力为 $10×10^4$ t 的铁路专用线和三台 35t 的热电锅炉。2019 年 9 月 11 日,某公司与 B 酿酒厂签订租赁合同后,注入 2000 多万元资金,对该厂进行了技术改造,采用新技术投入到生产,增加产量。为保证生产安全,该公司决定构建适于本厂的双重预防机制,并聘请一定数量的注册安全工程师从事安全管理工作。但因发展初期资金相对较为匮乏,双重预防机制并未建立完好。

8月3日10时30分左右,该工厂内主厂房工段泵房岗位1号高压液氨泵因泵头内漏严重,准备更换泵头。操作工接工段指令顺利倒入2号泵后,开始对1号泵进行更换。当操作工逐渐关小1号泵进口第一截止阀时,紧连着该阀的起备用作用的第二截止阀压盖开始发生泄漏,随即该处垫片被冲出,泄漏量瞬间增大。由于该操作工事先戴好了防毒面具,未导致中毒窒息。

正在现场指挥作业的车间主任王某未采取任何应急措施而独自撤离现场。因电源未切断,液氨发生爆炸,共计造成8人死亡、45人受伤。

事故发生后,事故调查组经调查发现:①1号液氨泵出口第二高压截止阀严重内漏,当操作工关小该泵进口第一截止阀后,包括第二截止阀在内的一小段中压管线内压力骤然升高,导致第二截止阀压盖垫片因超压被冲出,液氨大量外漏,迫使系统紧急停车;②由于车间不久前进行人员调整,王某由采购部门调入车间尚不足半月,并无应急管理的经验,发生事故时自身惊慌失措,这是导致事故恶化的主要原因;③安全生产管理制度,尤其是综合安全管理制度不健全;④本厂专职安全管理人员靳某在上次的检查中已经发现设备问题,但并未上报。

根据以上场景,回答下列问题:

1. 简述液氨泄漏的应急处置措施及注意事项。
2. 简述该工厂安全生产规章制度体系中,综合安全管理制度的内容。
3. 简述构建双重预防机制的主要内容。
4. 该工厂注册安全工程师参与并签署意见的安全工作有哪些?

案例 31

位于G省的A造纸厂有限公司创建于2005年,注册资金300万元,现有职工873人,主要产品包括胶版纸、书刊纸、其他文化、印刷用纸等。

2013年年初,该企业为扩大经营,于甲市青年湖原址新建一座厂房。建筑面积为1276m²,结构类型为现浇框架剪力墙结构,工期为2013年4月16日至2015年10月15日。所使用的设备有塔式起重机10台,打桩机5台,汽车起重机40辆,渣土车20辆,氧气瓶、乙炔瓶若干,电焊机40台,钢筋切断机10台。

2014年3月24日8时50左右,职工吴某刚刚上班,正做焊接前的准备工作:先将压力调节器安装在乙炔瓶上,随手打开瓶阀,以便查看瓶内压力情况,在打开瓶阀的瞬间,乙炔瓶突然爆炸,几秒钟后又发生一次大爆炸,吴某当即死亡,附近人员伤亡严重。在场多人听到两次爆炸声,并看见事故气瓶在爆炸前先有烟气出现。据判断,乙炔瓶第一次爆炸后,瓶内乙炔气和气态丙酮急速向空间扩散,再与空气混合成易燃易爆气体,加之现场存在很多点火源,从而导致第二次爆炸事故的发生。

事故导致4人死亡、14人重伤、2人轻伤,设备受损61台,仪器仪表损坏14台,周边居民房也受到一定的损失,预计直接经济损失为1300多万元。后经调查发现,施工中的焊接作业并无相应防火花飞溅措施且安全距离不足,加之工作当天风力较强,飞溅的火花飘至气瓶处导致事故发生。另外气瓶本身存在一定缺陷,气瓶的安全技术档案不全。

根据以上场景,回答下列问题:

1. 根据《特种设备安全法》,简述特种设备安全技术档案内容。
2. 根据《企业职工伤亡事故分类》(GB 6441),简述该施工现场存在的危险有害因素。
3. 简述气瓶安全操作要求。
4. 为预防事故的再次发生,A公司应采取哪些安全措施?

案例32

A烟花厂成立于2014年,占地面积2万余m²,注册资本共1585万元,其中从业人员218人,专职安全员3人。场内有主要办公大楼15栋,并配备电梯,转运车间20个,并配有叉车。

2015年9月9日,A烟花厂发生烟花爆竹爆炸事故,造成8人死亡。事故发生后,当地人民政府责令其停产整顿,但事故遗留的烟花因其化学性原料不稳定,存在安全隐患。

9月28日,安监部门下达了事故隐患整改通知,责成A烟花厂对事故遗留的半成品限时妥善处置。

10月30日,A烟花厂一方面着手处理该重大隐患(销毁炸药的非本厂人员,由无资质的劳务公司进行),另一方面在未进行安全设计审查的情况下新建烟火药混合车间(与炸药销毁处的距离不足100m),该项目由B公司实行总承包,主要使用的设备有起重机械、带锯机、圆锯机、氧气瓶、乙炔瓶、特种电动机等。

2015年11月15日,劳务公司负责人张某为了赶任务,16时左右在炸药销毁处交代管理人员李某等人晚上加班,把白天未销毁完成的炸药全部销毁(此时堆放的炸药远超安全量)。18时左右开始加班,当时拉有2盏钨灯分别立在消防栓旁和水沟围墙外,张某在简单巡视之后便离开销毁现场。

20时50分左右突然发生爆炸,张某赶到现场时已经有伤员跑出来,张某立即组织人员抢救和灭火,并叫人开车来运送伤员,一部分人抱伤员上车送医院抢救,一部分人拿水桶打水救火,直至县消防队赶到后才将火彻底扑灭。A烟花厂炸药销毁处附近的药工房、新建烟火药厂房、杂物房全部炸毁。该起事故造成13人死亡、13人受伤(其中重伤12人),直接经济损失160余万元。

后经事故调查分析发现,新建厂房临时用电所用电缆机械强度不足,发生断裂;销毁处堆放炸药数量过多,且二者安全距离远远不足,漏电电缆被风吹到炸药上成为其引燃源,最终导致爆炸事故的发生。

根据以上场景,回答下列问题:
1. 简述A烟花厂对B公司的安全管理要求。
2. 依据《建设项目安全设施"三同时"监督管理办法》,简述建设项目安全设施设计审查资料清单。
3. 简述该起事故的直接原因和间接原因。
4. 简述电缆敷设的一般规定。

案例33

位于甲县的A公司是一家皮毛硝染企业,类型为有限责任公司,注册资本300万元,公司现总资产1430多万元,占地面积20250m²,设有生皮鞣制车间、染色车间、污水处理车间等,经营范围为毛皮鞣制加工,生皮、熟皮储存;毛皮服装、毛皮制品加工、制作、销售等。企业属季节性生产,旺季时员工240余人,淡季时员工50人左右。

2015年10月14日9时30分左右,该公司污水处理车间当班工人吴某在清理预曝调节池作业过程中,中毒昏厥倒在池中。该池为混凝土结构,长11m,宽4.2m,深3.8m,顶部为混凝土预制板盖板,在池子东南角留有长1.6m、宽0.7m的人孔口,为有限空间且池内含有大量硫化氢气体。发现吴某昏迷后,在事发现场的公司职工李某、孔某和附近的刘某3人,在未采取任何安全防护措施的情况下,先后顺竹梯下到池底盲目救援,均中毒昏厥倒在池中。

10月14日10时10分左右,附近车间马某外出时发现污水池内昏迷的4人,一方面告知附近工人并用鼓风机向池中鼓风,另一方面拨打"120"急救电话。救援人员赶到现场后给中毒人员采取按压心脏等急救措施,并先后送至当地卫生院救治。因中毒窒息时间过长,4人经抢救无效死亡。

事故单位负责人董某缺乏事故报告的相关知识,事故发生3h后,县安全监管局才得到事故报告,造成事故迟报。

事故发生后,当地有关部门十分重视,立即成立事故调查组,事故调查组按照"四不放过"和"科学严谨、依法依规、实事求是、注重实效"的原则,通过现场勘查、检测检验、调查取证、询问有关人员,查清了事故发生的经过、人员伤亡和直接经济损失,查明了事故原因,认定了事故性质,提出了对有关责任人员和责任单位的处理建议,并针对事故暴露出的突出问题制订了防范整改措施。

本次事故,4名职工每人丧葬费为20万元,李某、孔某家属抚恤费用为每人5万元,现场抢救及清理现场费用共计3万元,处理环境污染1万元,罚款10万元,该公司给予施救人员奖金共4万元。

根据以上场景,回答下列问题:

1. 指出本次事故的直接经济损失并计算总数。
2. 简述该企业主要负责人董某的培训内容。
3. 根据案例判断施救人员应佩戴的呼吸道防毒面具种类,并简述原因。
4. 为预防此类事故的发生,A公司应该采取的管理措施内容。

案例 34

G发电厂有2×1000MW机组,厂房占地为100m×300m,燃煤由码头卸下后,经皮带引桥由带式输送机输送到储煤场,再经带式输送机送到磨粉机磨成煤粉,煤粉送至锅炉喷燃器,由喷燃器喷到炉膛内,煤粉燃烧后的烟气经除尘系统进入脱硫脱硝系统,脱硫脱硝工艺需用液氨、盐酸和氢氧化钠等。

G发电厂有容积为1000m³的助燃柴油储罐2个,储存的柴油密度为820kg/m³,闪点为60℃,发电机的冷却方式为水—氢—氢。氢气以2.0MPa压力、经直径100mm管道输送到发电机,锅炉最大连续蒸发量为1025t/h,过热蒸汽出口压力为17.75MPa。

G发电厂现存原材料有:燃煤30×10⁴t,柴油1200t,浓度大于99%的液氨16t,盐酸42t,氢氧化钠41t,压力为15MPa的氮气20×40L,压力为3.2MPa的氢气7×10m³。

为确保安全生产,G发电厂于2012年7月16日至20日进行了全厂安全生产大检查,检查发现:在储煤场的铲车司机无证上岗,作业人员未戴安全帽,皮带引桥内的电缆有破损,皮带引桥地面有大量煤尘。针对检查发现的问题,G发电厂厂长责成安全生产职能部门制订整改计划,落实整改措施。

根据以上场景,回答下列问题:

1. 针对安全生产大检查发现的问题,提出整改措施。
2. 指出进入磨煤机检修应配备的防护设备及用品,并说明其作用。

3. 根据《化学品分类和危险性公示 通则》(GB 13690),指出 G 发电厂现存材料中的化学品及其类别。

4. 说明 G 发电厂脱硫脱硝系统液氨泄漏时应采取的应急处置措施。

案例 35

位于甲市的汽车冲压件生产企业 A 公司,成立于 2003 年,固定资产原值 1000 万元,下设 3 个车间、1 个库房以及安全部、生产部 5 个科室,员工 55 人,主要产品为汽车冲压件,年销售收入 900 万元左右。供热设备为一台 130t/h 燃煤锅炉,产生的蒸汽由公称直径为 500mm、输送压力为 10MPa 的管道向全厂运送。

2013 年 9 月,该公司新建厂房用于汽车冲压件生产。厂房主体为砖混结构,建筑面积 3219m² (长×宽=59.4m×54.2m),高为 9m,建设投资 80 万元。该项目于 9 月 30 日开始施工建设,施工队伍为当地临时组织的施工队伍,无营业执照,无建筑施工资质,有 30 余人,建筑队负责人为刘某。施工现场使用的设备有:汽车起重机 2 台,运送物料的叉车 5 辆,混凝土搅拌机,电焊机及乙炔气瓶、氧气瓶等。

2013 年 10 月 9 日 7 时 30 分左右,刘某安排建筑队工人冯某、吴某、严某 3 人负责在建厂房立柱的钢筋运送及绑扎工作(冯某为班组长),10 时 30 分左右,冯某在在建厂房施工搭建的架子上面向上拽拉钢筋时接打电话,不慎将钢筋搭在了附近高压线上造成触电。

事故发生后,在场施工人员立即通知了刘某,并拨打了"120"急救电话。为争取时间,刘某开车将冯某送往附近医院进行救治。13 时左右,冯某经救治无效死亡。

后经调查发现,该施工班组进场前,并未签署有关安全协议,A 公司无专门安全管理人员对班组进行管理;且该班组从未建立有关安全管理制度,也未对班组成员进行过安全培训及教育,项目自从开始建设后,有关政府部门从未对 A 公司进行检查。

根据以上场景,回答下列问题:

1. 指出 A 公司及建设项目施工现场存在的特种设备。
2. 根据《特种设备安全监察条例》,简述特种设备安全技术档案应包含的内容。
3. 结合案例,指出该起事故的直接原因和间接原因及事故的性质。
4. 简述该施工班组成员应该接受的班组级培训内容。
5. 简述 A 公司对施工队现场安全管理要求。

案例 36

位于甲省乙市的 A 公司是一家大型的机械加工企业,占地面积 8000 多 m²,注册资金 580 万元。在设备方面,公司有 1060 加工中心 1 台,850 加工中心 4 台,640 加工中心 4 台,数控车床 8 台,另有磨削专用砂轮机数十台。

2019 年 1 月,该企业主要负责人李某决定对厂内一座磨削厂房进行扩建。为保证生产效率,李某在满员 50 人车间不停产的前提下,对厂房进行施工。后续为保证安全,李某聘请无安全管理资质的沈某负责门卫、安全检查等工作。磨削车间堆放了大量油漆及香蕉水,原本设立的两个安全出口处堆放了大量砖。

1 月 26 日 7 时 20 分许,该磨削车间砂轮机操作工人吴某进入车间时,发现装修班组正在其工作台附近进行涂料混合作业,为保证安全,吴某向沈某建议暂停涂料混合作业,沈某以工作距离满足安全要求为由拒绝该建议。8 时,吴某操作的砂轮机磨削产生的火花引燃了香蕉水,火势迅速将室内堆放的多桶涂料、油漆及半成品引燃,并发出爆炸声。由于安全出口被堵塞,吴某等人员未能及时撤离,并造成安全出口拥堵。8 时 30 分左右,大面积的爆炸导致厂房坍塌,其他厂房人员立即拨打了"119",消防救援人员到达现场后立即开展抢救工作,并与"120"急救人员共同对伤者进行施救,但因爆炸及厂房坍塌过于严重,事故共造成包括吴某在内的 9 人死亡,21 人重伤。

事后,政府立即成立了事故调查组,对该起事故进行了调查。

根据以上场景,回答下列问题:

1. 根据《生产安全事故报告和调查处理条例》,判断负责调查该起事故的政府层级及事故调查组的构成。
2. 简述事故调查组应履行的职责。
3. 根据《安全生产法》,简述李某的安全生产职责。
4. 根据该案例,判断该工厂存在的安全隐患有哪些。
5. 简述砂轮机操作要求。

案例 37

位于甲省的 A 亚麻厂是当地规模较大的亚麻纺织厂之一,2015 年投产,有职工 625 人,生产规模 2160 锭,固定资产原值 1000 万元,年产值近 1 亿元,利税 4000 万元。

2015 年 3 月 15 日凌晨 2 时 39 分,该厂正在生产的梳麻车间、前纺车间、准备车间的联合厂房突然发生亚麻粉尘爆炸起火,造成停电停水并致使当班的 477 名职工大部分被围困。在消防救援人员、市救护站和工厂职工的及时抢救下,才使多数职工脱离了危险。

该起事故使 $1.3 \times 10^4 \text{m}^2$ 的厂房遭受不同程度的破坏,2 个换气室、1 个除尘室全部被炸毁,整个除尘系统遭受严重破坏;部分厂房墙倒屋塌,地沟盖板和原麻地下库被炸开,车间内的 189 台(套)机器和电气等设备被掀翻、砸坏和烧毁,造成梳麻车间、前纺车间、细纱湿纺车间全部停产,准备车间部分停产。由于厂房连体面积过大,给职工疏散带来困难,职工急性中毒 25 人,重伤 65 人,轻伤 112 人,死亡 28 人,直接经济损失 880 万元。

事故发生后,政府组织有关部门和专家成立了事故调查组,进行了 3 个月的调查工作。经过核定事实,最后得出结论:①安全生产管理人员在检查出事故车间白炽灯存在问题后,并未上报;②粉尘沉降室已两个月没有清理,加上最近天气晴好,空气干燥,该粉尘沉降室漂浮的粉尘浓度达到爆炸极限遇静电火花而发生爆炸。

根据以上场景,回答下列问题:

1. 依据《安全生产法》,简述生产经营单位的安全生产管理机构的安全生产职责。
2. 简述粉尘爆炸的条件及特点。
3. 根据《生产安全事故报告和调查处理条例》(国务院令第 493 号),判断该起事故等级并简要描述判别标准。
4. 为预防此类事故再次发生,A 公司应该采取的技术措施内容。

截分金题卷一

(考试时间 150 分钟　满分 100 分　答案 P197)

一、单项选择题(共 20 题,每题 1 分。每题的备选项中,只有一个最符合题意)。

1. 消除或减小机械设备相关风险的主要对策和措施包括本质安全技术、安全防护措施、使用安全信息来实现。下列措施中,属于安全防护措施的是(　　)。
   A. 采用全气动或全液压控制操纵机构
   B. 皮带传动采用金属铸造防护箱罩防护
   C. 简单机器提供标志和使用操作说明书
   D. 冲压设备施压部分安设光电控制装置

2. 砂轮装置由砂轮、主轴、卡盘和防护罩组成,砂轮装置的安全与其组成部分的安全技术要求直接相关。下列关于砂轮装置各组成部分安全技术要求的说法,正确的是(　　)。
   A. 砂轮主轴端部螺纹旋向须与砂轮工作时旋转方向一致
   B. 卡盘与砂轮侧面的非接触部分应有最小 1.5mm 的间隙
   C. 砂轮安装轴水平面的上方防护罩开口角度应不大于 90°
   D. 砂轮卡盘外侧面与防护罩开口边缘的间距应大于 15mm

3. 锻造机械的结构不仅应保证设备运行中的安全,而且还应保证安装、拆卸和检修工作的安全,下列关于锻造机械安全要求的说法中,正确的是(　　)。
   A. 防护罩需用铰链安装在锻压设备的转动部件上
   B. 锻压机械的启动装置必须能保证对设备进行迅速开关
   C. 停车按钮为黄色,其位置比启动按钮低 10~12mm
   D. 较大型的空气锤不应设置简易的操作室或屏蔽装置

4. 圆锯机是以圆锯片对木材进行锯切加工的机械设备。下列关于圆锯机安全技术要求中,正确的是(　　)。
   A. 锯片与法兰盘应与锯轴的旋转中心线垂直
   B. 圆锯片断裂 2 齿或出现裂纹时应停止使用
   C. 分料刀引导边应是楔形的,不可上下调整
   D. 分料刀与锯片最靠近点与锯片距离 8mm

5. 保护导体包括保护接地线、保护接零线和等电位连接线。下列关于保护导体的说法,正确的是(　　)。
   A. 交流电气设备应优先利用人工导体作保护导体
   B. 保护导体干线必须与电源中性点和接地体相连

C. 接地线与建筑物伸缩缝、沉降缝交叉时应弯成弧状

D. 接地装置地下部分的连接应采用抱箍螺纹连接

6. 接地装置是接地体和接地线的总称。下列关于接地装置的说法,错误的是( )。

   A. 当自然接地体的接地电阻符合要求时,可不敷设人工接地体

   B. 自然接地体至少应有两根导体在不同地点与接地网相连

   C. 利用管道保温层的金属外皮或电缆的金属护层作接地线

   D. 接地体离独立避雷针接地体之间的地下水平距离不得小于3m

7. 触电防护技术包括屏护、间距、绝缘、接地等,下列针对用于触电防护的屏护间距的要求中,错误的是( )。

   A. 网眼遮栏与裸导体之间的距离不宜小于0.15m

   B. 架空线路跨越的建筑物内不得存在爆炸危险区域

   C. 架空线路导线离屋顶的最小水平距离不得小于2.5m

   D. 架空线路导线与绿化区或公园树木的距离不得小于3m

8. 剩余电流动作保护是防止电气设备事故的常见安全技术措施。下列电气设备中,必须安装剩余电流动作保护装置的是( )。

   A. 临时用电的电气设备和壁挂式空调电源插座

   B. 生产用的电气设备和施工工地的电气机械设备

   C. 安装在户外的电气装置和安全电压的供电设备

   D. 具有"回"形标志的电气设备和Ⅲ类电气设备

9. 爆炸危险环境的电气设备和电气线路不应产生能构成引燃源的火花、电弧或危险温度。下列对防爆电气线路敷设方式的安全要求中,正确的是( )。

   A. 电气线路可在有爆炸危险的建、构筑物的墙内敷设

   B. 钢管配线必须采用无护套的绝缘单芯或多芯导线

   C. 钢管配线的电气线路不得跨越爆炸性气体环境

   D. 有剧烈振动处应选用多股铜芯软线或多股铜芯电缆

10. 静电现象是由点电荷彼此相互作用的静电力产生的。下列关于静电危害的说法,正确的是( )。

    A. 工艺过程中产生的静电可能给人以电击,不会妨碍生产

    B. 接地的人体接近带电的导体时,可能发生火花放电

    C. 静电能量不大,且其电压不高,所以静电电击不会使人致命

    D. 生产过程中产生的静电不会引起计算机等设备中电子元件误动作

11. 运输气瓶应当严格遵守国家有关危险品运输的规定和要求。下列针对气瓶运输安全的要求中,正确的是( )。

    A. 使用电磁起重机吊运气瓶　　　　B. 用叉车、翻斗车或铲车搬运气瓶

    C. 使用金属链绳捆绑后吊运气瓶　　D. 不得通过吊气瓶瓶帽吊运气瓶

12. 起重机械吊运的准备工作和安全检查是保证起重机械安全作业的重要内容。下列关于机械

吊运作业安全要求中,正确的是( )。

A. 带载调整起升、变幅机构的制动器,或带载增大作业幅度

B. 工作中突然断电时,应关闭总电源,将所有控制器置零

C. 多台起重机吊运同一重物时,应保持钢丝绳垂直,保持运行同步

D. 摘钩时应等所有吊索完全松弛后再进行,特殊情况下允许抖绳摘索

13. 气瓶附件是气瓶的重要组成部分,对气瓶安全使用起着非常重要的作用。下列关于气瓶附件的说法中,正确的是( )。

A. 永久气体气瓶的爆破片不得装配在气瓶阀门上

B. 盛装氢气气瓶瓶阀的手轮选用阻燃材料制造

C. 盛装助燃和不可燃气体瓶阀的出气口螺纹为左旋

D. 汽车用天然气钢瓶严禁装设爆破片-易熔塞复合装置

14. 保护导体包括保护接地线、保护接零线和等电位连接线。下列关于保护接地的说法,正确的是( )。

A. 交流电气设备应优先利用人工导体作保护导体

B. 人工保护导体可采用固定敷设的绝缘线或裸导体

C. 有保护作用的PEN线上安装单极开关和熔断器

D. 利用设备的外露导电部分作为保护导体的一部分

15. 某公司锅炉工对蒸汽锅炉进行巡检时发现,水位表内也出现泡沫,水位急剧波动,汽水界线难以分清。针对这种情况,应采取的应急措施是( )。

A. 通过"叫水"的操作,酌情予以不同的处理

B. 停止向锅炉上水,启用省煤器再循环管路

C. 减弱燃烧,加强蒸汽管道和过热器的疏水

D. 关闭连续排污阀,打开定期排污阀放水

16. 锅炉是一种能量转换设备,向锅炉输入的能量有燃料中的化学能、电能,锅炉输出具有一定热能的蒸汽、高温水或有机热载体。下列关于锅炉使用安全要求中,正确的是( )。

A. 水管锅炉,冷炉上水至正常安全水位时应停止上水

B. 并汽前应增强燃烧,打开蒸汽管道上的所有疏水阀

C. 钢管省煤器在点火升压期间,关闭再循环管上阀门

D. 锅炉在低负荷运行时,水位应稍高于正常水位

17. 叉车是常用的场(厂)内专用机动车辆,由于作业环境复杂,容易发生事故,因此,安全操作非常重要。下列叉车安全操作的要求,正确的是( )。

A. 当物件重量不明时严禁使用叉车运送

B. 物件提升离地起落架前仰后方可行驶

C. 不得单叉作业和使用货叉顶货或拉货

D. 严禁叉车在易燃、易爆的仓库内作业

18. 生产系统内一旦发生爆炸或压力骤增时,可通过防爆泄压设施将超高压力释放出去,以减少巨大压力对设备、系统的破坏或者减少事故损失。下列安全泄压装置选用情形中,正确的是(　　)。

A. 移动式压力容器选用杠杆式安全阀

B. 胶着介质压力容器选用全封闭安全阀

C. 剧毒气体介质的压力容器选用爆破片

D. 有重大爆炸危险性的设备安装安全阀

19. 为防止火灾爆炸的发生,阻止其扩展和减少破坏,防火防爆安全装置及技术在实际生产中广泛使用。下列关于防爆泄压技术的说法,错误的是(　　)。

A. 安全阀的作用是为了防止设备和容器内压力过高而爆炸

B. 安全阀按其结构和作用原理可分为杠杆式、弹簧式和脉冲式

C. 对于工作介质为剧毒气体的压力容器,其泄压装置应采用安全阀

D. 安全阀用于泄放可燃液体时,宜将排泄管接入事故储槽、污油罐

20. 火灾探测器的基本功能就是对表征烟雾、温度、火焰(光)和参量做出有效反应,通过敏感元件,将表征火灾参量的物理量送到火灾报警控制器。下列关于火灾探测器适用场合的说法,错误的是(　　)。

A. 仓库等没有阴燃阶段的燃料火灾的早期检测报警宜选择感光探测器

B. 无遮挡的大空间或有特殊要求的房间,宜选择红外光束感烟探测器

C. 储存酒精等火灾初期不产生烟雾的场所宜选用红外火焰火灾探测器

D. 有硫化氢气体或腐蚀性气体存在的场所不宜安装可燃气体探测器

二、案例分析题[案例(1)为客观题,包括单选题和多选题,案例(2)~(4)为主观题。单选题每题的备选项中只有1个最符合题意。多选题每题的备选项中有2个或2个以上符合题意。错选多选,本题不得分;少选,所选的每个选项得0.5分]。

案例(1)

A企业成立于2015年2月24日,公司法定代表人甲,主要从事通用机械设备、环保设备及配件和钢结构的加工制造,现有员工14人。设有销售部、生产部、设备部、安全部四个职能部门。安全部配备2名专职安全员,负责企业安全生产管理工作。下设钢结构加工车间、冲压车间、装配车间、机械维修车间以及配电间等辅助设施。

A企业的主要设备设施包括:剪板机、折弯机、车床、磨床、钻床、铣床共20余台,激光切割机3台,固定式砂轮机6台,电动叉车4台,额定起重量5t行车4部,货运电梯2部;另有交流电焊机10台,角磨机等手持电动工具20台;氧气瓶、乙炔气瓶各10支。

2022年10月6日上午7时许,A企业拼装作业岗位乙等10名员工正常上班作业,其中2人在拼装作业处进行钢架拼装焊接作业。7时25分许,乙准备将拼接完成的钢架从拼装作业处吊运至西北侧的焊接作业处由焊工进行满焊连接。乙用一根链条饭钩从钢架中心的斜撑方管点焊(定位焊)连接处绕扣后进行吊运。7时30分左右,乙操作行车将钢架吊起时,斜撑方管点焊(定位焊)连接处脱焊,绕扣的链条饭钩滑脱,钢架向北侧倾倒,砸中钢架北侧的2名作业人员头部,两人当

场死亡,事故经济损失包括:医疗费用50万元,丧葬及抚恤费用40万元,赔偿费用120万元,补充新职工的培训费用10万元,停产损失140万元,事故罚款50万元。

调查发现,现场有一钢架,长约13m,宽约3m,重约600kg,整体框架由12cm×5.5cm的槽钢拼接而成,分为8格,每格中间有一根长约3.12m的斜撑方管(5cm×5cm),拼接处采取点焊(定位焊)固定。钢架北侧部分及地面有血迹,南侧有1台电焊机,西侧为焊接作业点,上方有1台5t规格地面操作的行车。行车安全操作规程制订不完善,未对吊具的使用和司索方式明确相应的安全要求,导致乙随意作业。未按规定对乙进行安全教育培训,导致其对点焊(定位焊)及作业方式不当的风险因素不了解,未掌握岗位安全知识及操作技能。未严格落实安全风险分级管控及事故隐患排查治理机制,未对点焊及作业方式不当的安全风险采取有效管控;对生产作业现场缺少经常性的安全检查和巡查,未能及时发现并消除吊装作业方式不当、作业人员未佩戴劳动防护用品违规进入吊运危险区域的事故隐患。

根据以上情况,回答下列问题(共10分,每题2分,1~2题为单选题,3~5题为多选题)。

1. 根据《企业职工伤亡事故经济损失统计标准》(GB 6721),该起事故的直接经济损失为(　　)万元。

   A. 140　　　　　　　　　　B. 220
   C. 260　　　　　　　　　　D. 270
   E. 410

2. 根据《危险化学品企业特殊作业安全规范》(GB 30871),使用电焊机作业时,电焊机与动火点的间距最大值为(　　)m。

   A. 5　　　　　　　　　　　B. 10
   C. 15　　　　　　　　　　　D. 25
   E. 30

3. 根据《企业安全生产标准化基本规范》(GB/T 33000),A企业未严格落实安全风险分级管控及事故隐患排查治理机制的主要内容包括(　　)。

   A. 操作规程　　　　　　　　B. 警示标志
   C. 预测预警　　　　　　　　D. 安全生产投入
   E. 重大危险源辨识与管理

4. 根据《生产安全事故报告和调查处理条例》,该起事故的调查组组成应包括(　　)。

   A. A企业所在地设区的市级人民政府　　B. A企业所在地县级应急管理部门
   C. A企业所在地设区的市级工会　　　　D. 事故调查组聘请的有关专家
   E. A企业所在地县级人民检察院

5. 下列A企业的主要设备设施中,属于特种设备的有(　　)。

   A. 交流电焊机　　　　　　　B. 5t行车
   C. 电动叉车　　　　　　　　D. 货运电梯
   E. 乙炔气瓶

案例(2)

F厂铝生产工艺为原料储运、石灰硝化、原矿浆制备、高压溶出、赤泥沉降洗涤、分解与过滤、氢氧化铝焙烧与包装等。下设生产控制中心、设备管理科、安全环保科、综合科等4个职能科室和原料车间、溶出车间、电气车间、液氮间、氢气瓶间等10个车间。

F厂自备煤气站和热电站。煤气站生产氢氧化铝焙烧用煤气。热电站有3台130t/h燃煤锅炉,1套12MW汽轮发电机组,1套25MW汽轮发电机组。热电站生产270℃的蒸汽,生产能力为220t/h,蒸汽在管道中的压力为3.7MPa。

F厂热力工程系统有主厂房、堆煤场、燃煤破碎筛分输送系统、油泵房、点火泵房、灰渣库、熔盐加热站、除灰系统、热力管网、氨法脱硫系统等单元。工艺间物料采用管道或机动车辆输送。

2023年3月,F厂组织了安全检查后发现:特种设备作业人员证件均在有效期限内;专职安全管理员未取得特种设备安全管理人员证件;员工佩戴防护眼镜和防尘口罩站在砂轮机正面磨削刀具;叉车司机佩戴安全帽,驾驶2t叉车向车间配送氢气瓶,氢气瓶横卧在叉车料框内,到达车间后,指挥天车将氢气瓶吊运至指定位置,气瓶未采取防倾倒措施。

根据以上场景,回答下列问题(共22分):

1. 指出F厂氢气瓶的安全附件。
2. 简述F厂叉车的使用安全要求。
3. 简要说明F厂气瓶的装卸运输要求。
4. 针对安全检查发现的问题,提出整改措施。

案例(3)

E企业2022年实际用工1500人,其中有160人为劳务派遣人员,对外经营的汽油罐区为独立设置的库区,设有防火墙,库区出入口和墙外设置了相应的安全标志。

E企业2022年度发生事故2起,死亡1人,轻伤1人,重伤2人。

2023年7月26日上午9时30分许,W公司在E企业综合治理提升项目碳钢系统污油罐改造施工过程中发生爆燃事故,造成3人死亡,2人轻伤,直接经济损失约512.8万元。

污油罐罐顶拱高703mm,碳钢材质,设计温度110℃,操作压力为常压,容积225m^3,存储介质为污油和水。罐顶中心位置为透气孔(DN150),日常为敞开状态,罐顶东南角为透光孔(DN500),罐顶西北角为量油孔(DN150),罐顶边缘设护栏。

事发当天为晴天,无降水过程,能见度为2.4~2.9km,温度25.5~26.5℃,空气湿度90%~95%,南风,风速7.0~8.4m/s。

作业前办理了《特殊动火安全作业证》,动火内容为在预制场进行电焊、气割、磨光机动火;动火时间为7月26日7时至7月26日14时58分;动火人为W公司张某银、王某乐;W公司动火监护人为孙某岩,E企业动火监护人为车某勇。

W公司施工人员在污油罐存有污油、罐顶中心透气孔敞开的情况下,超出《特殊动火安全作业证》许可作业范围,违规在罐顶中心透气孔附近动火作业,引燃污油罐上方气相空间的爆炸气体混合物,导致爆燃。

根据以上场景,回答下列问题(共22分):

1. 计算E企业2022年度的千人重伤率和百万工时死亡率。
2. 指出E企业汽油罐区应设置的安全标志及其所属类别。
3. 根据《企业职工伤亡事故分类》(GB 6441),辨识动火作业现场存在的主要危险有害因素。
4. 提出E企业为防止事故发生应采取的安全技术措施。

案例(4)

U公司T0503储罐位于U公司储运部石脑油T05罐区东北方位,于1994年建造,1996年投入使用,储存介质为成品石脑油,罐型为常压内浮顶储罐,设计温度50℃,公称直径21m,高18m,公称容积5000m^3。有罐顶通光孔、检尺孔、高低位人孔和排污孔。高位的西侧上人孔下缘距罐底2.2m,低位的东侧下人孔下缘距罐底0.49m,直径均为0.6m;北侧排污孔下缘与罐底平齐,与西侧上人孔夹角为60°。

2022年3月22日,U公司与T公司签订《生产性抢险清污和清罐业务外包合同》,根据合同约定另行签署《业务外包HSE合同》,要求T公司严格执行国家安全生产法律法规、标准及依据U公司安全生产规章制度、安全操作规程转化的T公司安全生产规章制度、安全操作规程。2019年6月24日,U公司与R公司签订第三方安全监督服务合同。

按照U公司《2023年储罐检修检验清罐防腐计划》要求,清罐作业结束后,U公司要对清罐作业情况进行验收。验收合格后,组织对T0503石脑油罐进行检修。清罐作业流程:退料→加堵盲板能量隔离→打开人孔→抽油→蒸罐→自然通风→清罐→验收。

2023年2月22日8时左右,T公司项目经理甲、项目负责人乙,及丙、丁、己等14名工人到达U公司厂外罐区T0503罐附近。

8时20分左右,甲安排乙同U公司储运部生产主管、储运部安全总监、储运部工艺员兼属地项目负责人庚等人办理作业许可证。庚对T公司参加清罐作业的人员进行安全技术交底,并组织现场人员会签作业票。

8时45分左右,乙、丙系着安全绳、戴着防毒面具和报警器从东侧下人孔进入T0503罐内进行气体检测,确认合格后乙组织T公司作业人员开始清罐作业。乙、丙、丁、己等7人进入T0503罐内进行清罐作业。T公司副班长等7人在罐外辅助清罐作业,U公司装车班班长、T公司安全员、R公司工程师在罐外人孔处负责监护。

11时左右上午作业结束,现场人员离开午休。

12时左右,庚因事请假离场,属地项目负责人职责由辛负责。

13时左右,乙组织T公司工人返回现场。13时20分左右,U公司装车班班长赶到现场后,乙组织工人继续清罐作业,乙、丙、丁、己等7人进入罐内。

13时45分左右,清罐作业结束,乙站在罐内人孔处递给丁一把壁纸刀,安排丁和自己割密封带,让丙、己等其他5人出罐。乙自西向东沿着罐壁南侧割密封带,丁自西向东沿着罐壁北侧割密封带。有3人先后出罐。

13时52分,罐内发生爆燃,此时,己正在人孔处往罐外钻,气浪将其从人孔推出,站在己身后的丙紧接从罐内逃出;正在割密封带的丁看到罐内南侧突然起火,立刻跑向人孔,俯身从人孔爬到罐外逃生,这时只剩下乙尚在罐内。本起事故造成1人死亡、2人轻伤,直接经济损失142万元。

现场勘查中,在T0503储罐内发现壁纸刀2把、防爆手电1个、防爆手机1部等设备设施。浮盘边缘部分密封带被割开,密封带内填充的聚氨酯海绵露出。T公司未严格遵守《T0503石脑油罐清罐施工方案》和作业许可证规定的作业内容,在未进行风险辨识、未采取安全防护措施的情况下,超合同规定的作业内容在受限空间内进行割密封带作业。作业过程中未督促作业人员按要求使用防爆工器具。

为汲取事故教训,避免类似事故发生,U公司开展了有限空间专项排查治理,完善了有限空间和承包商安全管理制度,修订了有限空间应急处置方案并配备了应急物资,现场增设了有限空间作业安全告知牌。进行了有限空间安全培训和应急演练。

根据以上场景,回答下列问题(共26分):

1. 分析T公司爆燃事故的间接原因。
2. 指出乙、丙进行气体检测的指标,并说明作业人员进入罐内进行清罐作业的安全措施。
3. 说明U公司清罐作业现场增设有限空间作业安全告知牌的主要内容。
4. 简述U公司对T公司在T0503石脑油罐清罐作业中进行安全管理的主要内容。
5. 指出T公司对有限空间作业人员进行安全教育培训的主要内容。

截分金题卷二

(考试时间 150 分钟 满分 100 分 答案 P203)

一、单项选择题(共 20 题,每题 1 分。每题的备选项中,只有一个最符合题意)。

1. 消除或减小相关的风险,应按本质安全设计措施、安全防护措施和使用安全信息等级顺序选择安全技术措施。下列关于机械安全的对策和措施中,属于本质安全设计措施的是( )。

   A. 选用光电保护装置
   B. 安装信号警告装置
   C. 选用紧急停止装置
   D. 采用安全可靠电源

2. 为降低铸造作业安全风险,应根据生产工艺水平、设备特点、厂房场地和厂房条件等,结合防尘防毒技术综合考虑工艺设备和生产流程的布局,下列铸造作业各工艺布置中,错误的是( )。

   A. 污染较小的造型、制芯工段应位于全年最小频率风向的下风侧
   B. 浇注时,所有与金属溶液接触的工具,如扒渣棒、火钳等均需预热
   C. 铸造车间应建在厂区其他不释放有害物质的生产建筑的上风侧
   D. 铸造车间除设计有局部通风装置外,还应利用天窗排风或设置屋顶通风器

3. 人机作业环境包括的因素很多,如照明环境、声环境、色彩环境、气候环境、空气中的气体成分环境等。下列关于人机作业环境的说法中,正确的是( )。

   A. 在亮光下,瞳孔放大,影响视网膜的视物
   B. 眩光下,瞳孔缩小,视网膜上成像更清晰
   C. 蓝色会抑制各种器官的兴奋并使机能稳定
   D. 黄绿色调易引起视觉疲劳,但认读速度快

4. 劳动者在劳动过程中,因工作因素产生的精神压力和身体负担不断积累,可能导致精神疲劳和肌肉疲劳。下列关于疲劳的说法,正确的是( )。

   A. 精神疲劳一般只涉及大脑皮层的局部区域
   B. 作业者体位欠佳属于作业者本身的因素
   C. 体力疲劳与精神疲劳感可能同时发生
   D. 劳动内容单调不会诱发心理疲劳

5. 接地保护和接零保护是防止间接接触电击的基本技术措施。其中保护接零系统称为 TN 系统,包括 TN-S、TN-C-S、TN-C 三种方式。下列电气保护系统图中,宜用于有独立附设变电站的车间的是( )。

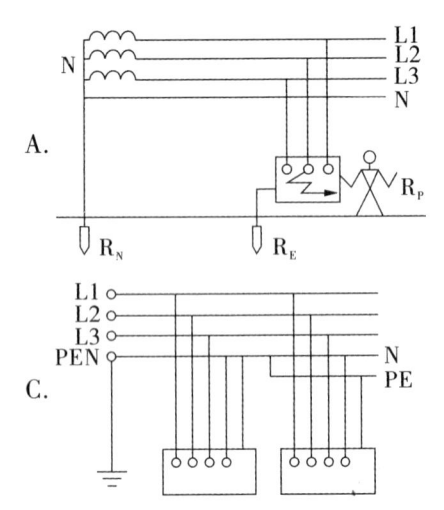

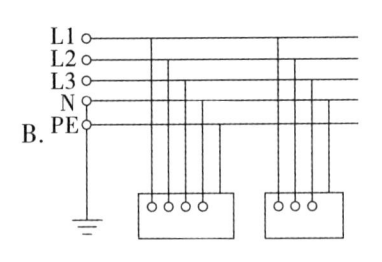

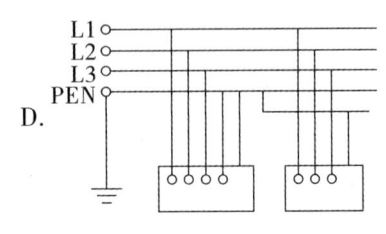

6. 安全电压属既能防止间接接触电击也能防止直接接触电击的安全技术措施。下列对于安全电压的安全要求中,正确的是(　　)。

   A. 明显部位有"回"形标志的电气设备属于Ⅲ类设备

   B. 潮湿环境中工频安全电压有效值的限值取 33V

   C. 特别危险环境使用的手持电动工具应采用 24V 安全电压

   D. 工作地点狭窄、行动不便的环境应采用 12V 安全电压

7. 接地装置是接地体(极)和接地线的总称。下列对于接地装置的安装和连接要求中,正确的是(　　)。

   A. 接地体上端离地面深度不应小于 0.3m,并应在冰冻层以下

   B. 接地线与建筑物伸缩缝、沉降缝交叉时,应穿管或用角钢保护

   C. 接地装置地下部分的连接应采用焊接,并应采用搭焊,不得有虚焊

   D. 接地线与管道的连接可采用螺纹连接或抱箍螺纹连接,但必须采用镀铜件

8. 爆炸危险环境的电气设备和电气线路不应产生能构成引燃源的火花、电弧或危险温度。下列对防爆电气线路的安全要求中,正确的是(　　)。

   A. 可燃物质比空气重时,电气线路可直接埋地

   B. 钢管配线应采用无护套的绝缘单芯导线

   C. 爆炸危险环境宜采用油浸纸绝缘电缆

   D. 爆炸危险环境应优先采用多股铝芯线

9. 静电最为严重的危险是引起爆炸和火灾,因此,静电安全防护主要是对爆炸和火灾的防护。下列对静电防护措施的说法中,正确的是(　　)。

   A. 限制流速对静电的产生和积累无影响

   B. 接地的主要作用是消除非导体上的静电

   C. 为防止大量带电,相对湿度应在 50% 以上

   D. 静电消除器能把带电体上的静电完全消除掉

10. 锅炉蒸发表面(水面)汽水共同升起,产生大量泡沫并上下波动翻腾的现象,叫汽水共腾。下列关于汽水共腾的后果及处置措施中,正确的是(　　)。
    A. 降低蒸汽品质,造成过热器结垢及水击振动
    B. 增强燃烧力度,增加负荷,开大主汽阀
    C. 立即关闭给水阀停止向锅炉上水
    D. 关闭连续排污阀,打开定期排污阀放水

11. 气瓶的贮存场所应符合设计规范,库房管理人员应熟悉有关安全管理要求。下列对气瓶贮存的要求中,错误的是(　　)。
    A. 应当遵循先入库先发出的原则
    B. 可燃、有毒、窒息库房应有自动报警装置
    C. 氢气可与氨气、环氧乙烷、乙炔等同库
    D. 气瓶库房周围严禁存放易燃易爆物品

12. 起重作业的安全操作是防止起重伤害的重要保证,起重作业人员应严格按照安全操作规程进行作业。下列关于起重机司机的安全操作要求中,正确的是(　　)。
    A. 司机在正常操作过程中,允许利用极限位置限制器停车
    B. 工作中突然断电时,应将所有控制器置零,关闭总电源
    C. 吊载接近或达到额定值时,吊运前用小高度、长行程试吊
    D. 起重机与其他设备或固定建筑物的最小距离在 0.8m 以上

13. 气瓶附件包括瓶阀、瓶帽、保护罩、安全泄压装置、防振圈、安全阀、液位计等。下列关于气瓶安全附件的要求,正确的是(　　)。
    A. 盛装二氧化碳气体瓶阀的出气口螺纹为右旋
    B. 瓶帽应当有良好的抗撞击性,应用铸铁制造
    C. 溶解乙炔的易熔塞合金装置动作温度为 110℃
    D. 防振圈的主要功能是减少气瓶瓶身的磨损

14. 叉车是常用的场(厂)内专用机动车辆,由于作业环境复杂,容易发生事故,因此,安全操作非常重要。下列叉车安全操作的要求,正确的是(　　)。
    A. 叉装物件时,物件重量不明严禁叉运
    B. 物件提升离地后,起落架放平行驶
    C. 不得单叉作业和使用货叉顶货或拉货
    D. 严禁两辆叉车同时装卸一辆货车

15. 阻火隔爆是通过某些隔离措施防止外部火焰窜入存有可燃爆炸物料的系统、设备、容器及管道内,或者阻止火焰在系统、设备、容器及管道之间蔓延。下列关于阻火及隔爆技术的说法,正确的是(　　)。
    A. 一些具有复合结构的液封阻火器可阻止爆轰火焰传播
    B. 主动式隔爆装置在工业生产过程中时刻都在起作用
    C. 被动式隔爆装置是靠装置某一元件的动作来阻隔火焰
    D. 气体中含有粉尘的输送管道应当选用工业阻火器

16. 在生产过程中,应根据可燃易燃物质的燃烧爆炸特性,以及生产工艺和设备等条件采取有效措施,预防在设备和系统里或在其周围形成爆炸性混合物。这类措施主要有设备密闭、厂房通风、惰性介质保护、以不燃溶剂代替可燃溶剂、危险物品隔离储存等。下列爆炸控制措施中,错误的是(　　)。
    A. 易燃易爆系统检修动火前,使用惰性气体进行吹扫置换
    B. 爆炸危险度大的可燃气体系统在连接处应尽量采用法兰连接
    C. 氮气等惰性气体在使用前应经过气体分析,其中含氧量不得超过 2%
    D. 四氯化碳用于代替溶解脂肪、沥青、橡胶等所采用的易燃溶剂

17. 在防止火灾爆炸事故发生的基本原则中,不能避免燃烧爆炸物质出现时要尽可能消除或隔离各类点火源,下列关于点火源的安全措施中,正确的是(　　)。
    A. 加热易燃物料时,采用电炉、火炉、煤炉等直接加热
    B. 有飞溅火花的加热装置布置在泄漏汽油储罐的上风侧
    C. 维修焊割介质为易燃物料的压力管道,应进行隔绝、清洗
    D. 设备用不发生火花的各种金属制造,应当使其在真空中操作

18. 水能从燃烧物中吸收很多热量,使燃烧物的温度迅速下降,使燃烧中止。下列火灾中,能使用水灭火的是(　　)。
    A. 高温化工设备火灾 　　　　　B. 乙炔企业碳化钙火灾
    C. 家具生产企业木材火灾 　　　D. 大容量汽油储罐火灾

19. 当可燃性固体呈粉体状态,粒度足够细,飞扬悬浮于空气中,并达到一定浓度,在相对密闭的空间内,遇到足够的点火能量,就能发生粉尘爆炸。下列关于粉尘爆炸的特性及影响因素的说法中,错误的是(　　)。
    A. 惰性粉尘及灰分越少,爆炸极限范围越大,粉尘爆炸危险性也就越大
    B. 粒度对粉尘爆炸压力的影响比其对粉尘爆炸压力上升速率的影响大得多
    C. 粉尘粒度越细,比表面越大,反应速度越快,爆炸上升速率就越大
    D. 容器尺寸会对粉尘爆炸压力及压力上升速率有很大的影响

20. 烟火药的制造工艺包括粉碎、研磨、筛选、称量、混合、造粒、干燥等。关于烟火药制造过程中防火防爆措施的说法,正确的是(　　)。
    A. 烟火药各成分混合不宜采用转鼓等机械设备
    B. 采用湿法配制含铝烟火药时应进行通风散热
    C. 使用球磨机混合氯酸盐烟火药等高感度药物
    D. 干药在中转库的停滞时间小于或等于 48h

二、案例分析题[案例(1)为客观题,包括单选题和多选题,案例(2)~(4)为主观题。单选题每题的备选项中只有 1 个最符合题意。多选题每题的备选项中有 2 个或 2 个以上符合题意。错选多选,本题不得分;少选,所选的每个选项得 0.5 分]。

案例(1)

2023 年 6 月 13 日 14 时 40 分许,Q 公司承揽的位于 L 市 K 县的 W 公司烧结余热回收综合利用项目(2 号线)在吊装钢结构除尘罩(落灰斗)过程中发生 1 起起重伤害事故,致 2 人死亡,此次

事故共造成直接经济损失约 300 万元。

　　W 公司现有 1 号、2 号 180m² 的烧结机生产线,冷却段废热空气经新建的余热锅炉回收后,由新建的 1 台补汽凝汽式汽轮机拖动烧结主抽风机运转。现场采用四台手拉葫芦吊装落灰斗。落灰斗为钢结构管道,呈长方体,长 4.5m,宽 4m,高 2.6m,壁厚 6mm,重 3.8t。管道四角各布置一台手拉葫芦,起吊前管道内部搭建有脚手架。作业现场区域设有警戒线,但未设置安全警戒标志。2022 年 W 公司投入的与安全生产有关的费用包括:施工现场临时用电系统支出 4.1 万元,配备和更新劳动防护用品配备支出 83.9 万元,高处作业防护支出 4.5 万元,临时安全防护支出 2.8 万元,改扩建工程安全评价支出 15.3 万元,安全教育培训支出 12 万元。

　　2023 年 2 月,Q 公司编制《W 公司 2 号烧结机余热发电安装工程施工组织设计》,明确烟风道采用汽车起重机吊装。安装落灰斗时,因作业空间有限、存在视线盲区,Q 公司项目部决定改用 4 台手拉葫芦将落灰斗吊至待安装位置与上方钢结构管道焊接固定,起吊高度约 7.5m。

　　2023 年 6 月 13 日 7:30 左右,现场负责人甲组织丙(带班)、戊、乙、丁、己等多人召开早会,进行工作分工,提醒安全注意事项。乙、丙、丁、戊 4 人当天工作为吊运落灰斗并焊接固定。8:00 左右,丙、丁、戊和乙 4 人开始作业,戊、丁、丙搭建脚手架,乙用电焊机分别在落灰斗和锅炉底部各焊接 4 个吊耳。随后,乙、丙 2 人把四台手拉葫芦倒链挂在锅炉底部的 4 个吊耳上,倒链下端吊钩固定在落灰斗上的 4 个吊耳上。4 人分别在落灰斗四个角上拉着倒链进行起升吊装。11:00 左右,在拉到距顶部约 20cm 处暂停休息。14:00,4 人继续作业时,发现手拉葫芦卡住无法继续向上吊运。为加快工作进度,丙决定爬上脚手架,和乙一起重新焊接锅炉底部吊耳。因四层脚手架太高,丙就让戊在地面帮他扶着脚手架,顺便递工具。乙焊完西南角、西北角 2 个吊耳后,就将两个单链手拉葫芦的倒链挂在吊耳上,回到地面喝水。14:40 左右,丙焊接好东北角吊耳后,将 1 台手拉葫芦(双链)挂在重新焊接的吊耳上。因为四角受力不均、重心偏移,东北角吊耳脱落、东南角吊链断开,落灰斗倾斜翻转砸塌脚手架。丙从高处摔落并被脚手架砸中头、胸部,戊被倒塌的脚手架砸伤腿部。乙立即拨打 120 急救电话。15:53,丙、戊被送至市立医院。丙经抢救无效于当日 17 时 21 分死亡。戊经抢救无效于次日 0 时 16 分死亡。

　　经现场实地勘查、查阅台账资料、询问相关人员等调查发现:丙无焊接与热切割作业证进行动火作业,施工人员吊装作业前未对手拉葫芦进行定期检验和使用前的安全检查;未对作业现场存在的安全隐患进行充分辨识评估,现场作业方案未对吊耳设置作出明确规定,焊接吊耳后未经检查验收确认;对员工安全生产教育和培训不到位,致使作业人员不具备必要的安全生产知识和风险防范意识;施工现场吊装作业安全防范措施落实不到位,未能有效确认现场作业条件是否符合安全作业要求,没有安排专人进行有效的现场安全监护,对作业人员的违规违章行为不能及时有效制止。

　　根据以上情况,回答下列问题(共 10 分,每题 2 分,1~2 题为单选题,3~5 题为多选题)。

1. 根据《生产安全事故报告和调查处理条例》(国务院令第 493 号),负责该起事故调查的应为(　　)。

A. K 县建设行政主管部门　　　　　　　B. L 市建设行政主管部门
C. K 县人民政府　　　　　　　　　　　D. K 县应急管理部门
E. L 市人民政府

2. 根据《企业安全生产费用提取和使用管理办法》，W 公司 2022 年属于使用安全生产费用的支出为(　　)万元。

A. 103.7　　　　　　　　　　B. 107.3

C. 115.7　　　　　　　　　　D. 118.5

E. 122.6

3. 根据《生产安全事故报告和调查处理条例》(国务院令第 493 号)，该起事故调查报告的主要内容应包括(　　)。

A. 事故发生的经过和事故救援情况

B. 事故发生的原因和事故性质

C. 事故责任单位年度安全生产费用使用情况

D. 事故责任的认定以及对事故责任者的处理建议

E. 事故发生的技术和管理问题专篇

4. 在脚手架上的作业人员丙应佩戴的劳动防护用品包括(　　)。

A. 安全带　　　　　　　　　　B. 安全帽

C. 防刺穿鞋　　　　　　　　　D. 焊接手套

E. 防毒面具

5. 以上材料中，需取得特种作业证持证上岗的人员包括(　　)。

A. 甲　　　　　　　　　　　　B. 乙

C. 丙　　　　　　　　　　　　D. 丁

E. 戊

案例(2)

S 热电厂有员工 400 多人，1×130t/h 生物质锅炉+35MW 汽轮发电机组的新能源生物质发电系统一套、2×130t/h+35MW 燃煤机组一套，设置有安全科、设备保障部、生产运营部、机械维修部等部门。

S 厂调节水系统采用氨气脱硝工艺，有 1 个储量为 12t 的常温卧式液氨储罐，现场设置了"禁止吸烟"和"安全出口"等安全警示标志。

为满足内部维修需要，S 厂机械维修部设置有气瓶间和机修车间，机修车间配有固定式砂轮机 1 台、交流电焊机 2 台、钻床 1 台、叉车 1 台、机械式冲床 1 台、电动葫芦 2 台、液压高空作业升降平台 1 个。机修车间配有独立的配电箱，用于设备、照明及临时用电。

2023 年 4 月 6 日下午，S 厂发现浆液储罐顶部的回流管与罐体连接的接管有漏点，随后安排人员临时堵漏，并计划第二天对漏点进行彻底维修。随后 S 厂生产技术科主管报告接管泄漏情况及第二天补漏计划，并按有关要求办理了动火作业网上报备。4 月 7 日上午 8 时许，S 厂安全员及生产技术主管先后去现场确认并签字，审批手续办理完成之后，作业人员先后到达罐顶。交代工作任务并进行安全交底后，S 厂安全员负责现场查看安全措施落实情况。先清理罐顶积浆，同时安排人员使用防爆检测仪在漏点周围(不含罐内)进行气体检测(检测数据未记录)，检测完毕后，9 时 45 分左右开始动火。在清理完罐顶积浆后，从罐上下到地面清理路面积浆，9 时 47 分发生闪爆事故。

S厂随即开展了机械设备安全防护专项检查,安全管理部在检查中发现,机修车间的固定式砂轮机、摇臂钻床、机械式冲床等设备的安全保护装置部分失效和缺失,需要修复和增设。

根据以上场景,回答下列问题(共22分):

1. 根据《生产过程危险和有害因素分类与代码》(GB/T 13861),辨识S厂机修车间存在的物理性危险和有害因素。
2. 按功能类别,列出机修车间应修复和增设的机械设备安全保护装置。
3. 简述S厂机械维修部气瓶间的安全技术要求。
4. 判断S发电厂液氨罐区是否构成重大危险源,说明S厂氨气脱硝工艺液氨泄漏时应采取的应急处置措施。

案例(3)

A公司总面积约2000m²,共有员工320人。公司建筑为钢筋混凝土结构,耐火等级为二级,火灾危险性为丙级,主要从事生产喷塑制品、五金制品、喷涂加工。公司东侧靠南主要为素材仓库和治具仓库,靠北主要为底漆和面漆的喷涂烘干器械。厂房西侧靠北主要为手喷车间和半成品仓库,靠南主要有办公室、财务室、品检车间、组装车间和丝印车间。厂房内各车间采用聚氨酯泡沫夹芯板或石棉夹芯板隔断,厂房顶部用石棉夹芯板吊顶,厂房四周墙壁窗户均用铁丝网或螺钉封闭,整个厂房只有东南角一个安全出口。

A公司废气系统属于局部通风系统,分为供风系统和排风系统两部分,系统中沉降室(约40cm见方,2.5m高)、风机(额定风量18000m³/h)、电动机等部件均位于天台东半部分,且呈东西向布置,供风系统靠南侧,排风系统靠北侧。供风管位于公司东侧喷漆处理区域及仓库区域之间,主要负责公司喷漆处理区域的送风;排风管位于喷漆处理区,主要负责收集和排放喷漆处理区域的挥发性气体。公司内喷漆区域废气自抽风口上升,进入天台排风管中,再经由排风管通过风机进入沉降室,在沉降室中,树脂、油漆等较重液滴下沉,空气自沉降室顶部开口排出。

2022年9月22日23时左右,技术员甲在喷房内进行喷油操作时发现喷房内废气处理无法排除,便关闭机器开关后从公司五层前往天台,发现废气系统排气部分已经起火。甲通知安全主任乙并尝试灭火无果,后火情自喷油房风管蔓延至五层喷房。企业灭火无果后大火最终由消防队员扑灭。事故造成8人死亡,15人重伤,10人轻伤,该起事故经济损失包括:建筑物修缮费用500万元,伤员医疗费用1200万元,歇工工资300万元,新员工培训费用80万元,事故罚款500万元等。

经查:

1. 火灾后A公司内的供风管及排风管均损毁严重,排风系统整体过火情况严重,沉降室、风机、电动机均严重损毁,排风管有过火痕迹。
2. 风机内壁附着黑色燃烧残留物,排风系统内树脂沉积物加热可燃。
3. 电动机三相电源线及接线柱完好,电动机电源管线内部有大量光固化树脂胶,其通过抽风系统进入风管可附着于管壁、风机叶轮,一段时间后凝结固化。

4. 司法鉴定所对该起火灾出具的鉴定意见:
(1) 现场痕迹符合排风系统火灾特征,排除抽风电机故障起火。
(2) 事故原因认定为排风管内油漆树脂长期堆积凝固没有及时清理,致使排管道内风机叶轮转动摩擦生热,引燃风管内残留的油漆、油垢等可燃物,进而引发火灾。

5. A 公司未制订安全生产规章制度,对排风管内的油渣清理工作疏于管理,流于形式,未及时清理干净残留物。

根据以上场景,回答下列问题(共 22 分):

1. 指出该起事故等级及性质,并列出事故调查组的组成成员。
2. 简述手喷车间的防爆专项检查应包括的主要内容。
3. 简述 A 公司员工乙的主要职责。
4. 针对该企业现状,提出防范生产安全事故的建议。

案例(4)

A 公司苯罐结构为内浮顶拱顶罐,公称容积为 1 万 m^3,罐顶高度 19m,采用箱式铝合金装配式内浮顶,采用固定式支撑立柱,高度 1.5m,密封采用舌形密封加囊式密封,铝合金浮箱规格为 3800mm×520mm×80mm,浮箱数量共有 359 只,采用螺栓连接成一个整体。苯罐基础底座处设有一个排放孔,用于清空储罐和排放积液,该排放孔是储罐罐底的最低点。

2023 年 3 月,A 公司发现苯罐呼吸阀有微量泄漏,导致 VOC(挥发性有机化合物)浓度超标,经呼吸阀检修后判断为浮盘密封泄漏,于是安排浮盘密封检修。4 月 16 日,A 公司在 SAP 系统中先后建立检修通知单,并产生维修工单,对苯罐开展检修工作。安排苯罐倒空作业后,进行蒸罐和氮气置换。4 月 24 日,A 公司通知 B 公司围绕"该罐囊式内浮船密封的拆除及安装"制订检修方案。5 月 2 日,A 公司打开苯罐人孔进行自然通风并检查,发现浮盘密封损坏。5 月 4 日,A 公司安排相关人员进罐检查,发现超过半数浮箱泄漏积液,于是安排对浮箱进行打孔后排液。5 月 8 日 16 时,A 公司相关部门召开专题会议,认为浮盘无修复价值,决定整体更换。5 月 9 日下午,B 公司作业人员开始进罐作业。由于作业条件所限,只能实现逐批次将浮箱打穿并拆除。5 月 10 日,当班罐区值班长依据指令,在检查该排放孔无残液流出后,拆除气动泵并关闭排放孔阀门,至事故发生,该阀门一直未被打开。作业至 5 月 11 日,共拆除 38 只浮箱。

2023 年 5 月 12 日上午,B 公司作业人员到达 A 公司公用工程罐区,准备对苯罐进行检维修作业。作业开始前,A 公司罐区外操作人员使用手持式气体检测仪,在苯罐外人孔处进行测氧测爆工作并记录当时的检测数据(8 时 47 分,测得氧含量 20.9,可燃气体 0)。B 公司现场监护、A 公司现场监护、A 公司罐区当班值班长在未认真核实测氧测爆情况,未按照作业许可证所列明的要求检查作业人员个人防护用品的佩戴以及作业工器具携带的情况下,先后在作业票上签字确认。随后通知 A 公司安保质量部工程师到现场,对许可证控制流程的执行情况进行确认后,B 公司作业人员开始进罐作业。

13时15分,B公司8名作业人员继续开展浮箱拆除工作。其中6名作业人员进入苯罐内,1名作业人员在罐外传递拆下的浮箱,1名作业人员在罐外进行作业监护。现场另有1名A公司外操人员在罐外对作业实施监护。该名外操人员同时负责定时进行测氧测爆工作。作业至15时25分,现场突然发生闪爆,造成在该苯罐内进行浮盘拆除作业的6名作业人员当场死亡。

事故调查组经过调查发现,B公司作业前未对作业人员进行安全技术交底;知道作业内容发生重大变化后,在施工方案未变更及未落实随身携带气体检测仪的情况下安排作业人员进入受限空间进行作业;作业过程中未督促作业人员按要求使用防爆工器具;A公司现场气体检测人员未按规范进行受限空间气体检测工作;管理人员在确定作业内容发生重大变化后,未按规定修订检修通知单;未及时通知承包商修改施工方案。

经此事故后,A公司吸取事故教训,严格落实整改措施。加强了对承包商的现场安全管理,严格与承包商签署安全管理协议。督促承包商企业严格执行国家标准《化学品生产单位特殊作业安全规范》的要求。

根据以上场景,回答下列问题(共26分):

1. 分析该起事故的直接原因。
2. 指出在苯罐囊式内浮船密封的拆除及安装作业过程中可能存在的事故类别。
3. 列出A公司苯罐囊式内浮船密封的拆除及安装作业应配备的应急物资。
4. 根据《企业安全生产标准化基本规范》(GB/T 33000),指出除上述作业以外须实施作业许可管理的作业活动(至少两种),并简述A公司苯罐检修方案应包括的主要内容。
5. 说明B公司作业前应对作业人员进行安全技术交底的主要内容。

参考答案及解析

第1章　机械安全技术

真题必刷

考点1　机械安全基础知识

1. B　[解析] 本题考查的是机械制造生产场所安全技术。每个加工车间都应有一条纵向主要通道,通道宽度应根据车间内的运输方式和经常搬运工件的尺寸确定,工件尺寸越大,通道应越宽,一般可根据下表确定。锻造车间人工运输通道宽2~3m。故选B。

运输方式	通道宽度/m				
	冷加工	铸造	锻造	热处理	焊接
人工运输	≥1	1.4	2~3	1.5~2.5	2~3
电瓶车单向行驶	1.8	2			
电瓶车对开	3		3~5	3~4	3~5
叉车或汽车行驶	3.5	3.5			
手工造型人行道	—	0.8~1.5			
机器造型人行道	1.5~2	—			

铁路进厂房入口宽度应为5.5m

2. D　[解析] 本题考查的是机械危险部位及其安全防护措施。选项AC错误,临近洞口防护护栏、施工现场警告标志应为黄色。选项B错误,消防水泵应为红色。选项D正确,绿色表示安全的提示性信息。绿色用于如机器的启动按钮、安全信号旗以及指示方向的提示标志,如安全通道、紧急出口、可动火区、避险处等。故选D。

3. A　[解析] 本题考查的是实现机械安全的途径与对策措施。选项B错误,视觉信号可以与听觉信号同时使用,其特点是光、声信号共同作用,用以加强危险和紧急状态的警告功能。选项C错误,警告视觉信号的亮度应至少是背景亮度的5倍,紧急视觉信号亮度应至少是背景亮度的10倍。选项D错误,紧急视觉信号应为红色,警告视觉信号应为黄色或橙黄色。故选A。

4. D　[解析] 本题考查的是实现机械安全的途径与对策措施。选项A属于本质安全设计措施中限制机械应力以保证足够的抗破坏能力。选项B属于本质安全设计措施中的合理的结构型式。选项C属于本质安全设计措施中的材料和物质的安全性。选项D属于安全管理措施。故选D。

5. B　[解析] 本题考查的是机械危险部位及其安全防护措施。选项A属于本质安全设计措施中的材料和物质的安全性。选项B属于安全防护措施中的补充保护措施。选项C属于本质安全设计措施中的使用本质安全的工艺过程和动力源。选项D属于本质安全设计措施中的合理的结构型式。故选B。

考点2　金属切削机床及砂轮机安全技术

1. D　[解析] 本题考查的是安全要求和安全技术措施。选项AC正确,机床应设置一个或数个紧急停止装置,保证瞬时动作时,能终止机床一切运动或返回设计规定的位置。选项B正确,紧急停止装置的形状应明显区别于一般开关,易识别,易于接近。选项D错误,紧急停止装置复位时不应使机床启动,必须按启动顺序重新启动才能重新运转。故选D。

2. D　[解析] 本题考查的是安全要求和安全技术措施。选项A错误,对于有惯性冲击的机动往复运动部件,应设置缓冲装置。选项B错误,运动部件在有限滑轨运行或有行程距离要求的,应设置可靠的限位装置。选项C错误,运动部件不允许同时运动时,其控制机构应联锁,不能实现联锁的,应在控制机构附近设置警告标志,并在说明书中加以说明。选项D正确,对于单向转动的部件,应在明显位置标出转动方向,防止反向转动导致危险。故选D。

3. A　[解析] 本题考查的是安全要求和安全技术措施。选项A正确,当可能坠落的高度超过500mm时,应安装防坠落护栏、安全护笼及防护板等。选项B错误,重型机床高于500mm的操作平台周围应设高度不低于1050mm的防护栏杆。选项C错误,防止挤压的身体部位最小间距如下表所示。选项D错误,防护装置方形开口的安全距离不小于5mm。故选A。

身体部位	身体	头部	臂	手指	腿	脚趾
最小间距 a/mm	500	300	120	25	180	50

考点3 冲压剪切机械安全技术

1. D [解析] 本题考查的是压力机作业区的安全保护。选项A错误,对于多数小型压力机和全部大、中型压力机,离合器接合前,制动器必须脱开,否则将引起摩擦元件严重发热和磨损,甚至不能工作。选项B错误,压力机不工作时,离合器处于脱开状态,制动器处于制动状态。选项C错误,一般采用离合器-制动器组合结构,以降低二者同时结合的可能性。故选D。

2. D [解析] 本题考查的是压力机作业区的安全保护。选项D错误,根据《剪切机械安全规程》(GB 6077),双手操作式安全控制装置的两个控制按钮,应装设在开关箱(或按钮盒)内,其按钮的顶端不得凸出该开关箱(或按钮盒)的表面。故选D。

考点4 铸造、锻造安全技术

1. A [解析] 本题考查的是锻造的危险有害因素。锻造作业不存在电离辐射。故选A。

2. B [解析] 本题考查的是铸造作业安全技术措施。选项B错误,造型、制芯工段在集中采暖地区应布置在非采暖季节最小频率风向的下风侧,在非集中采暖地区应位于全年最小频率风向的下风侧。故选B。

3. B [解析] 本题考查的是铸造作业危险有害因素。选项B正确,根据《企业职工伤害事故分类》(GB 6441),在该铸造工段可能发生的伤害事故类别是机械伤害、其他爆炸、起重伤害、灼烫、物体打击。故选B。

考点5 安全人机工程

1. C [解析] 本题考查的是人机系统和人机作业环境。选项A正确,避免过多地使用黑色、暗色或深色。选项B正确,避免过度使用反射性强的颜色,如白色。选项C错误,控制台或工作台应为低对比度的颜色。选项D正确,面对作业人员的墙壁,避免采用强烈的颜色对比。故选C。

2. A [解析] 本题考查的是人与机器特性的比较。选项A正确,人能够运用多种通道接收信息。当一

种信息通道发生障碍时可运用其他的通道进行补偿;而机器只能按设计的固定结构和方法输入信息。选项BD错误,机器对特定信息的感受和反应能力一般比人高,还可以做出人难以做到的反应。选项C错误,机器的动作速度极快,信息传递、加工和反应的速度也极快。故选A。

3. A [解析] 本题考查的是人的特性。选项A错误,夜班作业者疲劳自觉症状多,人体的负担程度大,连续3~4天夜班作业,就可以发现有疲劳累积的现象,甚至连上几周夜班也难以完全习惯。轮班作业是易发生疲劳的另一原因,夜班作业者在白天难以得到充分休息,长此以往疲劳将会给作业者的身心健康带来显著的不利影响。选项A属于轮班作业会导致发生疲劳。选项BCD属于消除疲劳的途径。故选A。

4. A [解析] 本题考查的是人的安全。室内作业中,$WBGT = 0.7t_{nw} + 0.3t_g$。其中 t_{nw} 为自然湿球温度;t_g 为黑球温度。由此可计算甲车间内 $WBGT = 0.7×28 + 0.3×33 = 19.6 + 9.9 = 29.5(℃) ≈ 30℃$。工作场所不同体力劳动强度WBGT限值如下表所示。故选A。

接触时间率(%)	体力劳动强度/℃			
	Ⅰ	Ⅱ	Ⅲ	Ⅳ
100	30	28	26	25
75	31	29	28	26
50	32	30	29	28
25	33	32	31	30

基础必刷

1. B [解析] 本题考查的是实现机械安全的途径与对策措施。保护装置包括联锁装置、双手操作装置、能动装置、限制装置等,补充装置以急停装置作为代表。选项ACD属于防护装置。故选B。

2. B [解析] 本题考查的是实现机械安全的途径与对策措施。消除或减小相关的风险,应按下列等级顺序选择安全技术措施,即"三步法"。第一步:本质安全设计措施,也称直接安全技术措施。第二步:安全防护措施,也称间接安全技术措施。第三步:使用安全信息,也称提示性安全技术措施。故选B。

3. A [解析] 本题考查的是实现机械安全的途径与对策措施。合理的结构型式:①机器零部件形状;②运动机械部件相对位置设计;③足够的稳定性;

选项A错误,对环境的适应性属于材料和物质的安全性。故选A。

4. C [解析]本题考查的是实现机械安全的途径与对策措施。使用本质安全的工艺过程和动力源包括:①爆炸环境中的动力源;②采用安全的电源;③防止与能量形式有关的潜在危险;④改革工艺控制有害因素。选项C属于限制机械应力以保证足够的抗破坏能力。故选C。

5. D [解析]本题考查的是实现机械安全的途径与对策措施。采用本质安全技术:①合理的结构型式;②限制机械应力以保证足够的抗破坏能力;③使用本质安全的工艺过程和动力源;④控制系统的安全设计;⑤材料和物质的安全性;⑥机械的可靠性设计和维修性设计;⑦遵循安全人机工程学的原则。选项D属于安全防护措施。故选D。

6. D [解析]本题考查的是实现机械安全的途径与对策措施。补充保护措施包括:①实现急停功能的组件和元件;②被困人员逃生和救援的措施;③隔离和能量耗散的措施;④提供方便且安全搬运机器及其重型零部件的装置;⑤安全进入机器的措施。选项ABC属于保护装置。故选D。

7. C [解析]本题考查的是机械制造生产场所安全技术。机床间的最小距离及机床至墙壁和柱之间的最小距离不应小于下表规定。故选C。

(单位:m)

项目	小型机床	中型机床	大型机床	特大型机床
机床操作面间距	1.1	1.3	1.5	1.8
机床后面、侧面离墙柱间距	0.8	1.0	1.0	1.0
机床操作面离柱间距	1.3	1.5	1.8	2.0

8. D [解析]本题考查的是实现机械安全的途径与对策措施。选项A错误,齿轮安全色属于红色,不属于黄色。选项B错误,危险信号旗属于红色,不属于蓝色。选项C错误,非动火区不属于绿色,可动火区属于绿色。故选D。

9. C [解析]本题考查的是机械使用过程的危险有害因素。非机械性危险主要包括电气危险(如电击、电伤)、温度危险(如灼烫、冷冻)、噪声危险、振动危险、辐射危险(如电离辐射、非电离辐射)、材料和物质产生的危险,未履行安全人机工程学原则而产生的危险等。选项C错误,相对位置的危险属于机械性危险的条件因素之一。故选C。

10. B [解析]本题考查的是人的特性。体力劳动强度指数I是区分体力劳动强度等级的指标,指数大反映劳动强度大,指数小反映劳动强度小。体力劳动强度按大小分为四级如下表所示。故选B。

体力劳动强度级别	Ⅰ级	Ⅱ级	Ⅲ级	Ⅳ级
劳动强度	轻劳动	中等劳动	重劳动	极重劳动
体力劳动强度指数	$I \leq 15$	$15 < I \leq 20$	$20 < I \leq 25$	$I > 25$

11. B [解析]本题考查的是人的特性。作业者本身的因素包括作业者的熟练程度、操作技巧、身体素质及对工作的适应性,营养、年龄、休息、生活条件以及劳动情绪等。选项ACD属于工作条件因素。故选B。

12. C [解析]本题考查的是机械制造生产场所安全技术。加工车间通道宽度如下表所示。故选C。

运输方式	通道宽度/m				
	冷加工	铸造	锻造	热处理	焊接
人工运输	≥1	1.5	2~3	1.5~2.5	2~3
电瓶车单向行驶	1.8	2			
电瓶车对开	3		3~5	3~4	3~5
叉车或汽车行驶	3.5	3.5			
手工造型人行道	—	0.8~1.5	—	—	—
机器造型人行道	—	1.5~2			

铁路进厂房入口宽度应为5.5m

13. A [解析] 本题考查的是砂轮机安全技术。砂轮机磨削加工危险因素包括:机械伤害、噪声危害、粉尘危害。物体打击不属于砂轮机磨削加工危险因素。故选A。

14. C [解析] 本题考查的是人的特性。体力劳动强度为Ⅲ(重劳动)中常见的职业描述包括臂和躯干负荷工作,如搬重物、铲、锤锻、锯削或凿硬木、割草、挖掘等。故选C。

15. D [解析] 本题考查的是实现机械安全的途径与对策措施。险情信号应与所用的其他所有信号明显区分。听觉险情信号应使其从接收区内所有其他声音中清晰地突显;视觉险情信号中,警告视觉信号应为黄色或橙黄色,紧急视觉信号应为红色。故选D。

16. C [解析] 本题考查的是冲压剪切机械安全技术。压力机(包括剪切机)是危险性较大的机械,从劳动安全卫生角度看,压力加工的危险因素有机械危险、电气危险、热危险、噪声振动危险(对作业环境的影响很大)、材料和物质危险以及违反安全人机学原则导致危险等,其中以机械伤害的危险性最大。故选C。

17. A [解析] 本题考查的是人的特性。劳动过程中,人体承受了肉体和精神上的负荷,受工作负荷的影响产生负担,负担随时间推移,不断地积累就将引发疲劳。归结起来疲劳有两个方面的主要原因,工作条件因素和作业者本身的因素。选项A属于肌体尚未进入疲劳状态,却诱发出现了心理疲劳。故选A。

18. D [解析] 本题考查的是人的特性。增加作业时间会导致员工作业时间过久,是产生疲劳的原因,而并非消除疲劳的途径。故选D。

19. B [解析] 本题考查的是实现机械安全的途径与对策措施。保护装置是指通过自身的结构功能限制或防止机器的某种危险,消除或减小风险的装置。按功能不同,大致可分为:联锁装置、能动装置、保持-运行控制装置、双手操纵装置、敏感保护设备、有源光电保护装置、机械抑制装置、限制装置、有限运动控制装置等。故选B。

20. A [解析] 本题考查的是安全要求和安全技术措施。运动部件与运动部件之间、运动部件与静止部件(包括墙体等构筑物)之间,不应存在挤压危险和剪切危险,否则应限定避免人体各部位受到伤害的最小安全距离如下表所示或按有关规定采用防止挤压、剪切的保护装置。故选A。

身体部位	身体	头部	腿	臂	脚趾	手指
最小间距/mm	500	300	180	120	50	25

21. B [解析] 本题考查的是安全信息的使用。多个安全标志在一起设置,应按警告、禁止、指令、提示类型的顺序,先左后右,先上后下排列。故选B。

22. D [解析] 本题考查的是圆锯机安全技术。锯片的切割伤害、木材的反弹抛射打击伤害是主要危险,手动进料圆锯机必须装有分料刀,自动进料圆锯机须装有止逆器、压料装置和侧向防护挡板,送料辊应设防护罩。故选D。

23. B [解析] 本题考查的是人的特性。作业者因素包括作业者的熟练程度、操作技巧、身体素质及对工作的适应性,营养、年龄、休息、生活条件以及劳动情绪等。选项B属于工作条件的因素导致疲劳。故选B。

提升必刷

1. B [解析] 本题考查的是压力机作业区的安全保护。选项B错误,刚性离合器不能使滑块停止在行程的任意位置,只能使滑块停止在上死点。故选B。

2. A [解析] 本题考查的是实现机械安全的途径与对策措施。选项A错误,根据风险的大小和危险的性质可依次采用安全色、安全标志、警告信号,直到警报器。故选A。

3. A [解析] 本题考查的是机械制造生产场所安全技术。选项B错误,在重型机床高于0.5m的操作平台周围应设高度不低于1.05m的防护栏杆。选项C错误,密闭后应设排风装置,不能密闭时,应设吸风罩。选项D错误,当采用钢直梯时,钢直梯3m以上部分应安设安全护笼。故选A。

4. A [解析] 本题考查的是实现机械安全的途径与对策措施。选项A错误,对于简单机器,一般只需提供有关标志和使用操作说明书;对于结构复杂的机器,特别是有一定危险性的大型设备,除了各种安全标志和使用说明书(或操作手册)外,还应配备有关负载安全的图表、运行状态信号,必要时提供报警装置等。故选A。

5. D [解析] 本题考查的是压力机作业区的安全保

护。选项 D 错误,双手操作式安全装置的安全距离是指操纵器的按钮或手柄到压力机危险线的最短直线距离。故选 D。

6. B [解析] 本题考查的是实现机械安全的途径与对策措施。消除或减小相关的风险,应按下列等级顺序选择安全技术措施,即"三步法"。第一步:本质安全设计措施。第二步:安全防护措施。第三步:使用安全信息。③属于典型的本质安全措施,为最先采取的措施。①属于本质安全的一种。但存在局限,对于维修工作来说无法实现本质安全,故①为次要采取的措施。②属于第二步。④属于第三步。故选 B。

7. A [解析] 本题考查的是砂轮机安全技术。选项 A 错误,砂轮主轴端部螺纹应满足防松脱的紧固要求,其旋向须与砂轮工作时旋转方向相反。故选 A。

8. D [解析] 本题考查的是实现机械安全的途径与对策措施。消除或减小相关的风险,应按下列等级顺序选择安全技术措施,即"三步法"。第一步:本质安全设计措施,也称直接安全技术措施。第二步:安全防护措施,也称间接安全技术措施。第三步:使用安全信息,也称提示性安全技术措施。选项 D 属于第二步。故选 D。

9. B [解析] 本题考查的是锻造安全技术措施。选项 B 错误,安全阀的重锤必须封在带锁的锤盒内。故选 B。

10. C [解析] 本题考查的是机械制造生产场所安全技术。每个加工车间都应有一条纵向主要通道,通道宽度应根据车间内的运输方式和经常搬运工件的尺寸确定,工件尺寸越大,通道应越宽,如下表所示。故选 C。

运输方式	通道宽度/m				
	冷加工	铸造	锻造	热处理	焊接
人工运输	≥1	1.5	2~3	1.5~2.5	2~3
电瓶车单向行驶	1.8	2	—	—	—
电瓶车对开	3	—	3~5	3~4	3~5
叉车或汽车行驶	3.5	3.5	—	—	—

(续)

运输方式	通道宽度/m				
	冷加工	铸造	锻造	热处理	焊接
手工造型人行道	—	0.8~1.5	—	—	—
机器造型人行道	—	1.5~2	—	—	—

铁路进厂房入口宽度应为 5.5m

11. B [解析] 本题考查的是铸造作业安全技术措施。选项 B 错误,浇注前检查浇包是否符合要求,升降机构、倾转机构、自锁机构及抬架是否完好、灵活、可靠;浇包盛铁水不得太满,不得超过容积的80%,以免洒出伤人;浇注时,所有与金属溶液接触的工具,如扒渣棒、火钳等均需预热,防止与冷工具接触产生飞溅。故选 B。

12. A [解析] 本题考查的是铸造作业安全技术措施。选项 A 错误,熔化、浇注区和落砂、清理区应设避风天窗。有桥式起重设备的边跨,宜在适当高度位置设置能启闭的窗扇。故选 A。

13. B [解析] 本题考查的是木工机械安全技术措施。刀轴的驱动装置所有外露旋转件都必须有牢固可靠的防护罩,并在罩上标出单向转动的明显标志;须设有制动装置,在切断电源后,保证刀轴在规定的时间内停止转动。故选 B。

14. B [解析] 本题考查的人机系统和人机作业环境。人机系统按系统的自动化程度可分为机械化系统、半机械化系统和自动化系统三种。其安全性的决定因素如下表所示。故选 B。

人机系统类型	人在系统的地位	安全性的决定条件
机械化、半机械化	操作者与控制者	(1)机器的本质安全性 (2)人机功能分配的合理性 (3)人为失误状况
自动化	监视者和管理者	(1)机器的本质安全性 (2)机器的冗余系统是否失灵 (3)人处于低负荷时应急反应变差

15. **D** [解析] 本题考查的是机械危险部位及其安全防护措施。选项D错误，无论是固定式砂轮机，还是手持式砂轮机，都应完全以密闭来提供保护，缺少了"除了其磨削区域附近"这个前提。故选D。

16. **A** [解析] 本题考查的是机械危险部位及其安全防护措施。皮带传动装置防护罩可采用金属骨架的防护网，与皮带的距离不应小于50mm，设计应合理不应影响机器的运行。故选A。

17. **D** [解析] 本题考查的是锻造安全技术措施。启动装置的结构应能防止锻压机械意外地开动或自动开动。较大型的空气锤或蒸汽-空气自由锤一般是用手柄操纵的，应该设置简易的操作室或屏蔽装置。故选D。

18. **C** [解析] 本题考查的是机械危险部位及其安全防护措施。选项A错误，无凸起部分的转动轴一般是通过在光轴的暴露部分安装一个松散的、与轴具有12mm净距的护套来对其进行防护。选项B错误，牵引辊可以安装一个钳形条，通过减小间隙来提供保护，通过钳形条上的开口，便于材料的输送。选项D错误，辊轴交替驱动的辊式输送机应该在驱动轴的下游安装防护罩。故选C。

19. **B** [解析] 本题考查的是剪板机安全技术简介。王某针对剪板机伤人事故，提出的光电保护装置，是通过光电发射和接收元件完成感应功能的装置，可探测特定区域内由于不透光物体出现引起的该装置内光线的中断。其属于安全防护措施，不属于本质安全设计。故选B。

20. **C** [解析] 本题考查的是实现机械安全的途径与对策措施。防护装置可以设计为封闭式，将危险区全部封闭，人员从任何地方都无法进入危险区；也可采用距离防护，不完全封闭危险区，凭借安全距离和安全间隙来防止或减少人员进入危险区的机会；还可设计为整个装置可调或装置的某组成部分可调。选项C的表述过于绝对且片面。故选C。

21. **B** [解析] 本题考查的是机械制造生产场所安全技术。选项B错误，车间横向主要通道根据需要设置，其宽度不应小于2000mm；机床之间的次要通道宽度一般不应小于1000mm。人行道、车行道的布置和间隔距离，都不应妨碍人员工作和造成危害。故选B。

22. **B** [解析] 本题考查的是实现机械安全的途径与对策措施。对非运行状态的其他作业期间(如机器的设定、示教、过程转换、查找故障、清理或维修等)需进入危险区的场合，需要移开或拆除防护装置，或人为抑制安全装置功能时，可采用手动控制模式、止—动操纵装置或双手操纵装置、点动—有限的运动操纵装置等。故选B。

23. **B** [解析] 本题考查的是实现机械安全的途径与对策措施。选项A错误，紧急视觉信号应使用闪烁信号灯，以吸引注意并产生紧迫感。选项C错误，紧急视觉信号亮度应至少是背景亮度的10倍。选项D错误，险情信号宜设置于紧邻潜在危险源的适当位置。故选B。

24. **A** [解析] 本题考查的是砂轮机安全技术。选项A错误，托架台面与砂轮主轴中心线等高，托架与砂轮圆周表面间隙应小于3mm。故选A。

25. **C** [解析] 本题考查的是机械制造生产场所安全技术。选项A错误，道路上部管架和栈桥等，在干道上的净高不得小于5m。选项B错误，车间横向主要通道宽度不应小于2000mm；机床之间的次要通道宽度一般不应小于1000mm。选项D错误，冷加工车间人工运输通道尺寸应不小于1m。故选C。

26. **C** [解析] 本题考查的是机械制造生产场所安全技术。机床布置的最小安全距离如下表所示。故选C。

(单位:m)

项目	小型机床	中型机床	大型机床	特大型机床
机床操作面间距	1.1	1.3	1.5	1.8
机床后面、侧面离墙柱间距	0.8	1.0	1.0	1.0
机床操作面离柱间距	1.3	1.5	1.8	2.0

27. **A** [解析] 本题考查的是人机系统和人机作业环境。选项A错误，自动化系统的安全性主要取决于机器的本质安全、机器的冗余系统是否失灵以及人处于低负荷时的应急反应变差等情形。故选A。

28. **B** [解析] 本题考查的是机械制造生产场所安全

技术。标注在凸出于地面或人行横道上、高差300mm以上的管线或其他障碍物上的防止绊跤线。故选B。

29. B [解析] 本题考查的是机械制造生产场所安全技术。机床间的最小距离及机床至墙壁和柱之间的最小距离不应小于下表的规定。故选B。

项目	小型机床（最大尺寸<6m）	中型机床（最大尺寸为6~12m）	大型机床（最大尺寸>12m或加工质量>10t）	特大型机床（加工质量>30t）
机床操作面间距/m	1.1	1.3	1.5	1.8
机床后面、侧面离墙柱间距/m	0.8	1.0	1.0	1.0
机床操作面离柱间距/m	1.3	1.5	1.8	2.0

30. B [解析] 本题考查的是机械制造生产场所安全技术。选项A错误，在重型机床高于500mm的操作平台周围应设高度不低于1050mm的防护栏杆。选项C错误，成垛堆放生产物料应堆垛稳固，堆垛高度不应超过1.4m，且高与底边长之比不应大于3。选项D错误，原材料白班存放量应为每班加工量的1.5倍，夜班存放量应为加工量的2.5倍。故选B。

31. C [解析] 本题考查的是砂轮机安全技术。选项A错误，一般用途的砂轮卡盘直径不得小于砂轮直径的1/3。选项B错误，卡盘与砂轮侧面的非接触部分应有不小于1.5mm的足够间隙。选项D错误，当砂轮磨损时，砂轮的圆周表面与防护罩可调护板之间的距离应不大于1.6mm。故选C。

32. B [解析] 本题考查的是砂轮机安全技术。选项B错误，卡盘与砂轮侧面的非接触部分应有不小于1.5mm的足够间隙。故选B。

33. D [解析] 本题考查的是砂轮机安全技术。选项D错误，主轴端部螺纹应足够长，切实保证整个螺母旋入压紧。故选D。

34. C [解析] 本题考查的是砂轮机安全技术。选项C错误，在砂轮安装轴水平面的上方，在任何情况下防护罩开口角度都应不大于65°。故选C。

35. C [解析] 本题考查的是砂轮机安全技术。选项C错误，砂轮只可单向旋转，在砂轮机的明显位置上应标有砂轮旋转方向。故选C。

36. C [解析] 本题考查的是砂轮机安全技术。选项C错误，操作砂轮机时，操作者都应站在砂轮的斜前方位置，不得站在砂轮正面。故选C。

37. A [解析] 本题考查的是压力机作业区的安全保护。选项A错误，摩擦离合器借助摩擦副的摩擦力来传递扭矩，结合平稳，冲击和噪声小，可使滑块停止在行程的任意位置。故选A。

38. B [解析] 本题考查的是砂轮机安全技术。选项A错误，砂轮没有标记或标记不清，无法核对、确认砂轮特性的砂轮，不管是否有缺陷，都不可使用。选项C错误，应使用砂轮的圆周表面进行磨削作业，不宜使用侧面进行磨削。选项D错误，禁止多人共用一台砂轮机同时操作。故选B。

39. C [解析] 本题考查的是铸造作业安全技术措施。选项A错误，利用焦炭熔化金属，以及铸型、浇包、砂芯干燥和浇铸过程中都会产生二氧化硫气体。选项B错误，浇包盛铁水不得太满，不得超过容积的80%，以免洒出伤人。选项D错误，颚式破碎机上部直接给料，落差小于1m时，可只做密闭罩而不排风。故选C。

40. A [解析] 本题考查的是人的特性。根据题干：张某、王某、董某、靳某从事的体力劳动强度分别为Ⅰ、Ⅱ、Ⅲ、Ⅳ级。根据工作场所不同体力劳动强度WBGT限值如下表所示。故选A。

接触时间率（%）	体力劳动强度			
	Ⅰ	Ⅱ	Ⅲ	Ⅳ
	WBGT限值/℃			
100	30	28	26	25
75	31	29	28	26
50	32	30	29	28
25	33	32	31	30

41. D [解析] 本题考查的是压力机作业区的安全保护。选项 D 错误,在离合器、制动器控制系统中,须有急停按钮。在执行停机控制的瞬时动作时,必须保证离合器立即脱开、制动器立即接合。急停按钮停止动作应优先于其他控制装置。故选 D。

42. B [解析] 本题考查的是压力机作业区的安全保护。选项 B 错误,双手操作式安全装置只能保护使用该装置的操作者,不能保护其他人员的安全。故选 B。

43. C [解析] 本题考查的是剪板机安全技术简介。选项 C 错误,剪板机上必须设置紧急停止按钮,一般应在剪板机的前面和后面分别设置。故选 C。

44. A [解析] 本题考查的是砂轮机安全技术。选项 A 错误,应使用砂轮的圆周表面进行磨削作业,不宜使用侧面进行磨削。故选 A。

45. C [解析] 本题考查的是剪板机安全技术简介。选项 C 错误,光电保护装置应确保只能从光电保护装置的检测区进入危险区。故选 C。

46. D [解析] 本题考查的是人的特性。消除疲劳的途径归纳起来有以下几个方面:①在进行显示器和控制器设计时应充分考虑人的生理、心理因素;②通过改变操作内容、播放音乐等手段克服单调乏味的作业;③改善工作环境,科学地安排环境色彩、环境装饰及作业场所布局,保证合理的温湿度、充足的光照等;④避免超负荷的体力或脑力劳动,合理安排作息时间,注意劳逸结合等。故选 D。

47. D [解析] 本题考查的是铸造作业安全技术措施。颚式破碎机上部,直接给料,落差小于 1m 时,可只做密闭罩而不排风。不论上部有无排风,当下部落差大于或等于 1m 时,下部均应设置排风密封罩。故选 D。

48. B [解析] 本题考查的是人与机器特性的比较。人能长期大量储存信息并能综合利用记忆的信息进行分析和判断。故选 B。

49. C [解析] 本题考查的是木工机械安全技术措施。选项 C 错误,刀具主轴的惯性在运转过程中存在与刀具的接触危险,则应装配一个自动制动器,使刀具主轴在小于 10s 的足够短的时间内停止运动。故选 C。

50. D [解析] 本题考查的是木工平刨床安全技术。选项 D 错误,工作台的开口量应尽量小,使刀轴外露区域小,从而降低危险;但开口量过小,会使机床的动力噪声急剧增加。故选 D。

51. A [解析] 本题考查的是木工平刨床安全技术。选项 A 错误,组装后的刨刀片径伸出量不得大于 1.1mm。故选 A。

52. C [解析] 本题考查的是砂轮机安全技术。选项 C 错误,砂轮主轴端部螺纹应满足防松脱的紧固要求,其旋向须与砂轮工作时旋转方向相反。故选 C。

53. D [解析] 本题考查的是砂轮机安全技术。选项 D 错误,电源接线端子与保持接地端之间的绝缘电阻值不应小于 $1M\Omega$。故选 D。

54. C [解析] 本题考查的是木工平刨床安全技术。选项 C 错误,刨削时,仅打开与工件等宽的相应刀轴部分,其余的刀轴部分仍被遮盖。故选 C。

55. B [解析] 本题考查的是带锯机安全技术。选项 B 错误,带锯条的锯齿应锋利,齿深不得超过锯宽的 1/4。故选 B。

56. A [解析] 本题考查的是带锯机安全技术。选项 A 错误,锯轮、主运动的带轮应做平衡试验。故选 A。

57. B [解析] 本题考查的是圆锯机安全技术。选项 B 错误,手动进料圆锯机必须装有分料刀。故选 B。

58. D [解析] 本题考查的是圆锯机安全技术。选项 D 错误,圆锯片连续断裂 2 齿或出现裂纹时应停止使用,圆锯片有裂纹不允许修复使用。故选 D。

59. D [解析] 本题考查的是安全要求和安全技术措施。选项 D 错误,工作时产生大量粉尘的机床,应采取有效的防护、除尘、净化等措施和监测装置,使机床附近的粉尘浓度最大值不超过 $10mg/m^3$。故选 D。

60. C [解析] 本题考查的是机械危险部位及其安全防护措施。皮带设置防护装置的要求如下:一般传动机构离地面 2m 以下,应设置防护罩。以下情况即使在 2m 以上也应设置防护罩:①皮带轮中心距之间的距离在 3m 以上;②皮带宽度在 15cm 以上;③皮带回转的速度在 9m/min 以上。故选 C。

61. A [解析] 本题考查的是实现机械安全的途径与对策措施。选项 A 错误,安全防护装置不影响机器的预定使用。不得与机械任何正常可动零部件产生运动抵触;不得增加操作难度及强度。故选 A。

62. C [解析] 本题考查的是机械制造生产场所安全技术。选项 C 错误,主要人流与货流通道的出入口分开设置;货流出入口应位于主要货流方向,应靠近仓库、堆场,并与外部运输线路方便连接;车间厂房出入口的位置和数量,应根据生产规模、总体规划、用地面积及平面布置等因素综合确定,并确保出入口的数量不少于 2 个。故选 C。

63. A [解析] 本题考查的是圆锯机安全技术。选项 A 错误,圆锯机的安全防护罩应采用部分封闭式结构,要便于锯片的更换和锯机的调整维修。故选 A。

64. C [解析] 本题考查的是圆锯机安全技术。选项 C 错误,分料刀应能在锯片平面上做上下和前后方向的调整,分料刀顶部应不低于锯片圆周上的最高点。故选 C。

65. A [解析] 本题考查的是机器的特性。选项 B 错误,机械能够输出极大的和极小的功率,但在做精细的调整方面,多数情况下不如人手,难做精细的调整。选项 C 错误,机器可连续、稳定、长期地运转。选项 D 错误,机器设备一次性投资可能过高;但是在寿命期限内的运行成本较人工成本要低。故选 A。

66. D [解析] 本题考查的是人与机器特性的比较。在人工操作系统、半自动化系统中,人机共体,或机为主体,系统的动力源由机器提供,人在系统中主要充当生产过程的操作者与控制者。其系统的安全性主要取决于人机功能分配的合理性、机器的本质安全性及人为失误状况。故选 D。

67. D [解析] 本题考查的是人与机器特性的比较。异常状况时,相当于两人并联,可靠度比一人控制的系统增大了,这时操作者切断电源的可靠度为 R(正确操作的概率):$R_{Hb}=1-(1-R_1)(1-R_2)$。列式计算可知人机系统可靠度为:[1−(1−0.93)×(1−0.93)]×0.98=0.975。故选 D。

68. A [解析] 本题考查的是砂轮机安全技术。选项 B 错误,电源接线端子与保护接地端之间的绝缘电阻,其值不应小于 1MΩ。选项 C 错误,干式磨削砂轮机应设置吸尘装置,砂轮防护罩应备有吸尘口,带除尘装置的砂轮机的粉尘浓度不应超过 $10mg/m^3$。选项 D 错误,砂轮机禁止多人同时操作。故选 A。

69. A [解析] 本题考查的是铸造作业安全技术措施。选项 A 错误,污染较小的造型、制芯工段在集中采暖地区应布置在非采暖季节最小频率风向的下风侧,在非集中采暖地区应位于全年最小频率风向的下风侧。故选 A。

70. B [解析] 本题考查的是铸造作业安全技术措施。选项 B 错误,冲天炉熔炼不宜加萤石。故选 B。

71. C [解析] 本题考查的是铸造作业安全技术措施。选项 C 错误,浇包盛铁水不得太满,不得超过容积的 80%,以免洒出伤人。故选 C。

72. C [解析] 本题考查的是铸造作业安全技术措施。选项 C 错误,熔化、浇注区和落砂、清理区应设避风天窗。故选 C。

73. B [解析] 本题考查的是锻造安全技术措施。选项 B 错误,较大型的空气锤或蒸汽-空气自由锤一般是用手柄操纵的,应该设置简易的操作室或屏蔽装置。故选 B。

74. A [解析] 本题考查的是锻造安全技术措施。选项 A 错误,电动启动装置的按钮盒,其按钮上需标有"启动""停车"等字样。停车按钮为红色,其位置比启动按钮高 10~12mm。故选 A。

75. C [解析] 本题考查的是安全要求和安全技术措施。为了避免绊倒危险,相邻地板构件之间的最大高度差应不超过 4mm,工作平台或通道地板的最大开口应使直径 35mm 的球不能穿过该开口。故选 C。

76. A [解析] 本题考查的是压力机作业区的安全保护。安全防护装置应具备以下安全功能之一:①在滑块运行期间,人体的任一部分不能进入工作危险区;②在滑块向下行程期间,当人体的任一部分进入危险区之前,滑块能停止下行程或超过下死点。故选 A。

77. A [解析] 本题考查的是带锯机安全技术。选项 B 错误,锯条焊接应牢固平整,接头不得超过 3 个,两接头之间长度应为总长的 1/5 以上,接头厚度应与锯条厚度基本一致。选项 C 错误,上锯轮处于任何位置,防护罩均应能罩住锯轮 3/4 以上表面,并在靠锯齿边的适当处设置锯条承受器。选项 D 错误,带锯条的锯齿应锋利,齿深不得超过锯宽的 1/4,锯条厚度应与匹配的带锯轮相适应。故选 A。

78. A [解析] 本题考查的是机器的特性。选项 A 错误,在成本方面,机器设备一次性投资可能过高,包括购置费、运转和保养维修费,但是在寿命期限内的运行成本较人工成本要低;不足是万一机器不能使用,本身价值完全失去。故选 A。

第2章 电气安全技术

真题必刷

考点1 电气事故及危害

1. D [解析] 本题考查的是触电事故要素。甲受到的触电伤害方式是电弧烧伤。电弧烧伤是由弧光放电造成的烧伤,是最危险的电伤。电弧温度高达8000℃,可造成大面积、大深度的烧伤,甚至烧焦、烧毁四肢及其他部位。故选D。

2. C [解析] 本题考查的是触电事故要素。跨步电压电击是人体进入地面带电的区域时,两脚之间承受的跨步电压造成的电击。故障接地点附近(特别是高压故障接地点附近),有大电流流过的接地装置附近,防雷接地装置附近以及可能落雷的高大树木或高大设施所在的地面均有可能发生跨步电压电击。选项AD为单线电击。选项B为两线电击。故选C。

考点2 触电防护技术

1. A [解析] 本题考查的是双重绝缘、安全电压和漏电保护。选项B错误,变压器外壳及其一、二次线圈之间的屏蔽隔离层应按规定接地或接零。选项C错误,安全电压设备的插销座不得带有接零或接地插头或插孔。选项D错误,安全电压回路的带电部分必须与较高电压的回路保持电气隔离,并不得与大地、保护接零(地)线或其他电气回路连接。故选A。

2. D [解析] 本题考查的是保护接地和保护接零。选项A错误,接地体的引出导体应引出地面0.3m以上。选项B错误,为了减小自然因素对接地电阻的影响,接地体上端离地面深度不应小于0.6m(农田地带不应小于1m),并应在冰冻层以下。选项C错误,离建筑物墙基之间的地下水平距离不得小于1.5m。故选D。

3. C [解析] 本题考查的是绝缘、屏护和间距。选项A错误,电机在电源缺相状态下可造成电机无法启动或启动运转异常,但不会使外壳带电造成人员触电。选项B错误,电动机轴承损坏可导致电动机不能启动、运行中响声异常、运行振动、运转缓慢、电动机过热甚至烧毁,但不会使外壳带电造成人员触电。选项C正确,水泵电机两相绕组之间的电阻值为零、绕组与电机外壳之间的电阻值为零,说明发生了绝缘击穿,导致绝缘完全丧失,使电动机外壳带电造成人员触电。选项D错误,转子"扫膛"就是转子转动时与定子接触摩擦,一旦扫膛就会产生热量很快烧坏电机,但不会使外壳带电造成人员触电。故选C。

4. C [解析] 本题考查的是保护接地和保护接零。选项A错误,交流电气设备应优先利用自然导体作接地线。选项B错误,不得利用蛇皮管、管道保温层的金属外皮或金属网以及电缆的金属护层作接地线。选项C正确,接地线与建筑物伸缩缝、沉降缝交叉时,应弯成弧状或另加补偿连接件。选项D错误,接地装置地下部分的连接应采用焊接,并应采用搭焊,不得有虚焊。故选C。

5. D [解析] 本题考查的是保护接地和保护接零。TN系统分为TN-S、TN-C-S、TN-C三种方式。TN-S系统是保护零线与中性线完全分开的系统;TN-C-S系统是干线部分的前一段保护零线与中性线共用,后一段保护零线与中性线分开的系统;TN-C系统是干线部分保护零线与中性线完全共用的系统。选项A属于TT系统。选项B属于TN-S系统。选项C属于TN-C-S系统。选项D属于TN-C系统。故选D。

考点3 电气防火防爆技术

1. D [解析] 本题考查的是危险物质和爆炸危险环境。选项D错误,气体、蒸气、薄雾爆炸性混合物分级如下表所示。故选D。

级别	I	II A	II B	II C
最大试验安全间隙 x/mm	$x>1.14$	$0.9<x≤1.14$	$0.5<x≤0.9$	$x≤0.5$
最小点燃电流比 y	$y>1.0$	$0.8<y≤1.0$	$0.45<y≤0.8$	$y≤0.45$

2. A [解析] 本题考查的是防爆电气设备和防爆电气线路。选项B错误,敷设电气线路的沟道、电缆桥架或导管,所穿过的不同区域之间墙或楼板处的孔洞,应采用非燃性材料严密堵塞。选项C错误,当可燃物质比空气重时,电气线路宜在较高处敷设或直接埋地。选项D错误,钢管配线可采用无护套的绝缘单芯或多芯导线。故选A。

3. A [解析] 本题考查的是防爆电气设备和防爆电气线路。防爆电气设备的标志应设置在设备外部主体部分的明显地方,且应设置在设备安装之后能看到的位置。Ex d II B T3 Gb,表示该设备为隔爆型"d",保护级别(EPL)为Gb,用于II B类T3组爆炸性气体环境的防爆电气设备。故选A。

4. A [解析] 本题考查的是防爆电气设备和防爆电气线路。根据《爆炸性环境第1部分:设备通用要求》(GB 3836.1),I 类电气设备用于煤矿瓦斯气体环境。Ⅱ类电气设备用于除煤矿甲烷气体之外的其他爆炸性气体环境。Ⅲ类电气设备用于除煤矿以外的爆炸性粉尘环境。故选A。

考点4 雷击和静电防护技术

1. B [解析] 本题考查的是静电防护技术。选项A错误,液化气体、压缩气体或高压蒸汽在管道中高速流动和由管口喷出比较容易产生和积累静电。选项C错误,固体物质大面积的摩擦,固体物质在压力下接触而后分离,固体物质在挤出、过滤时与管道、过滤器摩擦,固体物质的粉碎、研磨比较容易产生和积累静电。选项D错误,粉体物料筛分、过滤、输送、干燥、悬浮粉尘高速运动比较容易产生和积累静电。故选B。

2. D [解析] 本题考查的是雷电防护技术。选项A错误,独立避雷针是离开建筑物单独装设的。一般情况下,其接地装置应当单设。选项B错误,严禁在装有避雷针的构筑物上架设通信、广播线或低压线。选项C错误,利用照明灯塔作独立避雷针支柱时,为了防止将雷电冲击电压引进室内,照明电源线必须采用铅皮电缆或穿入铁管,并将铅皮电缆或铁管埋入地下经10m以上(水平距离,埋深0.5～0.8m)才能引进室内。选项D正确,多支附近避雷针或其他接闪器,应相互连接,并与建筑物或构筑物的金属结构连接起来。故选D。

3. C [解析] 本题考查的是静电防护技术。选项A错误,容易得失电子,而且电阻率很高的材料才容易产生和积累静电。选项BD错误,接触面积越大,双电层正、负电荷越多,产生的静电越多。接触压力越大或摩擦越强烈,会增加电荷分离强度,产生

较多静电。选项C正确,随着湿度增加,绝缘体表面凝成薄薄的水膜,并溶解空气中的二氧化碳气体和绝缘体析出的电解质,使绝缘体表面电阻大为降低,从而加速静电泄漏。故选C。

4. C [解析] 本题考查的是雷电防护措施。选项A错误,雷电流的最大值可达数十千安至数百千安。选项B错误,雷电流冲击波波头陡度可达50kA/μs。选项D错误,感应雷的过电压可达数百千伏。故选C。

5. D [解析] 本题考查的是静电防护措施。静电防护措施包括:环境危险程度控制、工艺控制、接地、增湿、抗静电添加剂、静电消除器。屏蔽不属于静电防护措施。故选D。

考点5 电气装置安全技术

1. B [解析] 本题考查的是低压电气设备。电机和低压电器的外壳防护等级如下图所示,包括两种防护。第一种防护分为7级;第二种防护分为9级。IP44表示:①能防止直径不小于1mm的固体异物进入壳内;能防止厚度(或直径)不小于1mm的工具、金属线等触及壳内带电或运动部分;②任何方向的溅水对产品应无有害的影响。故选B。

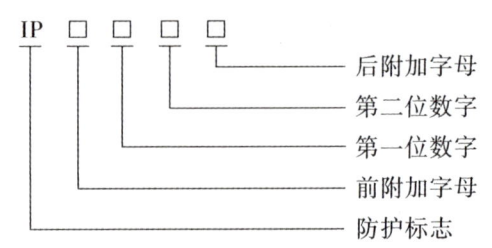

```
IP □ □ □ □
         │ │ │ └── 后附加字母
         │ │ └──── 第二位数字
         │ └────── 第一位数字
         └──────── 前附加字母
                   防护标志
```

2. C [解析] 本题考查的是高压电气设备。常见低压电器的特点、性能和应用如下表所示。故选C。

类型	主要品种	特点和性能	应用
刀开关 (低压隔离开关)	胶盖刀开关	手动操作,没有或只有简单的灭弧机构;不能切断短路电流和较大的负荷电流	主要用来隔离电压,与熔断器串联使用
	石板刀开关		
	铁壳开关		用来隔离电压和控制小容量设备,与熔断器串联使用
	转板开关		
	组合开关		
低压断路器	万能型	有强有力的灭弧装置,能分断短路电流,有多种保护功能	用作线路主开关
	装置型		
接触器	—	有灭弧装置,能分、合负荷电流,不能分断短路电流,能频繁操作	用作线路主开关
控制器	凸轮控制器	触头多、档位多	用于起重机等的控制
	主令控制器		

3. A ［解析］本题考查的是电气安全检测仪器。选项B错误，使用兆欧表测量时，连接导线不得采用双股绝缘线，而应采用绝缘良好的单股线分开连接，以免双股线绝缘不良带来测量误差。选项C错误，使用接地电阻测量仪测量时，测量电极间的连接线应避免与邻近的高压架空线路平行，以防止感应电压的危险。选项D错误，使用可燃气体检测仪测量时，报警浓度应设置为可燃气体爆炸下限的20%。故选A。

4. D ［解析］本题考查的是低压电气设备。选项A错误，在有爆炸和火灾危险的环境中，除中性线外，应另设保护零线。选项B错误，单相设备的相线和中性线上都应该装有熔断器，并装有双极开关。选项C错误，移动式电气设备的保护线不应单独敷设，而应当与电源线有同样的防护措施，即采用带有保护芯线的橡胶套软线作为电源线。故选D。

基础必刷

1. C ［解析］本题考查的是低压电气设备。控制电器主要用来接通、断开线路和用来控制电气设备。刀开关、低压断路器、减压启动器、电磁起动器属于低压控制电器。选项C属于低压保护电器。故选C。

2. D ［解析］本题考查的是触电事故要素。间接触电击是触及正常状态下不带电，而在故障状态下意外带电的带电体时（如触及漏电设备的外壳）发生的电击，也称为故障状态下的电击。接地、接零、等电位连结等属于防止间接接触电击的安全措施。选项D属于防止直接接触电击的安全措施。故选D。

3. A ［解析］本题考查的是保护接地和保护接零。在TN系统中，中性线用N表示，专用的保护线用PE表示，共用的保护线与中性线用PEN表示。故选A。

4. A ［解析］本题考查的是保护接地和保护接零。IT系统就是保护接地系统。IT系统的字母I表示配电网不接地或经高阻抗接地，字母T表示电气设备外壳直接接地。故选A。

5. D ［解析］本题考查的是触电事故要素。按照发生电击时电气设备的状态，电击分为直接接触电击和间接接触电击。选项D正确，直接接触电击指人或动物接触正常状态下应当带电的部位造成的电击（称为正常状态下电击），比如火线、零线、设备内部的电路等，直接接触电击通常也包含了"带电体→导体→人体"这种形式。选项ABC属于间接接触电击。故选D。

6. D ［解析］本题考查的是保护接地和保护接零。接地保护和接零保护适用范围及特点如下表所示。故选D。

中文名称	英文缩写	特点	适用范围
保护接地	IT	中性点不接地,设备外壳接地	低电阻接地,电压安全;故障不消失;各种不接地配电网
工作接地	TT	中性点接地,设备外壳接地	电压安全;故障不能迅速切除;无变压器,低压电源小型用户
保护接零 TN	TN-S	中性点接地,设备外壳接零 N 与 PE 分开	电压不安全;迅速切断电源;有爆炸危险、火灾危险性大及其他安全要求高的场所
	TN-C	N 与 PE 合为 PEN	触电危险性小、用电设备简单的场合
	TN-C-S	前 PEN 后 N 与 PE 分开	厂内低压配电的场所及民用楼房

7. B ［解析］本题考查的是双重绝缘、安全电压和漏电保护。选项B正确、选项D错误，属于Ⅰ类的移动式电气设备及手持式电动工具；临时用电的电气设备；机关、学校、宾馆、饭店、企事业单位和住宅等除壁挂式空调电源插座外的其他电源插座或插座回路等均必须安装漏电保护装置。选项AC属于可以不安装漏电保护装置。故选B。

8. A ［解析］本题考查的是电气引燃源。电火花分为工作火花和事故火花。工作火花指电气设备正常工作或正常操作过程中所产生的电火花，如：控制开关、断路器、接触器接通和断开线路时产生的电火花；插销拔出或插入时的火花；直流电动机的电刷与换向器的滑动接触处、绕线式异步电动机的电刷与滑环的滑动接触处产生的火花等。选项A属于事故火花。故选A。

9. A ［解析］本题考查的是双重绝缘、安全电压和漏电保护。安全电压额定值如下表所示。故选A。

环境	特别危险	电击危险	金属容器、潮湿处	水下
电压/V	42	36/24	12	6

10. C ［解析］本题考查的是危险物质和爆炸危险环

境。选项AB错误,根据爆炸性气体、蒸气混合物出现的频繁程度和持续时间将此类危险场所分为0区、1区、2区。根据爆炸性粉尘、纤维混合物出现的频繁程度和持续时间将此类危险场所分为20区、21区和22区。选项C正确,20区,空气中的可燃性粉尘云持续或长期或频繁地出现于爆炸性环境中的区域。故选C。

11. D [解析] 本题考查的是静电防护技术。选项D属于比较容易产生和积累静电的情形,不属于静电防护措施。故选D。

12. C [解析] 本题考查的是静电防护技术。静电的产生和积累受材质、工艺设备和工艺参数、环境条件等因素的影响。故选C。

13. D [解析] 本题考查的是静电防护技术。静电产生的方式包括接触-分离起电、感应起电两种最常见的起电方式,破断、挤压、吸附也能产生静电。故选D。

14. D [解析] 本题考查的是爆炸危险区域。根据爆炸性气体混合物出现的频繁程度和持续时间,对危险场所分区,分为:0区、1区、2区。释放源的等级和通风条件对分区有直接影响。其中释放源是划分爆炸危险区域的基础。故选D。

15. A [解析] 本题考查的是触电事故要素。按照电流转换成作用于人体的能量的不同形式,电伤分为电弧烧伤、电流灼伤、皮肤金属化、电烙印、电气机械性伤害、电光眼等伤害。故选A。

16. A [解析] 本题考查的是绝缘、屏护和间距。选项A属于绝缘材料的热性能。故选A。

17. C [解析] 本题考查的是保护接地和保护接零。TN-S系统是保护零线与中性线完全分开的系统。故选C。

18. A [解析] 本题考查的是保护接地和保护接零。在接零系统中,对于配电线路或仅供给固定式电气设备的线路,故障持续时间不宜超过5s;对于供给手持式电动工具、移动式电气设备的线路或插座回路,电压220V者故障持续时间不应超过0.4s,380V者不应超过0.2s。故选A。

19. C [解析] 本题考查的是低压电气设备。选项C正确,有灭弧装置,能分、合负荷电流,不能分断短路电流,能频繁操作的是接触器,可用作线路主开关。故选C。

20. B [解析] 本题考查的是雷电防护技术。选项B错误,建筑物按其火灾和爆炸的危险性、人身伤亡的危险性、政治经济价值分为三类。省级档案馆属于第三类防雷建筑物。故选B。

21. A [解析] 本题考查的是重复接地、工作接地、等电位连接、保护导体和接地装置。重复接地的作用:①减轻零线断开或接触不良时电击的危险;②降低漏电设备的对地电压;③缩短漏电故障持续时间;④改善架空线路的防雷性能。故选A。

提升必刷

1. C [解析] 本题考查的是电气事故及危害。跨步电压电击是人体进入地面带电的区域时,两脚之间承受的跨步电压造成的电击。故障接地点附近(特别是高压故障接地点附近),有大电流流过的接地装置附近,防雷接地装置附近以及可能落雷的高大树木或高大设施所在的地面均可能发生跨步电压电击。故选C。

2. B [解析] 本题考查的是双重绝缘、安全电压和漏电保护。选项B错误,在直接接触电击事故防护中,剩余电流保护装置只作为直接接触电击事故基本防护措施的补充保护措施。从剩余电流动作保护的机理可知,其保护并不包括对相与相、相与N线间形成的直接接触电击事故的防护。故选B。

3. B [解析] 本题考查的是雷电防护技术。直击雷和感应雷都能在架空线路、电缆线路或金属管道上产生沿线路或管道的两个方向迅速传播的闪电电涌(即雷电波)侵入。故选B。

4. C [解析] 本题考查的是雷电防护技术。选项A错误,建筑物的金属屋面可作为第一类工业建筑物以外其他各类建筑物的接闪器。选项B错误,避雷器应装在被保护设施的引入端。选项D错误,不太重要的第三类建筑物冲击接地电阻可放宽至30Ω。故选C。

5. A [解析] 本题考查的是防爆电气设备和防爆电气线路。电气线路宜在爆炸危险性较小的环境或远离释放源的地方敷设。当可燃物质比空气重时,电气线路宜在较高处敷设或直接埋地。故选A。

6. D [解析] 本题考查的是电气安全检测仪器。选项D错误,测量连接导线不得采用双股绝缘线,而应采用绝缘良好的单股线分开连接,以免双股线绝缘不良带来测量误差。故选D。

7. D [解析] 本题考查的是低压电气设备。选项D单独阐述是正确的。然而,该题是关于低压保护电

8. B [解析] 本题考查的是保护接地和保护接零。选项A错误,TT系统中漏电设备对地电压一般不能降到安全范围以内。选项C错误,TN系统的原理是需要依靠短路保护措施将设备电源断开。选项D错误,TN系统可以将故障电压降低,一般情况下,欲将漏电设备对地电压限制在某一安全范围是困难的。故选B。

9. D [解析] 本题考查的是保护接地和保护接零。选项D错误,重复接地无法降低故障电压。故选D。

10. D [解析] 本题考查的是触电事故要素。选项A错误,电气机械性伤害是电流作用于人体时,由于中枢神经强烈反射和肌肉强烈收缩等作用造成的机体组织断裂、骨折等伤害。人触电后,身体碰触外界物体造成的机体伤害,不符合电气机械性伤害定义。选项B错误,弧光放电时,熔化了的炽热金属飞溅出来造成烫伤属于电弧烧伤。选项C错误,电流通过人体后在人体与带电体接触的部位留下永久性斑痕属于电烙印。故选D。

11. D [解析] 本题考查的是双重绝缘、安全电压和漏电保护。选项A错误,隔离变压器二次边保持独立,被隔离回路不得与其他回路及大地有任何连接。选项B错误,隔离变压器二次边线电压过高或二次边线路过长,都会降低电气隔离的可靠性。选项C错误,为防止隔离回路中两台设备的不同相线漏电时的故障电压带来的危险,各台设备的金属外壳之间应采取等电位连接。故选D。

12. B [解析] 本题考查的是双重绝缘、安全电压和漏电保护。选项ACD错误,属于Ⅰ类的移动式电气设备及手持式电动工具;生产用的电气设备;施工工地的电气设备;安装在户外的电气装置;临时用电的电气设备;机关、学校、宾馆、饭店、企事业单位和住宅等除壁挂式空调电源插座外的其他电源插座或插座回路;游泳池、喷水池、浴池的电气设备;安装在水中的供电线路和设备;医院中可能直接接触人体的电气医疗设备等均必须安装漏电保护装置。故选B。

13. C [解析] 本题考查的是触电事故要素。直接接触电击是触及正常状态下带电的带电体时(如误触接线端子)发生的电击,也称为正常状态下的电击。选项ABD属于间接接触电击。故选C。

14. B [解析] 本题考查的是电气安全检测仪器。选项A错误,测量连接导线不得采用双股绝缘线,而应采用绝缘良好单股线分开连接,以免双股线绝缘不良带来测量误差。选项C错误,使用指针式兆欧表摇把的转速应由慢至快,转速应稳定,不要时快时慢。选项D错误,测量应尽可能在设备刚停止运转时进行,以使测量结果符合运转时的实际温度。故选B。

15. D [解析] 本题考查的是触电事故要素。选项D错误,接触面积增大、接触压力增大、温度升高时,人体电阻会降低。故选D。

16. D [解析] 本题考查的是低压电气设备。IP66表示能完全防止灰尘进入壳内;能完全防止触及壳内带电运动部分;强烈的海浪或强力喷水对产品应无有害影响。故选D。

17. D [解析] 本题考查的是绝缘、屏护和间距。选项A错误,绝缘材料电性能包括绝缘电阻、耐压强度、泄漏电流和介质损耗。选项B错误,介电常数越大,极化过程越慢。选项C错误,绝缘电阻为直流电阻,是判断绝缘质量最基本、最简易的指标。故选D。

18. A [解析] 本题考查的是绝缘、屏护和间距。选项B错误,液体绝缘击穿后,绝缘性能只在一定程度上得到恢复。选项C错误,热击穿的电压作用时间较长,而击穿电压较低。选项D错误,电击穿的作用时间短、击穿电压高。故选A。

19. D [解析] 本题考查的是保护接地和保护接零。选项A错误,一般情况下,将漏电设备对地电压限制在某一安全范围内是困难的。选项B错误,在该系统中,对于配电线路或仅供给固定式电气设备的线路,故障持续时间不宜大于5s。选项C错误,题中为TN-S系统,TN-S系统可用于有爆炸危险,或火灾危险性较大,或安全要求较高的场所,宜用于有独立附设变电站的车间。故选D。

20. B [解析] 本题考查的是静电防护技术。选项A错误,静电能量小,电压高而容易发生放电。选项C错误,静电电击不会使人致命。选项D错误,生产过程中产生的静电,会妨碍生产或降低产品质量。故选B。

21. C [解析] 本题考查的是绝缘、屏护和间距。选项C错误,户内栅栏高度不应小于1.2m。故选C。

22. D [解析] 本题考查的是绝缘、屏护和间距。选项 D 错误,架空线路导线与绿化区或公园树木的距离不得小于 3m。故选 D。

23. A [解析] 本题考查的是保护接地和保护接零。选项 A 错误,只有在采用其他防止间接接触电击的措施有困难的条件下才考虑采用 TT 系统。故选 A。

24. D [解析] 本题考查的是保护接地和保护接零。选项 D 错误,TN-S 系统可用于有爆炸危险,或火灾危险性较大,或安全要求较高的场所,宜用于有独立附设变电站的车间。故选 D。

25. A [解析] 本题考查的是重复接地、工作接地、等电位连接、保护导体和接地装置。选项 A 错误,等电位连接是保护接零系统的组成部分。故选 A。

26. C [解析] 本题考查的是重复接地、工作接地、等电位连接、保护导体和接地装置。选项 C 错误,在低压系统,允许利用不流经可燃液体或气体的金属管道作保护导体。故选 C。

27. C [解析] 本题考查的是低压电气设备。选项 C 错误,照明器具的单极开关必须装在相线上。故选 C。

28. B [解析] 本题考查的是重复接地、工作接地、等电位连接、保护导体和接地装置。选项 B 错误,除线路杆塔外,自然接地体至少应有两根导体在不同地点与接地网相连。故选 B。

29. C [解析] 本题考查的是重复接地、工作接地、等电位连接、保护导体和接地装置。选项 C 错误,接地体离独立避雷针接地体之间的地下水平距离不得小于 3m;离建筑物墙基之间的地下水平距离不得小于 1.5m。故选 C。

30. C [解析] 本题考查的是双重绝缘、安全电压和漏电保护。选项 C 错误,工作绝缘的绝缘电阻不得低于 2MΩ,保护绝缘的绝缘电阻不得低于 5MΩ,加强绝缘的绝缘电阻不得低于 7MΩ。故选 C。

31. B [解析] 本题考查的是低压电气设备。选项 B 错误,Ⅰ类设备必须采取保护接地或保护接零的措施。故选 B。

32. C [解析] 本题考查的是双重绝缘、安全电压和漏电保护。选项 C 错误,潮湿环境中工频安全电压有效值的限取值 16V。故选 C。

33. A [解析] 本题考查的是双重绝缘、安全电压和漏电保护。选项 A 错误,特别危险环境使用的手持电动工具应采用 42V 安全电压的Ⅲ类工具。故选 A。

34. D [解析] 本题考查的是双重绝缘、安全电压和漏电保护。选项 D 错误,Ⅱ类电源变压器不采取接地或接零措施,没有接地端子。故选 D。

35. D [解析] 本题考查的是双重绝缘、安全电压和漏电保护。选项 D 错误,为了避免误动作,保护装置的额定不动作电流不得低于额定动作电流的 1/2。故选 D。

36. C [解析] 本题考查的是防爆电气设备和防爆电气线路。"Ex p ⅢC T120℃ Db IP65"表示设备正压型"p",保护级别为 Db,用于ⅢC 类导电性粉尘的爆炸性粉尘环境的防爆电气设备,其最高表面温度低于 120℃,外壳防护等级为 IP65。故选 C。

37. A [解析] 本题考查的是电气引燃源。选项 A 错误,直流电动机的电刷与换向器的滑动接触处产生的火花属于工作火花。故选 A。

38. C [解析] 本题考查的是保护接地和保护接零。选项 A 错误,当自然接地体的接地电阻符合要求时,可不敷设人工接地体(发电厂和变电所除外)。选项 B 错误,自然接地体至少应有两根导体在不同地点与接地网相连(线路杆塔除外)。选项 D 错误,埋设在地下的有可燃或爆炸性介质的管道不可用作自然接地体。故选 C。

39. C [解析] 本题考查的是保护接地和保护接零。选项 A 错误,为减少自然因素影响,接地体上端离地面深度不应小于 0.6m(在农田地带不应小于 1m),并应在冰冻层以下。选项 B 错误,接地体宜避开人行道和建筑物出入口附近。注意是"宜"而不是"应当"。选项 D 错误,接地体离独立避雷针接地体的地下水平距离不得小于 3m。故选 C。

40. D [解析] 本题考查的是保护接地和保护接零。选项 D 错误,利用建筑物的钢结构、起重机轨道、工业管道等自然导体作接地线时,其伸缩缝或接头处应另加跨接线,以保证连续可靠。故选 D。

41. A [解析] 本题考查的是危险物质和爆炸危险环境。选项 A 错误,1 区:正常运行时可能出现(预计周期性出现或偶然出现)爆炸性气体、蒸汽或薄雾,能形成爆炸性混合物的区域。故选 A。

42. D [解析] 本题考查的是危险物质和爆炸危险环境。选项 D 错误,存在连续级释放源的区域可划为 0 区。故选 D。

43. B [解析] 本题考查的是防爆电气设备和防爆电气线路。选项B错误,电缆或导线的终端连接,若电缆内部的导线为绞线,其终端应采用定型端子或接线鼻子进行连接。故选B。

44. A [解析] 本题考查的是雷电防护技术。选项A错误,防雷装置包括外部防雷装置和内部防雷装置。外部防雷装置由接闪器、引下线和接地装置组成;内部防雷装置主要指防雷等电位连接及防雷间距。故选A。

45. B [解析] 本题考查的是雷电防护技术。选项B错误,无论哪种电涌保护器,无冲击波时都表现为高阻抗,冲击到来时急剧转变为低阻抗。故选B。

46. C [解析] 本题考查的是静电防护技术。选项C错误,湿度对静电泄漏的影响很大。随着湿度增加,绝缘体表面凝成薄薄的水膜,并溶解空气中的二氧化碳气体和绝缘体析出的电解质,使绝缘体表面电阻大为降低,从而加速静电泄漏。故选C。

47. A [解析] 本题考查的是静电防护技术。选项A错误,为了防止静电引燃成灾,可采取取代易燃介质、降低爆炸性混合物的浓度、减少氧化剂含量等控制所在环境爆炸和火灾危险程度的措施。故选A。

48. D [解析] 本题考查的是触电事故要素。选项A错误,电弧烧伤是由弧光放电造成的烧伤,是最危险的电伤。选项B错误,高压电弧和低压电弧都能造成严重烧伤。选项C错误,电流灼伤是电流通过人体由电能转换成热能造成的伤害,电流越大、通电时间越长、电流途径上的电阻越大,电流灼伤越严重。故选D。

49. D [解析] 本题考查的是保护接地和保护接零。选项AB错误,通过低电阻接地,漏电状态并未因保护接地而消失。把故障电压限制在安全范围以内。选项C错误,保护接地适用于各种不接地配电网。故选D。

50. D [解析] 本题考查的是绝缘、屏护和间距。选项A错误,氧指数越大,说明阻燃效果越好。选项B错误,木材为吸水性材料、玻璃为非吸水性材料。玻璃表面为亲水性材料、蜡和聚四氟乙烯表面为非亲水材料。选项C错误,绝缘材料的耐热性能用允许工作温度来衡量。故选D。

51. C [解析] 本题考查的是电气引燃源。选项A错误,电压过低,除使电磁铁吸合不牢或吸合不上外,对于恒定电阻的负载,还会使电流增大,增加发热,可能导致产生危险温度。选项B错误,漏电电流沿线路均匀分布,一般不会产生危险温度。选项D错误,铁芯短路,或线圈电压过高,或通电后铁芯不能吸合,由于涡流损耗和磁滞损耗增加都将造成铁芯过热并产生危险温度。故选C。

52. D [解析] 本题考查的是爆炸危险区域。选项A错误,良好的通风标志是混合物中危险物质的浓度被稀释到爆炸下限的1/4以下。选项B错误,存在连续释放源的区域可划分为0区。选项C错误,在障碍物、凹坑和死角处,应局部提高爆炸危险区域等级。故选D。

第3章 特种设备安全技术

真题必刷

考点1 特种设备事故的类型

1. D [解析] 本题考查的是起重机械事故。起重机械操作过程中要坚持"十不吊"原则:①指挥信号不明或乱指挥不吊;②物体重量不清或超负荷不吊;③斜拉物体不吊;④重物上站人或有浮置物不吊;⑤工作场地昏暗,无法看清场地、被吊物及指挥信号不吊;⑥遇有拉力不清的埋置物时不吊;⑦工件捆绑、吊挂不牢不吊;⑧重物棱角处与吊绳之间未加衬垫不吊;⑨结构或零部件有影响安全工作的缺陷或损伤时不吊;⑩钢(铁)水装得过满不吊。故选D。

2. B [解析] 本题考查的是锅炉事故。"水位表内发暗"属于满水事故。发现锅炉满水后,应冲洗水位表,检查水位表有无故障;一旦确认满水,应立即关闭给水阀停止向锅炉上水,启用省煤器再循环管路,减弱燃烧,开启排污阀及过热器、蒸汽管道上的疏水阀;待水位恢复正常后,关闭排污阀及各疏水阀;查清事故原因并予以消除,恢复正常运行。故选B。

3. A [解析] 本题考查的是起重机械事故。脱绳事故是指重物从捆绑的吊装绳索中脱落溃散发生的伤亡毁坏事故。②④错误,都属于断绳事故。故选A。

考点2 锅炉安全技术

A [解析] 本题考查的是锅炉使用安全技术。选项

A错误,从防止产生过大热应力出发,上水温度最高不超过90℃,水温与筒壁温差不超过50℃。故选A。

考点3 气瓶安全技术

1. D [解析] 本题考查的是气瓶充装。选项A错误,气瓶内无剩余压力应先进行处理,否则严禁进行充装。选项B错误,溶解乙炔气体充装应当采取多次充装的方式进行,每次充装间隔时间不少于8h,静置8h后的气瓶压力符合相关标准的要求时,方可再次充装。选项C错误,液化石油气气瓶充装的公称工作压力为2.1MPa。选项D正确,甲烷和二氧化碳能够发生化学反应。故选D。

2. B [解析] 本题考查的是气瓶概述。选项B错误,瓶阀出气口的连接型式和尺寸,设计成能够防止气体错装、错用的结构,盛装助燃和不可燃气体瓶阀的出气口螺纹为右旋,可燃气体瓶阀的出气口螺纹为左旋。故选B。

3. C [解析] 本题考查的是气瓶概述。车用气瓶、溶解乙炔气瓶、焊接绝热气瓶、液化气体气瓶集束装置,以及长管拖车和管束式集装箱用大容积气瓶,应当装设安全泄压装置。故选C。

4. C [解析] 本题考查的是气瓶概述。选项A错误,盛装易燃气体的气瓶瓶阀的手轮,选用阻燃材料制造。选项B错误,瓶帽应当具有良好的抗撞击性,不得用灰口铸铁制造。选项D错误,目前常用的安全泄压装置有4种,即易熔合金塞装置、爆破片装置、安全阀和爆破片-易熔塞复合装置。故选C。

考点4 压力容器安全技术

1. C [解析] 本题考查的是《固定式压力容器安全技术监察规程》。选项A属于压力容器的本体、接口(阀门、管路)部位、焊接(粘结)接头等有无裂纹、过热、变形、泄漏、机械接触损伤等。选项B属于检漏孔、信号孔有无漏液、漏气,检漏孔是否通畅。选项D属于罐体有接地装置的,检查接地装置是否符合要求。故选C。

2. B [解析] 本题考查的是《承压设备无损检测》。选项A错误,选项B正确,射线检测和超声检测常用于内部缺陷的检查;射线检测(RT)的检测结果有直接记录(底片),可以获得缺陷的投影图像,缺陷定性、长度测量比较准确,对体积型缺陷和薄壁工件中的缺陷,检测率较高。选项CD错误,渗透检测和磁粉检测主要用于表面及近表面缺陷的检查。故选B。

3. D [解析] 本题考查的是压力容器使用安全技术。选项D正确,压力容器开始加载时,速度不宜过快,尤其要防止压力突然升高。过高的加载速度会降低材料的断裂韧性,可能使存在微小缺陷的容器在压力的快速冲击下发生脆性断裂。故选D。

考点5 起重机械安全技术

1. B [解析] 本题考查的是起重机械使用安全管理。选项B正确,起重机械的每月检查项目包括:安全装置、制动器、离合器等有无异常,可靠性和精度;重要零部件(如吊具、钢丝绳滑轮组、制动器、吊索及辅具等)的状态,有无损伤,是否应报废等;电气、液压系统及其部件的泄漏情况及工作性能;动力系统和控制器等。故选B。

2. B [解析] 本题考查的是起重机械安全技术。选项B正确,司索工准备吊具时,对吊物的质量和重心估计要准确,如果是目测估算,应增大20%来选择吊具。故选B。

3. D [解析] 本题考查的是起重机械使用安全技术。选项D错误,摘钩时应等所有吊索完全松弛再进行,确认所有绳索从钩上卸下再起钩,不允许抖绳摘索,更不许利用起重机抽索。故选D。

考点6 场(厂)内专用机动车辆安全技术

1. D [解析] 本题考查的是场(厂)内专用机动车辆涉及安全的主要部件。选项D错误,起升货叉架的链条主要有板式链和套筒滚子链两种。需进行极限拉伸荷载和检验荷载试验。故选D。

2. C [解析] 本题考查的是场(厂)内专用机动车辆事故。事故单位的领导或主管部门接到事故报告后,应立即赶赴事故现场,组织人员抢救伤员、物资,保护好事故现场,根据人员的伤势程度,按规定程序逐级上报。事故单位的安全管理部门,可在不破坏事故现场的情况下,对现场初步进行勘查,尤其是在主要干路上易被破坏的痕迹,物品的勘查应抓紧进行。事故发生后抢救人员是首要任务。故选C。

基础必刷

1. D [解析] 本题考查的是特种设备的基本概念。根据《特种设备安全监察条例》,特种设备是指涉及生命安全、危险性较大的锅炉、压力容器(含气瓶,下同)、压力管道、电梯、起重机械、客运索道、大型游乐设施和场(厂)内专用机动车辆。故选D。

2. A [解析] 本题考查的是场(厂)内专用机动车辆

涉及安全的主要部件。系统中必须设置安全阀,用于控制系统最高压力。最常用的是溢流安全阀。故选A。

3. B [解析] 本题考查的是起重机械事故。倾翻事故是自行式起重机的常见事故,自行式起重机倾翻事故大多是由起重机作业前支承不当引发,如野外作业场地支承地基松软、起重机支腿未能全部伸出等。起重量限制器或起重力矩限制器等安全装置动作失灵、悬臂伸长与规定起重量不符、超载起吊等因素也都会造成自行式起重机倾翻事故。故选B。

4. C [解析] 本题考查的是锅炉事故。发现锅炉缺水时,应首先判断是轻微缺水还是严重缺水,然后酌情予以不同的处理。通常判断缺水程度的方法是"叫水"。"叫水"操作一般只适用于相对容水量较大的小型锅炉,不适用于相对容水量很小的电站锅炉或其他锅炉。故选C。

5. C [解析] 本题考查的是锅炉事故。为了预防水击事故,给水管道和省煤器管道的阀门启闭不应过于频繁,开闭速度要缓慢;对可分式省煤器的出口水温要严格控制,使之低于同压力下的饱和温度40℃;防止满水和汽水共腾事故,暖管之前应彻底疏水;上锅筒进水速度应缓慢,下锅筒进汽速度也应缓慢。故选C。

6. A [解析] 本题考查的是场(厂)内专用机动车辆涉及安全的主要部件。选项A正确,高压胶管必须符合相关标准,并通过耐压试验、长度变化试验、爆破试验、脉冲试验、泄漏试验等试验检测。故选A。

7. A [解析] 本题考查的是气瓶充装。严禁充装未经定期检验合格、非法改装、翻新以及报废的气瓶。请注意"临期"与"定期"的区别。故选A。

8. B [解析] 本题考查的是起重机械使用安全管理。每月检查的检查项目包括:安全装置、制动器、离合器等有无异常,可靠性和精度;重要零部件(如吊具、钢丝绳滑轮组、制动器、吊索和辅具等)的状态,有无损伤,是否应报废等;电气、液压系统及其部件的泄漏情况及工作性能;动力系统和控制器等。停用一个月以上的起重机构,使用前也应做上述检查。选项B属于每日检查的内容。故选B。

9. D [解析] 本题考查的是锅炉使用安全技术。防止炉膛爆炸的措施是:点火前,开动引风机给锅炉通风5～10min,没有风机的可自然通风5～10min,以清除炉膛及烟道中的可燃物质。点燃气、油、煤粉

炉时,应先送风,之后投入点燃火炬,最后送入燃料。故选D。

10. A [解析] 本题考查的是压力容器使用安全技术。对运行中的容器进行检查,包括工艺条件、设备状况以及安全装置等方面。在设备状况方面,主要检查各连接部位有无泄漏、渗漏现象,容器的部件和附件有无塑性变形、腐蚀以及其他缺陷或可疑迹象,容器及其连接管道有无振动、磨损等现象。故选A。

11. D [解析] 本题考查的是压力容器使用安全技术。容器的维护保养主要包括以下几方面的内容:①保持完好的防腐层;②消除产生腐蚀的因素;③消灭容器的"跑、冒、滴、漏",经常保持容器的完好状态;④加强容器在停用期间的维护;⑤经常保持容器的完好状态。故选D。

▶ 提升必刷 ◀

1. A [解析] 本题考查的是锅炉使用安全技术。停炉操作应按规程规定的次序进行。锅炉正常停炉的次序应该是先停燃料供应,随之停止送风,减少引风;与此同时,逐渐降低锅炉负荷,相应地减少锅炉上水,但应维持锅炉水位稍高于正常水位。故选A。

2. D [解析] 本题考查的是锅炉事故。选项D错误,缺水发生后,低水位警报器动作并发出警报,过热蒸汽温度升高,给水流量不正常地小于蒸汽流量。故选D。

3. D [解析] 本题考查的是锅炉使用安全技术。紧急停炉的操作次序是:立即停止添加燃料和送风,减弱引风;与此同时,设法熄灭炉膛内的燃料;灭火后即把炉门、灰门及烟道挡板打开,以加强通风冷却;锅内可以较快降压并更换锅水,锅水冷却至70℃左右允许排水。故选D。

4. D [解析] 本题考查的是气瓶概述。选项A错误,盛装剧毒气体的气瓶,禁止装设安全泄压装置。选项B错误,爆破片装置的公称爆破压力为气瓶的水压试验压力。选项C错误,焊接气瓶的安全泄压装置,可以装设在瓶阀上,也允许单独装设在气瓶的封头部位。故选D。

5. D [解析] 本题考查的是锅炉事故。选项A错误,锅炉缺水的处理,锅炉缺水时应首先判断是轻微缺水还是严重缺水。选项B错误,"叫水"的操作方法是打开水位表的放水旋塞冲洗汽连管及水连管,关

闭水位表的汽连接管旋塞,关闭放水旋塞。选项 C 属于严重缺水。轻微缺水时,可以立即向锅炉上水,使水位恢复正常。故选 D。

6. A [解析] 本题考查的是锅炉事故。汽水共腾的处理方式:发现汽水共腾时,应减弱燃烧力度,降低负荷,关小主汽阀;加强蒸汽管道和过热器的疏水;全开排污阀,并打开定期排污阀放水;同时上水,改善锅水品质。故选 A。

7. C [解析] 本题考查的是充电站对气瓶的日常管理。选项 A 错误,永久气体气瓶的爆破片一般装配在气瓶阀门上。选项 B 错误,燃气气瓶和氧气、氮气以及惰性气体气瓶,一般不宜装设自动泄压装置。选项 D 错误,爆破片的标定爆破压力应为气瓶公称爆破压力的1.5倍。故选 C。

8. B [解析] 本题考查的是气瓶概述。气瓶入库应按照气体的性质、公称工作压力及空实瓶严格分类存放,应有明确的标志。可燃气体的气瓶不可与氧化性气体气瓶同库储存;氢气不准与笑气、氨、氯乙烷、环氧乙烷、乙炔等同库。故选 B。

9. D [解析] 本题考查的是锅炉事故。选项 D 错误,熄灭和清除炉膛内的燃料(指火床燃烧锅炉),注意不能用向炉膛浇水的方法灭火,而用黄沙或湿煤灰将红火压灭。故选 D。

10. C [解析] 本题考查的是起重机械使用安全技术。被吊物上有人或浮置物时司机不应操作。故选 C。

11. A [解析] 本题考查的是起重机械使用安全技术。选项 B 错误,用两台或多台起重机吊运同一重物时,每台起重机都不得超载。选项 C 错误,吊运过程应保持钢丝绳垂直,保持运行同步。选项 D 错误,吊运时,有关负责人员和安全技术人员应在场指导。故选 A。

12. A [解析] 本题考查的是起重机械使用安全技术。选项 B 错误,司索工主要从事地面工作,例如准备吊具、捆绑挂钩、摘钩卸载等,多数情况还担任指挥任务。选项 C 错误,如果作业场地为斜面,则应站在斜面上方(不可在死角),防止吊物坠落后继续沿斜面滚移伤人。选项 D 错误,有主、副两套起升机构的,不允许同时利用主、副钩工作(设计允许的专用起重机除外)。故选 A。

13. A [解析] 本题考查的是锅炉事故。选项 A 错误,启用省煤器再循环路,减弱燃烧,开启排污阀及过热器、蒸汽管道上的疏水阀。故选 A。

14. C [解析] 本题考查的是气瓶概述。选项 A 错误,用于溶解乙炔的易熔合金塞装置的公称动作温度为100℃;车用压缩天然气气瓶的易熔合金塞装置的动作温度为110℃。选项 B 错误,一般气瓶都没有安装安全阀这种泄压装置。选项 D 错误,爆破片-易熔塞复合装置一般用于对密封性能要求特别严格的气瓶。故选 C。

15. B [解析] 本题考查的是压力容器事故。选项 B 错误,压力容器发生泄漏时,要马上切断进料阀门及泄漏处前端阀门。故选 B。

16. A [解析] 本题考查的是场(厂)内专用机动车辆涉及安全的主要部件。选项 A 错误,对于叉车等起升高度超过1.8m的工业车辆,必须设置护顶架。故选 A。

17. B [解析] 本题考查的是锅炉使用安全技术。锅炉启动步骤:①检查准备;②上水;③烘炉;④煮炉;⑤点火升压;⑥暖管与并汽。故选 B。

18. D [解析] 本题考查的是起重机械使用安全技术。选项 D 错误,严格按指挥信号操作,对紧急停止信号,无论何人发出,都必须立即执行。故选 D。

19. A [解析] 本题考查的是气瓶概述。选项 A 错误,盛装助燃和不可燃气体瓶阀的出气口螺纹为右旋,可燃气体瓶阀的出气口螺纹为左旋。故选 A。

20. B [解析] 本题考查的是气瓶概述。选项 B 错误,公称容积大于或等于10L的钢质焊接气瓶(含溶解乙炔气瓶),应当配有不可拆卸的保护罩或者固定式瓶帽;公称容积大于或等于5L的钢质无缝气瓶,应当配有螺纹连接的快装式瓶帽或者固定式保护罩。故选 B。

21. A [解析] 本题考查的是锅炉使用安全技术。选项 A 错误,对水管锅炉,全部上水时间在夏季不小于1h,在冬季不小于2h。故选 A。

22. B [解析] 本题考查的是气瓶概述。选项 A 错误,与乙炔接触的瓶阀材料,选用含铜量小于65%的铜合金(质量比)。选项 C 错误,工业用非重复充装焊接气瓶瓶阀设计成不可重复充装的结构,瓶阀与瓶体的连接采用焊接方式。选项 D 错误,在规定的操作条件下,任何与气体接触的金属或者非金属瓶阀材料与气瓶内所充装的气体具有相容性。故选 B。

23. D [解析] 本题考查的是气瓶概述。选项 D 错误,复合装置具有双重密封机构,只有在环境温度和瓶内压力都分别达到了规定值的条件下才发生动作、泄压排气,一般不会发生误动作。故选 D。

24. C [解析] 本题考查的是气瓶概述。选项 C 错误,盛装剧毒气体、自燃气体的气瓶,禁止装设安全泄压装置。故选 C。

25. D [解析] 本题考查的是气瓶概述。选项 D 错误,无缝气瓶的安全泄压装置,应当装设在瓶阀上。故选 D。

26. D [解析] 本题考查的是起重机械使用安全技术。选项 A 错误,对吊物的质量和重心估计要准确,如果是目测估算,应增大 20% 来选择吊具。选

项 B 错误,形状或尺寸不同的物品不经特殊捆绑不得混吊,防止坠落伤人。选项 C 错误,摘钩时应等所有吊索完全松弛再进行,确认所有绳索从钩上卸下再起钩,不允许抖绳摘索,更不允许利用起重机抽索。故选 D。

27. B [解析] 本题考查的是压力容器安全附件及仪表。选项 B 错误,紧急切断阀是一种特殊结构和特殊用途的阀门,它通常与截止阀串联安装在紧靠容器的介质出口管道上。故选 B。

28. A [解析] 本题考查的是压力容器安全附件及仪表。选项 A 错误,压力容器上爆破片的设计爆破压力一般不大于该容器的设计压力,并且爆破片的最小爆破压力不得小于该容器的工作压力。故选 A。

第4章 防火防爆安全技术

真题必刷

考点1 火灾爆炸事故机理

1. B [解析] 本题考查的是爆炸。燃烧反应过程一般可以分为扩散阶段、感应阶段、化学反应阶段。其中,在感应阶段,可燃气分子和氧化分子接受点火源能量,离解成自由基或活性分子。所需时间称为感应时间。故选 B。

2. B [解析] 本题考查的是爆炸。粉尘爆炸的条件:①粉尘本身具有可燃性;②粉尘悬浮在空气(或助燃气体)中并达到一定浓度;③有足以引起粉尘爆炸的起始能量(点火源)。及时清理粉尘可以降低粉尘浓度,预防粉尘爆炸。清理粉尘不能改变其可燃性、爆炸极限,更无法降低环境氧浓度。只能降低粉尘浓度。故选 B。

3. C [解析] 本题考查的是爆炸。燃点(着火点)对可燃固体和闪点较高的液体具有重要意义,在控制燃烧时,需将可燃物的温度降至其燃点(着火点)以下。一般情况下,燃点(着火点)越低,火灾危险性越大。故选 C。

考点2 防火防爆技术

1. A [解析] 本题考查的是爆炸控制。选项 A 错误,爆破片爆破压力的选定,一般为设备、容器及系统最高工作压力的 1.15~1.3 倍。选项 B 正确,爆破片应有足够的泄压面积,一般按 1m³ 容积取 0.035~0.18m²,但对氢气和乙炔的设备则应大于 0.4m²。选项 C 正确,操作压力较高的系统可选用铝、铜等材质。选项 D 正确,爆破片一般 6~12 个月更换一

次。如果在系统超压后未破裂的爆破片以及正常运行中有明显变形的爆破片应立即更换。故选 A。

2. C [解析] 本题考查的是爆炸控制。易燃气体(乙炔、氢气、氯甲烷、硫化氢等),除惰性气体外,不准与其他种类的物品共储。故选 C。

3. D [解析] 本题考查的是防火防爆安全装置及技术。厂房的泄压面积的计算与厂房的容积和泄压比有关。故选 D。

4. C [解析] 本题考查的是防火防爆安全装置及技术。选项 C 错误,弹簧式安全阀对振动的敏感性小,可用于移动式的压力容器。故选 C。

5. C [解析] 本题考查的是爆炸控制。弹簧式安全阀结构紧凑,灵敏度高,安装位置无严格限制,应用广泛,对振动的敏感性小,可用于移动式的压力容器。故选 C。

考点3 烟花爆竹安全技术

1. D [解析] 本题考查的是烟花爆竹基本安全知识。选项 D 错误,运输危险品的廊道应采用敞开式或半敞开式,不宜与危险品生产厂房直接相连。产品陈列室应陈列产品模型,不应陈列危险品。故选 D。

2. B [解析] 本题考查的是烟花爆竹基本安全知识。选项 B 错误,比较危险或计算药量较大的危险品仓库,不宜布置在库区出入口的附近。故选 B。
提示:《烟花爆竹工程设计安全规范》(GB 50161—2009)已被《烟花爆竹工程设计安全标准》(GB 50161—2022)替代。

3. D [解析] 本题考查的是烟花爆竹基本安全知识。

163

选项A错误,防护屏障内的危险品药量,应计入该屏障内的危险性建筑物的计算药量。选项BC错误,厂房计算药量和停滞药量规定,实际上都是烟花爆竹生产建筑物中暂时搁置时允许存放的最大药量。故选D。

考点4 消防设施与器材

1. C [解析] 本题考查的是消防设施。选项C错误,感烟式火灾探测器是一种感知燃烧和热解产生的固体或液体微粒的火灾探测器。用于探测火灾初期的烟雾,并发出火灾报警信号的火灾探测器。故选C。

2. D [解析] 本题考查的是消防设施。检测密度大于空气的可燃气体(如石油液化气、汽油、丙烷、丁

烷等)时,探测器应安装在泄漏可燃气体处的下部,距地面不应超过0.5m。故选D。

提示:《石油化工可燃气体和有毒气体检测报警设计规范》(GB 50493—2009)已被《石油化工可燃气体和有毒气体检测报警设计标准》(GB/T 50493—2019)替代。

---基础必刷---

1. D [解析] 本题考查的是爆炸。粉尘爆炸:空气中飞散的铝粉、镁粉、亚麻、玉米淀粉等引起的爆炸。故选D。

2. A [解析] 本题考查的是燃烧与火灾。依据《火灾分类》(GB/T 4968),按可燃物的类型及其燃烧特性将火灾分为以下6类。故选A。

类型	A类火灾	B类火灾	C类火灾	D类火灾	E类火灾	F类火灾
实质	固体物质	液体或可融化固体	气体	金属	带电	烹饪器具内
示例	木材、棉、麻	汽油、煤油、柴油	煤气、天然气	钾、钠、镁	发电机、电缆	动植物油脂

3. C [解析] 本题考查的是爆炸。爆炸极限是一个范围,不是一个物理常数;该极限范围同样也是在实验条件下测定,实际生产现场则会存在些许变化。爆炸极限范围越大,物质危险性越大。故选C。

4. B [解析] 本题考查的是爆炸。点火源的活化能量越大,加热面积越大,作用时间越长,爆炸极限范围也越宽。故选B。

5. C [解析] 本题考查的是爆炸控制。防止爆炸的一般原则:一是控制混合气体中的可燃物含量处在爆炸极限以外;二是使用惰性气体取代空气;三是使氧气浓度处于其极限值以下。为此,应防止可燃气向空气中泄漏,或防止空气进入可燃气体中;控制、监视混合气体各组分浓度;装设报警装置和设施。选项C属于事后防护措施,而该题目是对于事前预防措施的考查。故选C。

6. A [解析] 本题考查的是爆炸。气相爆炸包括:可燃性气体和助燃性气体混合物的爆炸;气体的分解爆炸;液体被喷成雾状物在剧烈燃烧时引起的爆炸(喷雾爆炸);飞扬悬浮于空气中的可燃性粉尘引起的爆炸等。选项A属于液相爆炸。故选A。

7. B [解析] 本题考查的是点火源及其控制。工业生产过程中,存在多种引起火灾和爆炸的点火源,例如化工企业中常见的点火源有明火、化学反应热、化工原料的分解自燃、热辐射、高温表面、摩擦和撞击、绝热压缩、电气设备及线路的过热和火花、

静电放电、雷击和日光照射等。故选B。

8. D [解析] 本题考查的是爆炸。选项AB中的爆炸属于喷雾爆炸。选项C氯乙烯属于气体的分解爆炸。因此,选项ABC都属于气相爆炸。故选D。

9. A [解析] 本题考查的是爆炸。评价粉尘爆炸危险性的主要特征参数是爆炸极限、最小点火能量、最低着火温度、粉尘爆炸压力及压力上升速率。故选A。

10. C [解析] 本题考查的是燃烧与火灾。蒸发燃烧是可燃液体蒸发产生的蒸气被点燃,进而加热液体表面促使其继续蒸发、继续燃烧的现象,如酒精、汽油、苯等。选项C属于分解燃烧。故选C。

11. D [解析] 本题考查的是燃烧与火灾。选项D正确,在这些固体表面与空气接触的部位上,会被点燃而生成"炭灰",使燃烧持续下去。如炭、箔状或粉状金属(铝、镁)的燃烧均属于表面燃烧。故选D。

12. C [解析] 本题考查的是燃烧与火灾。选项A属于可熔化的固体物质引起的B类火灾。选项B是库存的家用电器,未正常带电使用(不属于带电的E类火灾),因此,属于固体物质引起的A类火灾。选项D属于烹饪器具内烹饪物引起的F类火灾。故选C。

13. D [解析] 本题考查的是爆炸。爆炸破坏作用包括冲击波、碎片冲击、震荡作用、次生事故、有毒气

14. A　[解析]　本题考查的是爆炸。按照爆炸反应相的不同,爆炸可分为气相爆炸、液相爆炸和固相爆炸。选项 A 属于气相爆炸中的粉尘爆炸。故选 A。

15. D　[解析]　本题考查的是爆炸。燃烧反应过程一般可以分为三个阶段:扩散阶段、感应阶段、化学反应阶段。故选 D。

16. D　[解析]　本题考查的是点火源及其控制。选项 D 正确,在易燃易爆场合作业时,工人应禁止穿钉鞋,不得使用铁器制品。故选 D。

17. C　[解析]　本题考查的是爆炸控制。在化工生产中,采取的惰性气体(或阻燃性气体)主要有氮气、二氧化碳、水蒸气、烟道气等。选项 C 属于可燃气体。故选 C。

18. B　[解析]　本题考查的是爆炸控制。选项 B 正确,用通风的方法使可燃气体、蒸气或粉尘的浓度不致达到危险的程度,一般应控制在爆炸下限的 1/5。故选 B。

19. A　[解析]　本题考查的是防火防爆安全装置及技术。爆破片的防爆效率取决于它的厚度、泄压面积和膜片材料的选择。故选 A。

20. B　[解析]　本题考查的是烟花爆竹安全技术的概述。选项 B 正确,A 级是由专业燃放人员在特定的室外空旷地点燃放、危险性很大的产品。故选 B。

21. B　[解析]　本题考查的是烟花爆竹基本安全知识。选项 B 正确,进行二元或三元黑火药混合的球磨机与药物接触的部分不应使用铁制部件,可用黄铜、杂木、楠竹和皮革及导电橡胶等材料制成。故选 B。

22. B　[解析]　本题考查的是消防器材。选项 B 正确,窒息、冷却、辐射及对有焰燃烧的化学抑制作用是干粉灭火效能的集中体现,其中化学抑制作用是灭火的基本原理,起主要灭火作用。故选 B。

23. C　[解析]　本题考查的是消防器材。选项 C 正确,酸碱灭火器适用于扑救 A 类物质的初起火灾,如木、竹、织物、纸张等燃烧的火灾。它不能用于扑救 B 类(液体和可熔化的固体物质)火灾,也不能用于扑救 C 类(可燃气体)或 D 类(轻金属)火灾,同时也不能用于带电场合火灾的扑救。故选 C。

24. A　[解析]　本题考查的是消防器材。由于二氧化碳是一种无色的气体,灭火不留痕迹,并有一定的电绝缘性能等特点,因此,更适宜于扑救 600V 以下带电电器、贵重设备、图书档案、精密仪器仪表的初起火灾,以及一般可燃液体的火灾。故选 A。

提升必刷

1. D　[解析]　本题考查的是燃烧与火灾。对于复杂的可燃固体化合物,受热后首先分解,析出气态或液态产物,其气态和液态产物的蒸气发生氧化分解后着火燃烧。故选 D。

2. B　[解析]　本题考查的是爆炸。选项 A 错误,爆炸形成的高温、高压、高能量密度的气体产物,以极高的速度向周围膨胀,强烈压缩周围的静止空气,使其压力、密度和温度突跃升高,像活塞运动一样推向前进,产生波状气压向四周扩散冲击。选项 C 错误,爆炸发生时,特别是较猛烈的爆炸往往会引起短暂的地震波。选项 D 错误,粉尘作业场所轻微的爆炸冲击波使积存在地面上的粉尘扬起,造成更大范围的二次爆炸等。故选 B。

3. A　[解析]　本题考查的是点火源及其控制。选项 B 错误,当可燃气体的爆炸下限大于 4% 时,场所被测浓度应小于 0.5%,当可燃气体的爆炸下限小于 4% 时,其被测浓度应小于 0.2%。选项 C 错误,电杆线破残应及时更换或修理,不得利用与易燃易爆生产设备有联系的金属构件作为电焊地线,以防止在电路接触不良的地方产生高温或电火花。选项 D 错误,动火现场应配备必要的消防器材,并将可燃物品清理干净。故选 A。

4. C　[解析]　本题考查的是燃烧与火灾。选项 C 错误,一般情况下,燃点(着火点)越低,火灾危险性越大。故选 C。

5. B　[解析]　本题考查的是防火防爆安全装置及技术。选项 B 错误,如安全阀用于排泄可燃气体,直接排入大气,则必须引至远离明火或易燃物,且通风良好的地方,排管必须逐段用导线接地以消除静电作用。故选 B。

6. C　[解析]　本题考查的是防火防爆安全装置及技术。选项 A 错误,弹簧式安全阀长期高温会影响弹簧力,不适用于高温系统。选项B错误,杠杆式安全阀适于温度较高的系统;不适于持续运行的系统。选项D错误,全封闭式安全阀排出的气体全部通过排放管排放,介质不外泄,主要用于存有有毒或易燃气体的系统。故选C。

7. C　[解析]　本题考查的是烟花爆竹基本安全知识。选项A错误,防护屏障内的危险品药量,应计入该屏障内的危险性建筑物的计算药量。选项B错误,抗爆间室的危险品药量可不计入危险性建筑物的计算药量。选项D错误,厂房计算药量和停滞药量规定,实际上都是烟花爆竹生产建筑物中暂时搁置时允许存放的最大药量。故选C。

8. A　[解析]　本题考查的是点火源及其控制。选项A错误,加热易燃物料时,要尽量避免采用明火设备,而宜采用热水或其他介质间接加热,如蒸汽或密闭电气等加热设备,不得采用电炉、火炉、煤炉等直接加热。故选A。

9. B　[解析]　本题考查的是点火源及其控制。选项B错误,在可能积存可燃气体的管沟、电缆沟、深坑、下水道内及其附近,应用惰性气体吹扫干净,再用非燃体,如石棉板进行遮盖。故选B。

10. A　[解析]　本题考查的是爆炸。粉尘爆炸速度或爆炸压力上升速度比爆炸气体小,但燃烧时间长,产生的能量大,破坏程度大。故选A。

11. C　[解析]　本题考查的是爆炸。选项A错误,1kg的二氧化碳液体,在常温常压下能生成500L左右的气体,这些足以使1m³空间范围内的火焰熄灭。选项B错误,一般当氧气的含量低于12%或二氧化碳浓度达30%~35%时,燃烧中止。选项D错误,二氧化碳不宜用来扑灭金属钾、钠、镁、铝等及金属过氧化物(如过氧化钾、过氧化钠)、有机过氧化物、氯酸盐、硝酸盐、高锰酸盐、亚硝酸盐、重铬酸盐等氧化剂的火灾。故选C。

12. D　[解析]　本题考查的是点火源及其控制。选项D错误,输送可燃气体或易燃液体的管道应做耐压试验和气密性检查,以防止管道破裂、接口松脱而跑漏物料,引起着火。故选D。

13. D　[解析]　本题考查的是爆炸控制。选项D错误,对爆炸危险度大的可燃气体(如乙炔、氢气等)以及危险设备和系统,在连接处应尽量采用焊接接头,减少法兰连接。故选D。

14. B　[解析]　本题考查的是爆炸控制。选项B错误,用通风的方法使可燃气体、蒸气或粉尘的浓度不致达到危险的程度,一般应控制在爆炸下限1/5以下。故选B。

15. B　[解析]　本题考查的是压力管道安全附件。选项A错误,爆燃型阻火器是用于阻止火焰以亚音速通过的阻火器。轰爆型阻火器是用于阻止火焰以音速或超音速通过的阻火器。选项C错误,阻火器不得靠近炉子和加热设备,除非阻火单元温度升高不会影响其阻火性能。选项D错误,单向阻火器安装时,应当将阻火侧朝向潜在点火源。故选B。

16. C　[解析]　本题考查的是防火防爆安全装置及技术。选项A错误,工业阻火器依靠本身的物理特性来阻火,对于纯气体才是有效的。选项B错误,主动式隔爆装置和被动式隔爆装置只是在爆炸发生时才起作用。选项D错误,化学抑制防爆装置可用于装有气相氧化剂中可能发生爆燃的气体、油雾或粉尘的任何密闭设备。适用于泄爆易产生二次爆炸,或无法开设泄爆口的设备以及所处位置不利于泄爆的设备。故选C。

17. A　[解析]　本题考查的是防火防爆安全装置及技术。选项A错误,当安全阀的入口处装有隔断阀时,隔断阀必须保持常开状态并加铅封。故选A。

18. B　[解析]　本题考查的是劳动防护用品选用原则。选项A错误,双罐式防毒口罩适用于毒性气体的体积浓度低,一般不高于1%的场所。选项C错误,送风长管式呼吸器适用于毒性气体浓度高、缺氧的固定作业的场所。选项D错误,自吸长管式呼吸器适用于毒性气体浓度高、缺氧的固定作业的场所,且导管限长小于10m,管内径大于18mm。故选B。

19. C　[解析]　本题考查的是消防器材。选项C错误,线型感烟火灾探测器利用烟雾粒子吸收或散射红外线光束的原理对火灾进行监测;点型感烟火灾探测器是对警戒范围中某一点周围的烟参数响应的火灾探测器。故选C。

20. D　[解析]　本题考查的是爆炸。选项A错误,熔融的矿渣与水接触或钢水包与水接触时,水大量气化发生的爆炸既属于物理爆炸,也属于液相爆炸。选项B错误,空气中飞散的铝粉、镁粉等引起的爆炸既属于化学爆炸,也属于气相爆炸。选项C错误,导线因电流过载,由于过热,金属迅速气化而引起的爆炸既属于物理爆炸,也属于固相爆炸。故选D。

21. **D** [解析] 本题考查的是爆炸。选项D错误,在混合气体中加入惰性气体(如氮、二氧化碳、水蒸气、氩、氦等),随着惰性气体含量的增加,爆炸极限范围缩小。当惰性气体的浓度增加到某一数值时,爆炸上下限趋于一致,使混合气体不发生爆炸。故选D。

22. **D** [解析] 本题考查的是点火源及其控制。选项A错误,明火加热设备的布置,应远离可能泄漏易燃气体或蒸气的工艺设备和储罐区,并应布置在其下风向或侧风向。选项B错误,汽车、拖拉机一般不允许进入,如需进入,其排气管上应安装火花熄灭器。选项C错误,使用过后的灭火器不得放回原处。故选D。

第5章　危险化学品安全基础知识

真题必刷

考点1　危险化学品储存、运输与包装安全技术

1. **A** [解析] 本题考查的是危险化学品包装安全要求。GB 12463《危险货物运输包装通用技术条件》把危险货物包装分成3类:Ⅰ类包装,适用内装危险性较大的货物;Ⅱ类包装,适用内装危险性中等的货物;Ⅲ类包装,适用内装危险性较小的货物。故选A。

2. **D** [解析] 本题考查的是危险化学品运输安全技术与要求。选项A错误,无水乙醇属于易燃的危险化学品,瓦楞纸箱属于可燃性材料,二者同车装运会产生火灾隐患。选项B错误,禁止通过内河封闭水域运输剧毒化学品以及国家规定禁止通过内河运输的其他危险化学品。选项C错误,从事危险化学品道路运输、水路运输,应取得危险货物道路运输许可、危险货物水路运输许可,并向工商行政管理部门(现为市场监督管理部门)办理登记手续。选项D正确,液氯属于剧毒化学品,托运人应当向运输始发地或者目的地的县级人民政府公安机关申请剧毒化学品道路运输通行证。故选D。

3. **C** [解析] 本题考查的是危险化学品分类储存的安全技术。运输易燃易爆危险货物车辆的排气管应安装隔热和熄灭火星装置,并配装导静电橡胶拖地带装置。故选C。

考点2　泄漏控制与销毁处置技术

A [解析] 本题考查的是废弃物销毁。凡确认不能使用的爆炸性物品,必须予以销毁,在销毁以前应报告当地公安部门,选择适当的地点、时间及销毁方法。一般可采用以下4种方法:爆炸法、烧毁法、溶解法、化学分解法。故选A。

考点3　危险化学品的危害及防护

1. **A** [解析] 本题考查的是劳动防护用品选用原则。选项A正确、选项CD错误,有限空间内作业毒性高的情况下需佩戴正压式空气呼吸器。选项B错误,人员出现晕厥情况下为便于快速施救,安全带上系救生绳,另一端在有限空间出入口固定。故选A。

2. **A** [解析] 本题考查的是毒性危险化学品。选项A正确、选项B错误,呼吸道吸收程度与其在空气中的浓度密切相关,浓度越高,吸收越快。选项CD错误,工业生产中,毒性危险化学品进入人体的最重要的途径是呼吸道。凡是以气体、蒸汽、雾、烟、粉尘形式存在的毒性危险化学品,均可经呼吸道侵入体内。故选A。

3. **D** [解析] 本题考查的是劳动防护用品选用原则。正压式空气呼吸器是一种自给开放式消防空气呼吸器,主要适用于消防、化工、船舶、石油、冶炼、厂矿、实验室等处,使消防员或抢险救护人员能够在充满浓烟、毒气、蒸汽或缺氧的恶劣环境下安全地进行灭火、抢险救灾和救护工作。故选D。

基础必刷

1. **A** [解析] 本题考查的是危险化学品的概念及类别划分。危险化学品分为物理危险、健康危害及环境危害三大类,28小类。选项A属于健康危害类。选项BCD属于物理危险类。故选A。

2. **B** [解析] 本题考查的是化学品安全技术说明书和安全标签的内容及要求。选项B错误,化学品安全技术说明书包括16大项的安全信息内容,具体项目如下:化学品及企业标识;危险性概述;成分/组成信息;急救措施;消防措施;泄漏应急处理;操作处置与储存;接触控制和个体防护;理化特性;稳定性和反应性;毒理学信息;生态学信息;废弃处置;运输信息;法规信息;其他信息。故选B。

3. A [解析] 本题考查的是化学品安全技术说明书和安全标签的内容及要求。危险化学品安全标签是用文字、图形符号和编码的组合形式表示化学品所具有的危险性和安全注意事项,它可粘贴、挂拴或喷印在化学品的外包装或容器上。开放源代码是一种软件发布模式,不属于危险化学品安全标签的组合形式构成要素。故选 A。

4. A [解析] 本题考查的是燃烧爆炸的分类。复杂分解爆炸在爆炸时伴有燃烧现象,燃烧所需的氧由本身分解产生。例如,梯恩梯、黑索金等。故选 A。

5. D [解析] 本题考查的是危险化学品燃烧爆炸事故的危害。危险化学品燃烧爆炸事故主要破坏形式:高温的破坏作用、爆炸的破坏作用、造成中毒和环境污染。故选 D。

6. C [解析] 本题考查的是危险化学品事故的控制和防护措施。危险化学品中毒、污染事故预防控制措施有替代、变更工艺、隔离、通风、个体防护和保持卫生。故选 C。

7. A [解析] 本题考查的是危险化学品火灾、爆炸事故的预防。防止燃烧、爆炸系统的形成包括:①替代;②密闭;③惰性气体保护;④通风置换;⑤安全监测及联锁。选项 A 控制高温表面属于消除点火源的具体做法。故选 A。

8. D [解析] 本题考查的是危险化学品储存的基本要求。危险化学品露天堆放,应符合防火、防爆的安全要求,爆炸物品、一级易燃物品、遇湿燃烧物品、剧毒物品不得露天堆放。故选 D。

9. B [解析] 本题考查的是危险化学品储存的基本要求。危险化学品储存方式分为 3 种:隔离储存、隔开储存、分离储存。故选 B。

10. B [解析] 本题考查的是危险化学品经营企业的条件和要求。从事危险化学品经营的企业在进行零售业务时,只许经营爆炸品、放射性物品、剧毒物品以外的危险化学品。故选 B。

11. B [解析] 本题考查的是废弃物销毁。有机过氧化物是一种易燃、易爆品。其废弃物应从作业场所清除并销毁,其方法主要取决于该过氧化物的物化性质,根据其特性选择合适的方法处理,以免发生意外事故。处理方法主要有分解、烧毁、填埋。故选 B。

12. D [解析] 本题考查的是毒性危险化学品。工业毒性危险化学品对人体的危害有刺激、过敏、窒息、麻醉和昏迷、中毒、致癌、致畸、致突变、尘肺。故选 D。

13. D [解析] 本题考查的是危险化学品的概念及类别划分。危险化学品分为物理危险、健康危害及环境危害 3 大类,28 小类。选项 ABC 属于健康危害类。选项 D 属于物理危险类。故选 D。

14. C [解析] 本题考查的是劳动防护用品选用原则。呼吸道防毒面具选用如下表所示。故选 C。

	品类		使用范围
过滤式	全面罩式	头罩式面具	毒性气体的体积浓度低,一般不高于 1%,具体选择按《呼吸防护 自吸过滤式防毒面具》(GB 2890)进行
		面罩式面具 导管式	
		面罩式面具 直接式	
	半面罩式	双罐式防毒口罩	
		单罐式防毒口罩	
		简易式防毒口罩	
隔离式	自给式	供氧(气)式 氧气呼吸器	毒性气体浓度高、毒性不明或缺氧的可移动性作业
		供氧(气)式 空气呼吸器	
		生氧式 生氧面具	
		自救器	上述情况短暂时间事故自救用
	隔离式	送风长管式 电动式	毒性气体浓度高,缺氧的固定作业
		送风长管式 人工式	
		自吸长管式	同上,导管限长<10m,管内径>18mm

15. A [解析] 本题考查的是燃烧爆炸的分类。简单分解爆炸是指引起简单分解的爆炸物,在爆炸时并不一定发生燃烧反应,其爆炸所需要的热量是由爆炸物本身分解产生的。如乙炔银、叠氮铅。选项 BD 属于复杂分解爆炸。选项 C 不属于分解爆炸。故选 A。

16. C [解析] 本题考查的是危险化学品包装安全要求。标签要素包括化学品标识、象形图、信号词、危险性说明、防范说明、供应商标识、应急咨询电话、资料参阅提示语等。选项 C 错误,生态学信息属于化学品安全技术说明书内容。故选 C。

提升必刷

1. B [解析] 本题考查的是化学品安全技术说明书和安全标签的内容及要求。信号词位于化学品名称的下方;根据化学品的危险程度和类别,用"危险""警告"两个词分别进行危害程度的警示。图中 A 为化学品名称。图中 C 为危险性说明。图中 D 为资料参阅提示语。故选 B。

2. B [解析] 本题考查的是危险化学品中毒、污染事故预防控制措施。全面通风也称为稀释通风,其原理是向作业场所提供新鲜空气,抽出污染空气,进而稀释有害气体、蒸气或粉尘,从而降低其浓度。故选 B。

3. C [解析] 本题考查的是危险化学品中毒、污染事故预防控制措施。个体防护不能被视为控制危害的主要手段,而只能作为一种辅助性措施。故选 C。

4. D [解析] 本题考查的是危险化学品包装安全要求。选项 D 错误,禁止通过内河封闭水域运输剧毒化学品以及国家规定禁止通过内河运输的其他危险化学品。注意:"剧毒"不可以,"有毒"可以。故选 D。

5. B [解析] 本题考查的是泄漏处理及火灾控制。扑救爆炸物品火灾时,切忌用沙土盖压,以免增强爆炸物品的爆炸威力。故选 B。

6. D [解析] 本题考查的是危险化学品中毒、污染事故预防控制措施。选项 A 错误,全面通风的目的是将污染物稀释到安全浓度以下,仅适合于低毒性场所,不适合污染物量大的场所。选项 B 错误,实验室通风橱、焊接室或喷漆室可移动的通风管和导管都是局部排风。选项 C 错误,个体防护仅是一道阻止有害物进入人体的屏障。个体防护只能作为一种辅助性措施而非主要手段。故选 D。

7. C [解析] 本题考查的是危险化学品安全的基础知识。选项 C 错误,化学品标识:当需要标出的组分较多时,组分个数不超过 5 个为宜。故选 C。

第6章 其他安全类案例专项

专题 1 客观题专项练习

真题必刷

案例 1

1. C [解析] 直接原因包括人的不安全行为和物的危险状态。本次事故中,乙的不安全行为是该起事故的直接原因。故选 C。

2. D [解析] 八种基本识别色和色样及颜色标准编号如下表所示。故选 D。

物质种类	基本识别色	颜色标准编号
水	艳绿	G03
水蒸气	大红	R03
空气	淡灰	B03
气体	中黄	Y07
酸或碱	紫	P02

(续)

物质种类	基本识别色	颜色标准编号
可燃液体	棕	YR05
其他液体	黑	—
氧气	淡蓝	PB06

3. CD [解析] 选项 A 错误,防护栏杆安装后顶部栏杆应能承受水平方向和垂直向下方向不小于 890N 的集中荷载和不小于 700N/m 的均布荷载。选项 B 错误,防护栏杆各构件的布置应确保中间栏杆(横杆)与上下构件间形成的空隙间距不大于 500mm。选项 E 错误,在距基准面高度大于等于 2m 并小于 20m 的平台、通道及作业场所的防护栏杆高度应不低于 1050mm。故选 CD。

4. ABD [解析] 选项 A 正确,作业现场存在物体打击危险需要佩戴安全帽保护头部。选项 B 正确,砂轮机操作时应佩戴护目镜保护眼睛。选项 D 正确，砂轮机的噪声会对人的耳朵造成极大的影响，在使用电动砂轮机时佩戴耳塞或耳罩，保护耳膜。故选 ABD。

5. ABE　[解析]设备操作需要当心触电，电加热炉、蒸汽管线等需要当心烫伤，乙炔管线需要当心爆炸。故选 ABE。

案例 2

1. C　[解析]本题考查的是金属切割机床及砂轮机安全技术。砂轮卡盘外侧面与砂轮防护罩开口边缘之间的间距一般应不大于 15mm。故选 C。

2. D　[解析]本题考查的是气瓶安全技术。吊运气瓶应做到：①将散装瓶装入集装箱内，固定好气瓶，用机械起重设备吊运；②不得使用电磁起重机吊运气瓶；③不得使用金属链绳捆绑吊运气瓶；④不得吊气瓶瓶帽吊运气瓶；⑤不得吊料框耳吊运气瓶。故选 D。

3. CE　[解析]本题考查的是个体防护装备管理。选项 A 错误，电焊机一侧的电源线应绝缘良好，其长度不宜大于 5m。选项 B 错误，不得采用金属构件或结构钢筋代替二次线的地线。选项 D 错误，进行电焊作业时，手部应穿戴焊工防护手套。故选 CE。

4. ACDE　[解析]本题考查的是机械安全基础知识。选项 A 正确，存在将手卷入的事故隐患。选项 B 错误，双手操作装置至少需要双手同时进行操作，是为操作者提供保护的一种装置。此装置可以强制操作者在机器启动和维持某种运行的状态下，双手没有机会进入机器的危险区。选项 C 正确，根据砂轮机的操作要求，无论是正常磨削作业、空转试验还是修整砂轮，操作者都应站在砂轮的斜前方位置，不得站在砂轮正面。选项 D 正确，根据气瓶的装卸运输要求，严禁用叉车、翻斗车或铲车搬运气瓶。选项 E 正确，对发生的未遂事故未进行原因分析且未采取预防措施，必然存在事故隐患。故选 ACDE。

5. BCDE　[解析]本题考查的是特种设备的基础知识。特种设备是指对人身和财产安全有较大危险性的锅炉、压力容器(含气瓶)、压力管道、电梯、起重机械、客运索道、大型游乐设施、场(厂)内专用机动车辆。选项 A 错误，激光切割机是工厂内的一般生产设备，不属于特种设备。故选 BCDE。

案例 3

1. A　[解析]本题考查的是事故上报的时限和部门。事故发生后，事故现场有关人员应当立即向本单位负责人报告；单位负责人接到报告后，应当于 1 小时内向事故发生地县级以上人民政府应急管理部门和负有安全生产监督管理职责的有关部门报告。故选 A。

2. D　[解析]本题考查的是勘察、设计及工程监理等单位的安全责任。根据《建筑法》，建设单位应当向建筑施工企业提供与施工现场相关的地下管线资料，建筑施工企业应当采取措施加以保护。根据《建设工程安全生产管理条例》，工程监理单位和监理工程师应当按照法律、法规和工程建设强制性标准实施监理，并对建设工程安全生产承担监理责任。故选 D。

3. AB　[解析]本题考查的是事故致因原理。人的不安全行为或物的不安全状态是造成事故的直接原因。本起事故中，角钢挤压天然气管线，导致天然气泄漏，甲开灯引爆天然气是事故发生的直接原因。故选 AB。

4. ABD　[解析]本题考查的是建立、健全安全生产规章制度的必要性。选项 AB 能够防止因施工问题造成的天然气管道泄漏。选项 D 能够在天然气管道发生泄漏后及时发现问题，避免爆炸事故的发生。选项 CE 不能预防此类事故的发生。故选 ABD。

5. ABCD　[解析]本题考查的是伤亡事故经济损失计算方法。直接经济损失的统计范围包括：①人身伤亡后所支出的费用，包括医疗费用(含护理费用)、丧葬及抚恤费用、补助及救济费用、歇工工资；②善后处理费用，包括处理事故的事务性费用、现场抢救费用、清理现场费用、事故罚款和赔偿费用；③财产损失价值，包括固定资产损失价值、流动资产损失价值。选项 E 属于间接经济损失。故选 ABCD。

案例 4

1. B　[解析]本题考查的是《建设工程安全生产管理条例》。根据《建设工程安全生产管理条例》，建设工程实行施工总承包的，由总承包单位对施工现场的安全生产负总责。故选 B。

2. E　[解析]本题考查的是建筑安全生产管理。根据《建设工程安全生产管理条例》，建设工程实行施工总承包的，由总承包单位对施工现场的安全生产负总责。实行施工总承包的建设工程，由总承包单位负责上报事故。故选 E。

3. ABCD　[解析]本题考查的是现场安全管理要求。

参考答案及解析

为除锈作业人员配置防毒面具并不能防止氮气窒息引起的事故。故选ABCD。

4. **ABC** [解析]本题考查的是事故致因原理。选项D错误,丙突然从作业跳板坠落至过滤器锥体底部,并未受到上部物体掉落打击。选项E错误,该事故不存在氮气系统渗漏富集。故选ABC。

5. **BCDE** [解析]本题考查的是施工单位的安全责任。选项A错误,建设工程实行施工总承包的,由总承包单位对施工现场的安全生产负总责。总承包单位和分包单位对分包工程的安全生产承担连带责任。分包单位应当服从总承包单位的安全生产管理,分包单位不服从管理导致生产安全事故的,由分包单位承担主要责任。故选BCDE。

模拟必刷

案例1

1. **E** [解析]本题考查的是燃烧与火灾。依据《火灾分类》(GB/T 4968),按可燃物的类型及其燃烧特性将火灾分为6类如下表所示。故选E。

火灾类别	概念	示例
A类火灾	固体物质火灾,这种物质通常具有有机物质	木材、棉、毛、麻、纸张
B类火灾	液体火灾和可熔化的固体物质火灾	汽油、煤油、柴油、原油、甲醇、乙醇、沥青
C类火灾	气体火灾	煤气、天然气、甲烷、乙烷、丙烷、氢气
D类火灾	金属火灾	钾、钠、镁、钛、锆、锂、铝镁合金
E类火灾	带电火灾,是物体带电燃烧的火灾	发电机、电缆、家用电器
F类火灾	烹饪器具内烹饪物火灾	动植物油脂

2. **B** [解析]本题考查的是《建筑设计防火规范》。生产的火灾危险性应根据生产中使用或产生的物质性质及其数量等因素划分,可分为甲、乙、丙、丁、戊类。甲级:闪点小于28℃的液体、爆炸下限小于10%的气体。乙级:闪点不小于28℃,但小于60℃的液体、爆炸下限不小于10%的气体。丙级:闪点不小于60℃的液体、可燃固体。丁级:难燃物质。戊级:不燃物质。故选B。

3. **A** [解析]本题考查的是事故、事故隐患、危险、海因里希法则、危险源与重大危险源。氨有毒,泄漏后形成氨云导致人员吸入中毒。故选A。

4. **ACD** [解析]本题考查的是作业现场环境安全管理。选项BE属于安全技术问题。故选ACD。

5. **ABD** [解析]本题考查的是安全设施。选项C错误,配电室存在轻微电磁辐射,对人体是无害的,无须采取辐射防护措施。选项E错误,配电室着火属于电气火灾,不应用水灭火,设置消防栓错误。故选ABD。

案例2

1. **C** [解析]本题考查的是燃烧与火灾。《火灾分类》(GB/T 4968)按可燃物的类型和燃烧特性将火灾分为6类。通过该案例背景可以得知,该起事故的原因是保鲜库内的冷风机供电线路接头处短路造成过热,引燃墙面聚氨酯泡沫保温材料所致,应属于A类火灾。故选C。

2. **B** [解析]本题考查的是生产安全事故报告。生产安全事故造成的人员伤亡或者直接经济损失,事故分级如下表所示。背景资料中:"该起事故造成了7人死亡、10人重伤、50人轻伤,过火面积约2000m²,直接经济损失4500余万元,间接经济损失高达1亿3000余万元。发生该起事故5日后,重伤人员中的3人经抢救无效死亡"。道路交通事故、火灾事故自发生之日起7日内,事故造成的伤亡人数发生变化的,应当及时补报。此次事故中,火灾事故自发生之日起7日内,共有10人死亡,因此,该起事故属于重大事故。故选B。

比较项目	特别重大事故	重大事故	较大事故	一般事故
死亡x/人	$x \geq 30$	$10 \leq x < 30$	$3 \leq x < 10$	$x < 3$
重伤y/人(包括急性工业中毒)	$y \geq 100$	$50 \leq y < 100$	$10 \leq y < 50$	$y < 10$
直接经济损失z/万元	$z \geq 10000$	$5000 \leq z < 10000$	$1000 \leq z < 5000$	$z < 1000$

171

3. **ACDE** [解析] 本题考查的是事故上报的时限和部门。选项 B 错误,事故发生后,事故现场有关人员应当立即向本单位负责人报告;单位负责人接到报告后,应当于 1 小时内向事故发生地县级以上人民政府应急管理部门和负有安全生产监督管理职责的有关部门报告。由于该起事故属于重大事故,事故发生在 2020 年 10 月 20 日 2 时,则该企业负责人于 2020 年 10 月 20 日 3 时 40 分向该事故发生地县级应急管理部门报告是不妥的,应最晚不能超过 2020 年 10 月 20 日 3 时。故选 ACDE。

4. **CE** [解析] 本题考查的是事故调查。选项 C 错误,该起事故属于重大事故,应由事故发生地省级人民政府负责调查。选项 E 错误,重大事故、较大事故、一般事故,负责事故调查的人民政府应当自收到事故调查报告之日起 15 日内作出批复;特别重大事故,30 日内作出批复。由于该起事故属于重大事故,因此,负责事故调查的人民政府应当自收到事故调查报告之日起 15 日内作出批复。故选 CE。

5. **AB** [解析] 本题考查的是伤亡事故经济损失计算方法。直接经济损失是指因事故造成人身伤亡及善后处理支出的费用和毁坏财产的价值,包括:①人身伤亡后所支出的费用,医疗费用(含护理费用)、丧葬及抚恤费用、补助及救济费用、歇工工资。②善后处理费用,处理事故的事务性费用、现场抢救费用、清理现场费用、事故罚款和赔偿费用。③财产损失价值,固定资产损失价值、流动资产损失价值。故选 AB。

案例 3

1. **E** [解析] 本题考查的是事故调查。事故按照事故性质的认定划分为自然事故和责任事故。对认定为自然事故(非责任事故或者不可抗拒的事故)的,可不再认定或者追究事故责任人;对认定为责任事故的,要按照责任大小和承担责任的不同,分别认定直接责任者、主要责任者、领导责任者。通过该案例背景可以得知,该起事故属于责任事故。故选 E。

2. **C** [解析] 本题考查的是生产安全事故报告。该起事故造成 1 人死亡,直接经济损失 230 万元,属于一般事故。故选 C。

3. **CDE** [解析] 本题考查的是伤亡事故经济损失计算方法。直接经济损失是指因事故造成人身伤亡及善后处理支出的费用和毁坏财产的价值,包括:①人身伤亡后所支出的费用,医疗费用(含护理费用)、丧葬及抚恤费用、补助及救济费用、歇工工资。②善后处理费用,处理事故的事务性费用、现场抢救费用、清理现场费用、事故罚款和赔偿费用。③财产损失价值,固定资产损失价值、流动资产损失价值。选项 AB 属于间接经济损失。故选 CDE。

4. **AD** [解析] 本题考查的是安全生产责任制的主要内容。生产经营单位的主要负责人对本单位安全生产工作负有下列职责:①建立健全并落实本单位全员安全生产责任制,加强安全生产标准化建设;②组织制定并实施本单位安全生产规章制度和操作规程;③组织制定并实施本单位安全生产教育和培训计划;④保证本单位安全生产投入的有效实施;⑤组织建立并落实安全风险分级管控和隐患排查治理双重预防工作机制,督促、检查本单位的安全生产工作,及时消除生产安全事故隐患;⑥组织制定并实施本单位的生产安全事故应急救援预案;⑦及时、如实报告生产安全事故。选项 BCE 属于安全生产管理人员的安全生产职责。故选 AD。

5. **BD** [解析] 本题考查的是生产安全事故调查与分析。事故调查处理应当严格按照"四不放过"(即事故原因不查清不放过,防范措施不落实不放过,职工群众未受到教育不放过,事故责任者未受到处理不放过)的原则和"科学严谨、依法依规、实事求是、注重实效"的基本要求。故选 BD。

案例 4

1. **A** [解析] 本题考查的是燃烧与火灾。依据《火灾分类》(GB/T 4968),按可燃物的类型及其燃烧特性将火灾分为 6 类如下表所示。故选 A。

火灾类别	概念	示例
A 类火灾	固体物质火灾,这种物质通常具有有机物质	木材、棉、毛、麻、纸张
B 类火灾	液体火灾和可熔化的固体物质火灾	汽油、煤油、柴油、原油、甲醇、乙醇、沥青
C 类火灾	气体火灾	煤气、天然气、甲烷、乙烷、丙烷、氢气
D 类火灾	金属火灾	钾、钠、镁、钛、锆、锂、铝镁合金
E 类火灾	带电火灾,是物体带电燃烧的火灾	发电机、电缆、家用电器
F 类火灾	烹饪器具内烹饪物火灾	动植物油脂

2. **B** [解析] 本题考查的是安全生产费用的使用和管理。非煤矿山开采企业安全生产费用的使用范围包括安全生产检查、评价（不包括新建、改建、扩建项目安全评价）、咨询、标准化建设支出。4.7+78.9+11.5+23.6+14=132.7（万元）。故选B。

3. **ABCE** [解析] 本题考查的是安全生产许可证延期和变更。根据《非煤矿矿山企业安全生产许可证实施办法》的规定，非煤矿矿山企业申请变更安全生产许可证时，应当提交下列文件、资料：变更申请书；安全生产许可证正本和副本；变更后的工商营业执照、采矿许可证复印件及变更说明材料。变更主要负责人的，还应当提交变更后的主要负责人的安全资格证书复印件。故选ABCE。

4. **ACD** [解析] 本题考查的是事故的应急处置。选项B错误，事故发生单位负责人接到事故报告后，应当立即启动事故应急预案，或者采取有效措施，组织抢救，防止事故扩大，减少人员伤亡和财产损失。选项B不属于事故发生后"立即"采取的"措施"。选项E错误，通风巷道对火灾事故的影响要因火灾事故情况而定，大多数的井下火灾灭火措施都可以采用阻隔空气流动。故选ACD。

5. **ABD** [解析] 本题考查的是事故报告的内容。事故调查报告应包括事故发生单位概况、事故发生经过和事故救援情况、事故造成的人员伤亡和直接经济损失、事故发生的原因和事故性质、事故责任的认定以及对事故责任者的处理建议、事故防范和整改措施。故选ABD。

案例5

1. **D** [解析] 本题考查的是生产安全事故报告。该起事故造成1人死亡，直接经济损失约150万元，该事故属于一般事故。故选D。

2. **E** [解析] 本题考查的是安全生产规章制度体系的建立。综合安全管理制度包括：①安全生产管理目标、指标和总体原则；②安全生产责任制；③安全管理定期例行工作制度；④承包与发包工程安全管理制度；⑤安全设施和费用管理制度；⑥重大危险源管理制度；⑦危险物品使用管理制度；⑧消防安全管理制度；⑨安全风险分级管控和隐患排查治理双重预防工作制度；⑩交通安全管理制度；⑪防灾减灾管理制度；⑫事故调查报告处理制度；⑬应急管理制度；⑭安全奖惩制度。故选E。

3. **BCDE** [解析] 本题考查的是事故原因。该起事故的间接原因：①安全生产教育培训制度落实不到位，安全生产教育培训档案不健全；②主要负责人和安全管理人员未能合格通过有关应急管理部门组织的安全生产知识培训考核，部分特种作业人员未能持证上岗；③安全风险分级管控和隐患排查治理双重预防工作制度落实不彻底，未在井式升降机（非特种设备）出货口设置明显的安全警示标志，且未及时发现并排除设备存在的安全隐患；④生产安全事故应急救援预案不完善，组织的定期应急演练流于"形式"。故选BCDE。

4. **DE** [解析] 本题考查的是安全生产教育培训。生产经营单位的主要负责人初次培训的主要内容：①国家安全生产方针、政策和有关安全生产的法律法规、规章及标准；②安全生产管理基本知识、安全生产技术、安全生产专业知识；③重大危险源管理、重大事故防范、应急管理和救援组织以及事故调查处理的有关规定；④职业危害及其预防措施；⑤国内外先进的安全生产管理经验；⑥典型事故和应急救援案例分析；⑦其他需要培训的内容。选项DE属于安全生产管理人员初次培训的主要内容。故选DE。

5. **BDE** [解析] 本题考查的是事故应急预案体系。《生产经营单位生产安全事故应急预案编制导则》（GB/T 29639）规定，生产经营单位的应急预案体系主要由综合应急预案、专项应急预案和现场处置方案构成。故选BDE。

案例6

1. **D** [解析] 本题考查的是安全评价的分类。安全评价按照实施阶段不同分为三类：安全预评价、安全验收评价和安全现状评价。甲污水处理公司应开展的安全评价的类型为安全现状评价。故选D。

2. **C** [解析] 本题考查的是伤亡事故经济损失。直接经济损失指因事故造成人身伤亡及善后处理支出的费用和毁坏财产的价值。该起事故的直接经济损失为300+10+50+52=412（万元）。故选C。

3. **ABE** [解析] 本题考查的是危险有害因素辨识。《生产过程危险和有害因素分类与代码》（GB/T 13861）将生产过程中的危险和有害因素分为四大类，即人的因素、物的因素、环境因素、管理因素。其中，有毒气体属于化学性危险和有害因素，作业场地空气不良、中间检修平台缺陷属于环境因素。故选ABE。

4. ADE　[解析]　本题考查的是有限空间作业的安全措施。在有限空间作业过程中,工贸企业应当采取通风措施,保持空气流通,禁止采用纯氧通风换气。未经通风和检测合格,任何人员不得进入有限空间作业,检测的时间不得早于作业开始前30min。故选ADE。

5. ACDE　[解析]　本题考查的是有限空间作业的安全措施。依据《工贸企业有限空间作业安全管理与监督暂行规定》,在有限空间作业中发生事故后,现场有关人员应当立即报警,禁止盲目施救。应急救援人员实施救援时,应当做好自身防护,佩戴必要的呼吸器具、救援器材。故选ACDE。

案例7

1. C　[解析]　本题考查的是对各类人员的培训。煤矿、非煤矿山、危险化学品、烟花爆竹、金属冶炼等生产经营单位主要负责人和安全生产管理人员接受初次安全培训时间不得少于48学时,每年再培训时间不得少于16学时。由于该企业属于烟花爆竹企业,其生产经营单位主要负责人和安全生产管理人员初次安全培训时间不得少于48学时。故选C。

2. B　[解析]　本题考查的是事故应急预案编制程序。生产经营单位编制应急预案包括成立应急预案编制工作组、资料收集、风险评估、应急资源调查、应急预案编制、桌面推演、应急预案评审、批准实施8个步骤。故选B。

3. AE　[解析]　本题考查的是常用个体防护装备分类。躯干防护用品就是防护服,包括一般防护服、化学品防护服、防酸服、防碱服、防油服、防水服、防放射性服、浸水工作服、防寒服、热防护服、防静电服、无尘服、阻燃防护服等。故选AE。

4. ABD　[解析]　本题考查的是关于《安全生产许可证条例》。国家对矿山企业、建筑施工企业和危险化学品、烟花爆竹、民用爆炸物品生产企业实行安全生产许可制度。企业未取得安全生产许可证的,不得从事生产活动。故选ABD。

5. BCDE　[解析]　本题考查的是事故原因。结合案例背景,该起事故发生的直接原因:装药工吴某未穿防静电服,在装药棚进行双响炮装发射药过程中,直接接触药物,在相对封闭的空气中飘浮有超过规定浓度的药物粉尘,衣服外套带有大量药物粉尘,遇到静电意外释放,引发爆炸。选项BCDE均不属于该起事故的直接原因。故选BCDE。

案例8

1. B　[解析]　本题考查的是职业病危害预防与控制的工作方针与原则。依据《职业病防治法》的规定,建设项目在竣工验收前,建设单位应当进行职业病危害控制效果评价。故选B。

2. A　[解析]　本题考查的是燃烧与火灾。依据《火灾分类》(GB/T 4968),按可燃物的类型及其燃烧特性将火灾分为6类如下表所示。故选A。

火灾类别	概念	示例
A类火灾	固体物质火灾,这种物质通常具有有机物质	木材、棉、毛、麻、纸张
B类火灾	液体火灾和可熔化的固体物质火灾	汽油、煤油、柴油、原油、甲醇、乙醇、沥青
C类火灾	气体火灾	煤气、天然气、甲烷、乙烷、丙烷、氢气
D类火灾	金属火灾	钾、钠、镁、钛、锆、锂、铝镁合金
E类火灾	带电火灾,是物体带电燃烧的火灾	发电机、电缆、家用电器
F类火灾	烹饪器具内烹饪物火灾	动植物油脂

3. ACE　[解析]　本题考查的是危险、有害因素的分类。依据《职业病危害因素分类目录》,该企业木加工车间存在的职业病危害因素有木粉尘、噪声等;油漆喷涂车间存在的职业病危害因素主要为苯,可引起苯中毒。故选ACE。

4. ADE　[解析]　本题考查的是职业病危害控制。工程控制技术措施是指应用工程技术的措施和手段(例如密闭、通风、冷却、隔离等),控制生产工艺过程中产生或存在的职业危害因素的浓度或强度,使作业环境中有害因素的浓度或强度降至国家职业卫生标准容许的范围之内。选项BC属于组织管理等措施。故选ADE。

5. ADE　[解析]　本题考查的是爆炸。粉尘爆炸的条件包括:①粉尘本身具有可燃性;②粉尘虚浮在空气(或助燃气体)中并达到一定浓度;③有足以引起粉尘爆炸的起始能量。分析题中信息,木粉尘具有可燃性,并达到爆炸极限,同时有充足的氧气,且除尘器管道内含尘气体流速过大会产生静电放电火花,提供了点火能量。故应控制可燃气体在管道中的流速。故选ADE。

案例9

1. B [解析] 本题考查的是生产安全事故等级。本次事故共导致6人死亡,直接经济损失1200万元,本次事故属于较大事故。故选B。

2. D [解析] 本题考查的是特种作业操作证的复审。特种作业操作证需要复审的,应当在期满前60日内,由申请人或者申请人的用人单位向原考核发证机关或者从业所在地考核发证机关提出申请,并提交社区或者县级以上医疗机构出具的健康证明、从事特种作业的情况、安全培训考试合格记录。故选D。

3. ABE [解析] 本题考查的是事故上报的时限和部门。选项C错误,应急管理部门和负有安全生产监督管理职责的有关部门逐级上报事故情况,每级上报的时间不得超过2h。选项D错误,刘某接到事故报告后,应当于1h内向发生地县级以上人民政府应急管理部门和负有安全生产监督管理职责的有关部门报告。故选ABE。

4. ABD [解析] 本题考查的是事故上报的时限和部门。选项CE属于直接原因。直接原因包括:①李某违规酒后在办公区燃放样品,违规将军工硝临时存放在旁边生活楼二楼的通道内,为事故发生埋下重大安全隐患;②李某在试放烟花时,烟花效果件在上升过程中遇到生活楼的屋檐和墙体等障碍改变运动轨迹,折射到军工硝的包装箱体上,效果件开爆,引爆军工硝导致事故发生。故选ABD。

5. ABCE [解析] 本题考查的是事故调查。依据《生产安全事故报告和调查处理条例》,事故调查组的组成应当遵循精简、效能的原则。根据事故的具体情况,事故调查组由有关人民政府、应急管理部门、负有安全生产监督管理职责的有关部门、监察机关、公安机关以及工会派人组成,并应当邀请人民检察院派人参加。事故调查组可以聘请有关专家参与调查。故选ABCE。

专题2 主观题专项练习

真题必刷

案例1

1. B公司涂装车间可能存在的事故类别:①机械伤害;②触电;③物体打击;④其他爆炸;⑤火灾;⑥灼烫;⑦中毒与窒息;⑧坍塌;⑨其他伤害。

2. 根据爆炸性气体、蒸汽混合物出现的频繁程度和持续时间将此类危险场所分为:
0区:调漆室、底漆面漆室。
1区:烘干室。
2区:上下件室。
20区:前处理室、流平室。

3. B公司喷涂作业安全操作要求:
①作业前检查设备,如电线接头、喷枪安装、接地线是否良好。
②必须穿戴好防静电服、防毒面具等防护用品。
③保持良好的卫生和通风,必须采用防爆照明灯和防爆风机。
④作业人员上岗前必须接受喷漆作业专业和安全技术培训。
⑤油漆、喷漆场地严禁烟火,配备消防器材。
⑥油漆作业场所10m以内,不准进行电焊、切割机、打磨等明火作业。
⑦需喷漆的工件应放置稳固、摆放整齐。
⑧喷漆时必须先开动通风机,确认风机完好正常方可开始工作。
⑨作业结束后清扫工作场地,存放工器具。

4. B公司存在的重大事故隐患:
①面漆室可燃气体报警器故障,临时把调漆室可燃气体报警器拆下安装到面漆室。
②底漆室和烘干室废气排放系统故障。
③B公司的高压电工甲电工证过期。
④B公司未对污水处理站等有限空间进行辨识并建立台账。
⑤B公司未与C公司签订安全管理协议。

案例2

1. 重大危险源档案应当包括下列文件、资料:
①辨识、分级记录。
②重大危险源基本特征表。
③涉及的所有化学品安全技术说明书。
④区域位置图、平面布置图、工艺流程图和主要设备一览表。
⑤重大危险源安全管理规章制度及安全操作规程。
⑥安全监测监控系统、措施说明、检测检验结果。
⑦重大危险源事故应急预案、评审意见、演练计划和评估报告。
⑧安全评估报告或者安全评价报告。

⑨重大危险源关键装置、重点部位的责任人、责任机构名称。
⑩重大危险源场所安全警示标志的设置情况。
其他文件、资料。

2. 氨制冷车间压力管道安全登记状况属于4级的情形:
①供液管道耐压强度校核不合格。
②排气管道存在未焊透的严重缺陷。
③管道安装位置不符合要求;受条件限制无法调整,对管道安全运行影响较大。
④管道本身原因耐压试验不合格。

3. 酒精装卸和储存过程中存在的安全隐患。
①调用一辆柴油叉车,将货车上的酒精叉运到酒精库内。
②酒精库房内电气线路检修,排风机未能启动。
③为了节省空间,酒精库房内每个堆垛的面积按照 20m² 进行码放,保持垛与墙的距离为 30cm,垛与垛的距离为 50cm。
④甲将单桶重 25kg 的 10 桶过氯乙酸转运至酒精库房内储存。

4. F公司在应急预案编制中存在的问题:
①公司明确由安全管理部员工为编制组成员不妥,预案编制工作组中还应邀请相关救援队伍以及周边相关企业、单位或社区代表参加。
②预案编制小组从同行企业复制了一份类似的应急预案,对单位名称、组织机构、联系方式等要素进行修改不妥,应根据单位的实际情况进行编制。
③修改后由预案编制小组组长直接签发不妥,编制完成后应先进行评审,通过评审的应急预案,由生产经营单位主要负责人签发实施。

5. 新建酒精库房应设置的防爆技术要求:
①组织制订并落实防火防爆安全规章制度和操作规程。
②车间电气设备选用防爆型和防爆电气线路及照明。
③设置防火防爆相关安全标志标识。
④设置排风设施和远程监控及报警装置。
⑤厂房设施设置静电导出装置和防雷接地装置。
⑥正确佩戴和使用个人防护用品及设备。
⑦所有设备设施、金属管件等均设置静电保护接地。
⑧配备足够的灭火器材等应急物资。
⑨制订应急预案,定期组织应急演练。

案例 3

1. 氨制冷系统拆除专项施工方案中的拆除步骤排序:
①对制冷设备和管道内的氨介质进行抽空。
②用惰性气体对制冷设备和管道进行置换。
③拆除制冷系统电气线路和电气设备。
④拆除管道保温层。
⑤拆除制冷设备和管道。
⑥拆除报警及传感系统。
⑦拆除喷淋系统。

2. R施工单位在制冷设备设施拆除前,对作业人员安全培训的主要内容:液氨的危险性;拆除作业过程中的主要危险因素;个体防护用品佩戴要求和使用方法;作业流程和方法;安全使用工具;应急处理方法;同类作业事故案例;A公司的安全管理要求。

3. 临时电气线路穿越厂区主干道时可采用的敷设方式及相关安全要求:
①架空敷设时,架空线应架设在专用电杆或支架上。
②架空敷设,有限高标志,架空线最低点与厂区主干道地面距离不低于 5m。
③穿越道路敷设,有防机械损伤的措施(防护套管等)。
④埋地敷设,有防机械损伤的措施(防护套管等),深度不小于 0.7m。
⑤穿越道路敷设、埋地敷设,应设走向标志和安全标志。

4. A公司新建10kV配电室应采取的防雨雪及防蛇鼠等小动物进入的安全技术措施:门加挡鼠板;电缆沟加盖板;封堵电缆进出孔;窗户和门加遮雨棚;窗户设防护网;通风管道加防护网。

5. 拆除液氨制冷系统作业过程中存在的物理性危险和有害因素:设备、设施、工具、附件缺陷;防护缺陷;电危害;低温物质;噪声;运动物伤害;明火。

案例 4

1. C企业粉尘爆炸危险场所的分区错误的是除尘器风机房、成品库(包装)、中央控制室、机修间、消防泵房。
正确做法:除尘器风机房属于21区;成品库(包装)属于22区;中央控制室、机修间、消防泵房属于非防爆区。

2. 应补充安装的燃烧器安全与控制装置部件有安全切断阀、空气压力监测装置、阀门检漏装置、天然气压力监测装置、燃气高低压保护装置、空气流量调节装置。
3. C企业针对人员作业时在防火防爆方面的要求：
①动火作业应实施作业许可管理。
②进入车间应穿戴防静电工作服、防静电鞋。
③生产区域严禁带入火种。
④维修等作业时应使用铜制或铝制工具。
⑤严禁用压缩空气进行清扫。
4. C企业保障部进行斗式提升机焊接动火作业前应采取的安全措施：
①彻底停机且采取可靠的安全措施。
②现场应配备足够的灭火器材。
③地面用水淋湿，开启所有门窗。
④动火点10m半径范围内应清扫干净，所有的孔、口都应加盖，并用不燃材料进行覆盖。
⑤电焊机漏电保护器控制，保护接地、电源线不能有接头。

案例5

1. 该起事故的直接原因是管道腐蚀导致燃气泄漏，形成的爆炸性气体混合物遇餐饮商户常年通过油烟管道向负一层排出的火星，发生爆炸。
2. 应配备的安全与防护装备有：①防爆照明灯具；②防爆通信器材；③防静电服；④空气呼吸器；⑤气体检测仪；⑥安全帽；⑦安全绳。
3. 燃气泄漏发生后应采取的应急处置措施：
①上报事故，立即启动应急预案。
②关闭有关燃气阀门。
③疏散现场及周边受影响人员。
④查找泄漏点，对泄漏点进行处理。
⑤消除危险区域内火源。
⑥加强通风，监测风向及空气中燃气浓度。
⑦应急人员应佩戴好相应的安全防护装备。
⑧现场设置警戒和警示说明，禁止无关人员入内。
⑨现场外拨打救援电话。
4. E燃气公司在安全管理中存在的问题：
①随意改变燃气管线敷设路径。
②未给检查人员配备相关安全防护装备，未按规定对穿越燃气管线检查。
③接报后，未及时派人去现场进行处置。
④在东侧入口处检测到天然气浓度超过8%却未疏散人员。
⑤未经彻底检查却宣布燃气泄漏事故已得到控制，误导救援工作。

案例6

1. 应设置的安全标志标识：①当心火灾；②当心爆炸；③必须消除人体静电；④必须配备防毒面具；⑤禁止入内。
2. G公司新建叉车充电间应配置的安全设施：①监测报警装置；②静电消除装置；③防爆电气线路及照明；④防爆风机；⑤保护接地及漏电保护；⑥消防器材；⑦护目镜；⑧防酸手套；⑨洗眼设施等。
3. G公司对I建筑公司的安全管理责任：①签订安全协议；②审核有关资质及施工方案；③入场前安全教育；④安全技术交底；⑤现场协调和监督检查。
4. G公司自评中发现的问题所对应的体系一级要素：①教育培训；②目标职责；③现场管理；④制度化管理；⑤安全风险管控及隐患排查治理；⑥应急管理。
5. 液化气气瓶间安全检查表的主要内容：
①警示标志张贴是否正确、齐全。
②气瓶附件是否齐全并检验合格。
③防倾倒装置是否完好。
④空瓶和实瓶是否分开存放。
⑤泄漏报警装置是否与风机联动。
⑥电气防爆是否符合要求。
⑦消防器材配置是否符合要求。
⑧安全管理制度是否健全。
⑨日常检查记录是否齐全。
⑩是否存在地沟暗道。

案例7

1. 拆卸区存在的危险有害因素：车辆伤害；机械伤害；触电；火灾；物体打击；容器爆炸。
2. 发动机试验技术中心氢气瓶间的安全技术要求：①可靠的通风换气装置；②设泄漏报警器；③防爆电气；④防静电装置；⑤配备灭火器材；⑥空瓶和实瓶应分区放置；⑦有防倾倒措施；⑧防震圈、瓶帽等安全附件齐全。
3. 与建筑物接地线作等电位连结的导电体名称：PE线；PN干线；电气装置接地极的接地干线；建筑物金属构件；高、低压电气设备的金属外壳及其金属支架。
4. 对压缩空气罐进行安全检查的要点：
①检查压力容器登记使用证。
②压力容器定期检验报告。
③安全阀、压力表等安全附件检验合格证，作业人员持证上岗。

④排污阀定期排污。
⑤安全阀定期手动起跳试验。
⑥压力容器:压力是否在正常运行范围内。
⑦安全操作规程、现场应急处置方案、运行记录。

案例8

1. (1)防止事故发生措施:
①压力、温度、液位监测与报警装置。
②易燃易爆、有毒有害气体监测报警装置。
③传动机械安全防护装置。
④起重设备安全装置。
⑤输煤皮带运输机的急停装置。
(2)减少事故损失措施:①锅炉和压力容器的安全门、安全阀、防爆膜等;②全厂消防灭火系统。

2. 氨站应急物资柜应配置的应急物资清单:①正压式呼吸器;②防爆应急灯;③安全带;④防毒面具(带过滤氨气滤芯的);⑤安全警示带(警戒线);⑥防化服(防酸碱、防静电);⑦检测报警装置;⑧防爆对讲机;⑨急救包或急救箱;⑩防爆手电筒;⑪灭火器;⑫消防带,消防斧;⑬洗消设施;⑭简易担架;⑮氧气苏生器。

3. 电工乙在甲触电坠落后应采取的应急处置措施:
①电工乙立即上报给本单位安全管理人员及本单位的主要负责人。
②迅速切断设备周边的电源,避免引起二次伤害。
③立即联络周边的人员协助救助受伤人员,同时拨打120报警电话报警并派人到路口等候,接应急救车,赶赴现场急救。
④将受伤人员转移至安全地点,不得在现场实施急救。
⑤如伤者神志不清,且无呼吸及心跳,立即实施心外按压及人工呼吸救治,直至救护车到公司或伤者清醒为止。
⑥事故现场拉设警戒区,非相关人员禁止入内,维护事故现场秩序,保护事故现场和相关证据。

4. 皮带运输机配电间安全检查的主要内容:
①室内外环境是否整洁,物品摆放是否整齐有序,是否无杂物及无关物品是否存放。
②是否有用电安全管理制度,是否有专职电工,电工是否持有效证件上岗。
③检查作业规程、安全措施、责任制度、操作规程等是否齐全,是否有效。
④有无定期检查、维护记录。
⑤有无配电室管理标识牌。

⑥绝缘工具是否齐全、有效。
⑦接线、装量是否完好,电线有无私拉乱接、绝缘破损现象。
⑧开关柜(箱)内电气是否整洁、完好、路线规整,箱内外要有明显的接地线;箱门状态良好。
⑨严查值班室、主控制室、配电室食品和杂物,保证有良好的清洁环境。

案例9

1. 简述制冷车间制冷工艺变更管理的相关安全要求:
①企业应制订变更管理制度。
②变更前应对变更过程及变更后可能产生的安全风险进行分析。
③制定控制措施。
④履行审批及验收程序。
⑤告知和培训相关从业人员。

2. 根据《工贸企业重大事故隐患判定标准》,以上场景中存在的重大隐患及原因:
(1)重大隐患:①未对有限空间进行辨识、建立安全管理台账,并且未设置明显的安全警示标志的;
②未落实有限空间作业审批,或者未执行"先通风、再检测、后作业"要求,或者作业现场未设置监护人员的。
(2)原因:①未设置安全警示标志;②当班班长甲发现故障后,立即安排当班工人乙、丙入池维修。
提示:《工贸企业重大事故隐患判定标准》自2023年5月15日起施行,《工贸行业重大生产安全事故隐患判定标准(2017版)》(安监总管四〔2017〕129号)同时废止。

3. E企业污水处理站维修作业的安全管理要求:
①实行作业审批制度,严禁擅自进入有限空间作业。
②实施作业前,制定有限空间作业方案,并对作业人员进行培训,合格后方可作业。
③作业应当严格遵守"先通风、再检测、后作业"的原则,严禁通风、检测不合格作业。
④设置明显的安全警示标志和警示说明,作业前后清点作业人员和工器具。
⑤作业现场应设置监护人员,同时监护人员不得离开岗位,并与作业人员保持联系。
⑥必须配备个人防中毒窒息等劳动防护用品或设备,设置安全警示标志。
⑦存在交叉作业时,采取避免互相伤害的措施。
⑧对作业场所中的危险有害因素进行定时检测或

者连续监测。
⑨必须制订应急措施，现场配备应急装备，严禁盲目施救。

4. 安全教育培训应包含的主要内容：
①有关作业的安全规章制度及操作规程。
②作业现场和作业过程中可能存在的危险有害因素及所采取的具体风险管控措施。
③个体防护用品及检测仪器的使用方法及使用注意事项。
④紧急情况下的应急处置措施，事故的预防、避险、逃生、自救、互救等知识。
⑤会同作业单位组织作业人员到作业现场，了解和熟悉现场环境，进一步核实安全措施的可靠性，熟悉应急救援器材的位置及分布。
⑥相关事故案例和经验、教训。
⑦其他需要培训的内容。

案例 10

1. （1）应急预案编制过程中存在的问题：
①安环部部长任组长。
②应急预案编制并由组长签发。
（2）编制程序：成立应急预案编制工作组、资料收集、风险评估、应急资源调查、应急预案编制、桌面推演、应急预案评审和批准实施。

2. 完工后的安全要求：
①高处作业完工后，作业现场清扫干净，作业用的工具、拆卸下的物件及余料和废料应清理运走。
②脚手架、防护棚拆除时，应设警戒区，并派专人监护。拆除脚手架、防护棚时不得上部和下部同时施工。
③高处作业完工后，临时用电的线路应由具有特种作业操作证书的电工拆除。
④高处作业完工后，作业人员要安全撤离现场，验收人在《作业证》上签字。

3. 检维修方案应包含作业安全风险分析、控制措施、应急处置措施及安全验收标准。

4. 危险有害因素：①中毒和窒息；②其他爆炸；③火灾；④触电；⑤物体打击；⑥高处坠落；⑦机械伤害；⑧其他伤害。

5. 进行维修作业应佩戴的劳动防护用品及其作用：
①安全帽，防止砸伤；②防尘口罩，防止粉尘；③安全带，预防高处坠落；④空气呼吸器，应急救护；⑤防静电工作服，防止静电；⑥防静电鞋，防止静电；⑦防静电手套，防止静电。

模拟必刷

案例 1

1. 此次事故的类别是起重伤害。
   理由：起重伤害是指各种起重作业（包括起重机安装、检修、试验）中发生的挤压、坠落、物体（吊具、吊重物）打击等。该起事故就是塔式起重机在安装过程中由于违章操作导致塔身倾倒酿成的事故，所以是起重伤害。

2. E公司安全生产管理人员应履行的安全生产职责：
①组织或者参与拟订本单位安全生产规章制度、操作规程和生产安全事故应急救援预案。
②组织或者参与本单位安全生产教育和培训，如实记录安全生产教育和培训情况。
③组织开展危险源辨识和评估，督促落实本单位重大危险源的安全管理措施。
④组织或者参与本单位应急救援演练。
⑤检查本单位的安全生产状况，及时排查生产安全事故隐患，提出改进安全生产管理的建议。
⑥制止和纠正违章指挥、强令冒险作业、违反操作规程的行为。
⑦督促落实本单位安全生产整改措施。

3. 本次事故暴露出的现场安全管理问题：
①起重机械的安装和拆卸由不具有相应资质的单位承担。
②没有制订具有针对性的施工组织方案和安全技术措施。
③施工中没有派（专门）专业技术人员监督。
④在作业环境不良的条件下违章指挥、强令冒险作业。
⑤临时工未经培训上岗，特种专业人员未持证上岗。
⑥相关方管理混乱，存在着非法分包、转包的现象。

4. 为防止此类事故发生应采取的安全措施：
①设置安全生产管理机构，配备专职安全生产管理人员；建立健全安全生产责任制。
②管理机构严格审核相关单位的资质和条件。
③加强对起重设备的安装、使用、维修管理，杜绝违章指挥、违章作业。
④制订有针对性的安全施工方案和安全措施。

案例 2

1. 抽水作业现场存在的危险因素：

①淹溺;②触电;③火灾;④其他爆炸;⑤中毒与窒息;⑥其他伤害。

2. 该起事故中作业现场存在的违章行为:
①未对作业进行风险辨识。
②未制订具体作业方案。
③爆炸危险场所违规,使用刀闸式开关和明接线。
④违章提拉电缆,将潜水泵从隔油池中往上提,未拉下刀闸式开关。

3. (1)直接原因:违章提拉电缆,将潜水泵从隔油池中往上提,未拉下刀闸式开关,导致电缆与潜水泵连接线松动脱落,形成电火花,引爆隔油池中的混合气体,爆炸引起大火。
间接原因:
①未对作业进行风险辨识。
②未制订具体作业方案。
③员工安全意识淡薄。
④作业现场安全管理混乱。
⑤安全检查发现刀闸式开关和明接线等隐患没有及时整改。
⑥安全培训不到位等。
(2)预防措施包括:
①对危险作业进行风险辨识,并制订具体作业方案。
②落实安全生产责任制,严格规范执行操作规程,杜绝违章指挥、违章作业。
③加强职工安全教育培训,提高员工安全意识。
④加强现场监督和检查,发现隐患要及时整改。
⑤建立完善企业应急预案。

4. 抽水作业安全培训的内容:
①作业岗位安全风险辨识及作业方案。
②岗位安全职责,安全操作规程。
③用电安全知识及安全注意事项。
④安全设施、个人防护用品的使用和维护。
⑤自救、互救方法及疏散和紧急情况的应急处理。
⑥有关事故案例。

案例3

1. (1)防止爆炸的一般原则:
①控制混合气体中的可燃物含量处在爆炸极限以外。
②使用惰性气体取代空气。
③使氧气浓度处于其极限值以下。
(2)防止爆炸的措施:
①防止可燃气体向空气中泄漏,或防止空气进入可燃气体中。
②控制、监视混合气体各组分浓度。
③装设报警装置和设施。
④创造良好的通风条件。
⑤以不燃溶剂代替可燃溶剂。
⑥充入惰性气体保护。

2. (1)直接经济损失:设备设施等固定资产损失2400万元;建筑物损坏及修复费用612万元;清理现场费用231万元;事故罚款350万元;受伤人员医疗费用650万元;丧葬抚恤金1600万元;员工歇工工资360万元,合计6203万元。
(2)间接经济损失:事故造成环境污染处置费用98万元;补充新员工培训费用9万元;停产损失800万元;合计907万元。

3. 安全生产管理人员的主要职责:
①组织或者参与拟订本单位安全生产规章制度、操作规程和生产安全事故应急救援预案。
②组织或者参与本单位安全生产教育和培训,如实记录安全生产教育和培训情况。
③组织开展危险源辨识和评估,督促落实本单位重大危险源的安全管理措施。
④组织或者参与本单位应急救援演练。
⑤检查本单位的安全生产状况,及时排查生产安全事故隐患,提出改进安全生产管理的建议。
⑥制止和纠正违章指挥、强令冒险作业、违反操作规程的行为。
⑦督促落实本单位安全生产整改措施。

4. 该空分厂防止此次事故再次发生的安全管理措施:
①落实安全生产责任制。
②完善现场操作规程。
③健全现场安全生产规章制度。
④加强员工培训,提高对危险有害因素的辨识能力。
⑤完善应急预案,加强演练。
⑥加强作业现场的安全监督检查。

案例4

1. 千人重伤率 = 重伤人数/从业人员数 × 1000 = (2/2000) × 1000 = 1。
百万工时死亡率 = 死亡人数/实际总工时 × 10^6 = [1/(2000×8×250)] × 10^6 = 0.25。

2. 该起事故的间接原因为:
①教育培训不够。相关人员未经培训,缺乏或不懂

相关安全技术知识。
②劳动组织不合理(在加油时,没有领导干部在现场指挥)。
③对现场缺乏检查和指导。
④没有安全操作规程或不健全。
⑤规章制度不完善或未落实。
⑥没有或不认真实施事故防灾指导。

3. 加油作业现场存在的主要危险有害因素:①火灾;②容器爆炸;③车辆伤害;④触电;⑤物体打击;⑥高处坠落;⑦灼烫;⑧其他伤害。

4. 防止此类事故再次发生应采取的安全技术措施:
①限制物料运动速度。
②静电接地。
③作业人员应穿防静电工作服和防静电工作鞋袜。

比较项目	特别重大事故	重大事故	较大事故	一般事故
死亡 x/人	$x \geq 30$	$10 \leq x < 30$	$3 \leq x < 10$	$x < 3$
重伤 y/人(包括急性工业中毒)	$y \geq 100$	$50 \leq y < 100$	$10 \leq y < 50$	$y < 10$
直接经济损失 z/万元	$z \geq 10000$	$5000 \leq z < 10000$	$1000 \leq z < 5000$	$z < 1000$

3. 为预防此类事故再次发生,该企业可采取的安全技术措施:
①布袋除尘系统采用防静电过滤材料。
②除尘仓采用隔爆防爆设计。
③增加除尘器布袋清洁频次。

4. 生产经营单位主要负责人的安全生产职责:
①建立健全并落实本单位全员安全生产责任制,加强安全生产标准化建设。
②组织制订并实施本单位安全生产规章制度和操作规程。
③组织制订并实施本单位安全生产教育和培训计划。
④保证本单位安全生产投入的有效实施。
⑤组织建立并落实安全风险分级管控和隐患排查治理双重预防工作机制,督促、检查本单位的安全生产工作,及时消除生产安全事故隐患。
⑥组织制订并实施本单位的生产安全事故应急救援预案。
⑦及时、如实报告生产安全事故。

案例6

1. (1)L印刷企业的特种设备:燃气锅炉1台、5t桥式起重机8台、叉车15辆、氧气瓶、乙炔瓶。

④现场安装火灾监测报警装置。
⑤现场使用安全电压工具。

案例5

1. 型材加工车间存在的危险有害因素类型:①火灾;②灼烫;③其他爆炸;④车辆伤害;⑤起重伤害;⑥机械伤害;⑦物体打击;⑧高处坠落;⑨其他伤害;⑩触电。

2. 该事故属于较大事故。
理由:根据生产安全事故造成的人员伤亡或者直接经济损失,事故分级如下表所示。道路交通事故、火灾事故自发生之日起7日内,事故造成的伤亡人数发生变化的,应当及时补报。背景资料中:"重伤人员在受伤第6天后经抢救无效死亡"。此次事故共造成3(2+1)人死亡,属于较大事故。

(2)特种作业:电工作业、焊接与热切割作业、高处作业、危险化学品安全作业。

2. L印刷企业应取得的安全检测报告的类别包括:
①特种设备检测检验报告。
②起重设备检测报告。
③压力容器设备检测报告。
④消防设施检测报告。
⑤职业病危害因素检测报告。
⑥安全设备和安全装置检测报告,如防雷装置检测和接地装置检测等。

3. L印刷企业内必须使用防爆电器的场所:原料库、化工库、油墨调配车间、废料库、柴油罐区、变配电站、柴油发电机房、燃气锅炉房。

4. L印刷企业废料库房坍塌隐患治理方案应当包括:
①治理的目标和任务;②采取的方法和措施;③经费和物资的落实;④负责治理的机构和人员;⑤治理的时限和要求;⑥安全措施和应急预案。

案例7

1. 第一起爆点的可能点火源是液压破碎锤在击打水泥盖板时出现的火花。港海下水道内参与爆炸的物质是原油。

2. 此次事故在应急响应和应急处置方面存在以下

问题：
①H 分公司发现原油泄漏后没有立即停止输送原油。
②事故上报时未向当地消防部门、环保部门和公安部门报告。
③在实施抢修管道时，没有对周边人员进行疏散。
④现场抢险人员没有佩戴防化服和空气呼吸器。
⑤H 分公司发现原油泄漏后未及时上报。
⑥没有使用防爆工具。
⑦事故发生后主要负责人未到现场组织实施抢救。

3. 此次事故事后处置应开展以下工作：
①该原油输送管道立即停止输送原油。
②向消防部门、环保部门、公安部门、安监部门报告。
③疏散受影响区域附近所有人员，向上风向转移，防止吸入、接触有毒气体。
④按照应急预案，组织机构到位，成立现场应急指挥小组。
⑤抢修人员应佩戴好防护服和空气呼吸器，采用防爆工具等进行堵漏处理。
⑥泄漏的油污，可用吸附材料收集和吸附。
⑦事故现场恢复。
注意事项：处置过程中，杜绝一切明火；现场处置人员穿防静电工作服；使用不产生火花的防爆工具或设备设施；修复完毕后，清理现场油污。

4. M 集团公司为确保Ⅱ号管道正常运行应采取的安全措施主要有：
①落实企业安全生产责任制，明确职责。
②建立健全企业全员隐患排查治理制度，施行闭环管理。
③提高输油气管道防腐技术，防止管道腐蚀产生的原油泄漏。
④加强隐患排查，严格定期检测，确保管道运行安全。
⑤进一步加强集团公司全体员工的安全教育培训。
⑥增加安全投入，建立健全职业危害防治系统。
⑦制订并完善应急预案，定期组织演练。

案例 8

1. N 厂原料、中间产品、产品中的火灾爆炸物质及理由：
①燃煤——易燃（自燃）物质，易发生火灾。
②柴油——易燃液体，易发生火灾。
③煤气——易燃气体，易发生火灾。
④氧化铝、灰渣——过热遇水易发生物理性爆炸。
⑤液氨——泄漏后氨气易发生爆炸。
⑥硫酸铵、硫酸——强氧化性物质。

2. 上述场景中的特种设备：
①电梯——主办公楼 2 部。
②锅炉——130t/h 燃煤锅炉 3 台。
③压力管道——蒸汽管道、工艺物料输送管道、热力管网。
④压力容器——储气容器、熔盐加热工艺。
⑤场内机动车——工艺间物料输送使用的机动车辆。

3. N 厂热力工程系统中的危险因素及其存在的单元：
①火灾——堆煤场、油泵房、点火泵房、熔盐加热站等。
②其他爆炸——除灰系统（粉尘爆炸）、热力管网（管道爆炸）。
③坍塌——堆煤场。
④高处坠落——主厂房系统及设备等检修。
⑤淹溺——除盐水站。
⑥触电——各种电气设备。
⑦机械伤害——系统中使用的各种机械。
⑧中毒和窒息——氨法脱硫系统、热力管网气体。
⑨车辆伤害——机动车辆。
⑩灼烫——熔盐加热站、热力管网等。
⑪其他伤害——摔伤、崴脚。

4. 重大事故隐患Ⅰ、Ⅱ均由 N 厂整改。
理由：
①生产经营单位是本单位事故隐患排查、整改、防控的主体。
②生产经营单位主要负责人负责监督、检查本单位安全生产工作，及时消除本单位事故隐患。
③生产经营单位主要负责人组织制订并实施本单位重大事故隐患治理方案。
④生产经营单位对承包方、承租方的隐患排查负有统一协调、管理的职责。

5. 整改措施包括：
①加强员工教育培训，增强安全意识。
②建立健全安全生产责任制，并保证落实。
③建立健全隐患的排查、治理、复查、举报等隐患排查制度。
④加强安全生产投入，建立隐患排查专项资金使用制度。
⑤加强相关方管理，签订安全生产管理协议，明确

各方安全生产职责。
⑥对重大事故隐患要制订隐患方案,落实隐患整改措施,整改完毕后,应对整改情况进行评估。

案例9

1. 2011年度千人重伤率=重伤人数/平均职工人数×10^3=(1/780)×10^3=1.28。
   2011年度百万工时伤害率=伤害人数/实际总工时×10^6=[3/(780×250×8)]×10^6=1.92。

2. P公司主要设备中的特种设备:蒸汽锅炉;叉车;电梯;热力、制冷管网(压力容器、压力管道)。

3. P公司生产工艺中的职业病危害因素:①噪声——锅炉房;②振动——冷却器风机等;③粉尘——食品添加剂;④低温——冷库;⑤高温——蒸制;⑥中毒——天然气、液氨等。

4. L劳务公司派遣人员违章事故的事故责任主体是P公司。
   理由:按照《劳动合同法》的有关规定,P公司是用人单位。劳务派遣单位派遣劳动者应当与接受以劳务派遣形式用工的单位(用工单位)订立劳务派遣协议,用工单位应当对劳务派遣人员提供安全教育培训,并配发劳动防护用品,用人单位应对劳务派遣人员在作业时的安全负责。

5. P公司安全生产规章制度中属于综合安全管理的规章制度:①安全生产管理目标、指标和总体原则;②安全生产责任制;③安全管理定期例行工作制度;④承包与发包工程安全管理制度;⑤安全设施和费用管理制度;⑥重大危险源管理制度;⑦危险物品使用管理制度;⑧消防安全管理制度;⑨安全风险分级管控和隐患排查治理双重预防工作制度;⑩事故调查报告处理制度;⑪应急管理制度;⑫安全奖惩制度;⑬交通安全管理制度;⑭防灾减灾管理制度。

案例10

1. 液氨车间可能存在的危险有害因素及致因物如下:
   ①其他爆炸——液氨或氨气泄漏。
   ②火灾——液氨或氨气泄漏。
   ③触电——该车间制冷压缩机等设备及辅助工具的用电。
   ④中毒和窒息——液氨或氨气泄漏。
   ⑤其他伤害——该车间存在制冷剂,存在冷冻伤害;人员在该车间发生的跌、打、扭等伤害。
   ⑥机械伤害——该车间设置的制冷压缩机等设备。
   ⑦物体打击——该车间存在的制冷压缩机辅助工具。

2. 液氨车间可能发生的爆炸形式:①液氨或氨气爆炸;②压缩机爆炸;③输送液氨介质的管道爆炸;④液氨容器爆炸。

3. 液氨车间发生泄漏事故时应采取的应急措施与对策:
   ①关闭全部涉有液氨介质的管道阀门。
   ②采用有效溶剂(水)稀释液氨介质。
   ③迅速将该区域内所有人员转移至安全区域。
   ④及时如实向上级及有关部门报告。
   ⑤现场及发现事故情况的有关人员应立即通知医院做好抢救伤员的准备工作。
   ⑥维护好现场的安全秩序。

4. 该企业在安全生产方面存在的问题:
   ①综合厂房安全出口长期处于锁闭状态。
   ②液氨车间的电气设备均不属于防爆电气设备。
   ③该企业设置的消防设施设备未按规定进行消防检测与维护保养。
   ④该企业未能有效地制订应急救援预案。
   ⑤该企业未组织员工进行安全培训和应急演练。

5. (1)根据安全生产法,该企业需要设置安全生产管理机构或者配备专职安全生产管理人员。
   (2)理由:矿山、金属冶炼、建筑施工、运输单位和危险物品的生产、经营、储存、装卸单位,应当设置安全生产管理机构或者配备专职安全生产管理人员。上述规定以外的其他生产经营单位,从业人员超过100人的,应当设置安全生产管理机构或者配备专职安全生产管理人员;从业人员在100人以下的,应当配备专职或者兼职的安全生产管理人员。由于案例中的企业是肉类加工企业,属于其他生产经营单位,该企业有员工160人,从业人员超过100人,应当设置安全生产管理机构或者配备专职安全生产管理人员。

案例11

1. 此次未遂事故报告的内容:
   ①事故发生单位概况。
   ②事故发生的时间、地点以及事故现场情况。
   ③事故的简要经过。
   ④事故已经造成或者可能造成的伤亡人数(包括下落不明的人数)和初步估计的直接经济损失。
   ⑤已经采取的措施。
   ⑥其他应当报告的情况。

2. 主要的特种设备包括进出油输送管道、起重机、电梯、叉车、燃气锅炉、二氧化碳钢瓶和磷化氢钢瓶、氨气钢瓶。

3. 装卸作业职业危害控制的措施：
①采用新技术、新设备、完善防护设施。
②强化员工安全意识，定期进行健康检查。
③改善作业条件，加强作业现场管理。
④做好防尘降尘工作。
⑤建立健全职业危害预防控制规章制度。

4. 粉尘爆炸隐患治理方案包括以下内容：①治理的目标和任务；②采取的方法和措施；③经费和物资的落实；④负责治理的机构和人员；⑤治理的时限和要求；⑥安全措施和应急预案。

5. 公司主要负责人的安全生产职责有：
①建立健全并落实本单位全员安全生产责任制，加强安全生产标准化建设。
②组织制订并实施本单位安全生产规章制度和操作规程。
③组织制订并实施本单位安全生产教育和培训计划。
④保证本单位安全生产投入的有效实施。
⑤组织建立并落实安全风险分级管控和隐患排查治理双重预防工作机制，督促、检查本单位的安全生产工作，及时消除生产安全事故隐患。
⑥组织制订并实施本单位的生产安全事故应急救援预案。
⑦及时、如实报告生产安全事故。

案例 12

1. （1）焦某不能被认定为工伤。
   （2）理由：《工伤保险条例》规定，职工有下列情形之一的，不得认定为工伤或者视同工伤：
   ①因犯罪或者违反治安管理伤亡的。
   ②醉酒导致伤亡的。
   ③自残或者自杀的。
   结合案例背景可以得知，员工焦某在事故发生时（工作期间），处于醉酒状态，不符合有关工伤法律法规的规定。因此，焦某不能被认定为工伤。

2. （1）直接原因：员工焦某在醉酒状态下，误将加热后的异构烷烃混合物倒入塑料桶，因静电放电引起可燃蒸汽起火并蔓延成火灾。
   （2）间接原因：
   ①安全生产主体责任未能落实。
   ②安全生产规章制度形同虚设。
   ③未组织员工进行安全生产教育培训。
   ④事故应急预案尚未完善。
   ⑤公司全员应急演练不充分。
   ⑥属地方政府和相关负有安全生产监督管理职责的部门监管职责落实不到位。

3. （1）该起事故属于重大事故。
   （2）理由：根据生产安全事故造成的人员伤亡或者直接经济损失，事故分级如下表所示。结合案例背景，该起事故共造成 8 人死亡、53 人重伤，直接经济损失约 2600 万元，故该起事故属于重大事故。

比较项目	特别重大事故	重大事故	较大事故	一般事故
死亡 x/人	$x \geq 30$	$10 \leq x < 30$	$3 \leq x < 10$	$x < 3$
重伤 y/人（包括急性工业中毒）	$y \geq 100$	$50 \leq y < 100$	$10 \leq y < 50$	$y < 10$
直接经济损失 z/万元	$z \geq 10000$	$5000 \leq z < 10000$	$1000 \leq z < 5000$	$z < 1000$

4. 编制火灾事故应急预案的主要内容：①火灾事故风险分析；②应急指挥机构及职责；③火灾事故处置程序；④火灾事故处置措施。

5. 事故上报的主要内容：
①事故发生单位概况。
②事故发生的时间、地点以及事故现场情况。
③事故的简要经过。
④事故已经造成或者可能造成的伤亡人数（包括下落不明的人数）和初步估计的直接经济损失。
⑤已经采取的措施。
⑥其他应当报告的情况。

案例 13

1. 304 地铁车站土方开挖及基础施工阶段的主要危险有害因素有：车辆伤害；机械伤害；起重伤害；高处坠落；物体打击；淹溺；触电；坍塌。

2. K 建筑公司对 I 公司进行安全生产管理的主要内容包括：
①签订安全生产管理协议。
②负责建立对 I 公司包括评价、选择和管理等全过程的分包管理制度和管理台账并加以实施。

③负责 I 公司的资质审核以及专业技术能力的审查。
④负责组织、实施和监督对 I 公司作业人员的安全教育。
⑤负责对作业现场的监督和管理。

3. 第3标段的安全评价报告中应提出的安全对策措施包括：
①施工过程中工人应该佩戴好安全帽防止物体打击和重物坠落伤害；作业过程中工人涉及登高作业的应该系好安全带，高挂低用，安全带完好无破损。
②采用的金属切削工具和木工机械防护罩完好，接地良好。
③木工作业现场划分防火区域，采用吸尘设备，并在现场根据《建筑灭火器配置设计规范》(GB 50140)配备灭火器。
④使用起重机械、挖掘机和运输车辆人员应取得特种作业操作证并持证上岗，使用的特种设备应状况良好，经过定期检验合格后方可进入现场使用。
⑤固定及临时电气线路及用电设备接线规范，接地良好，根据使用用途及场所使用特定电压，并加装漏电保护器。
⑥作业过程中水下穿越工程时有坍塌、淹溺的危险，开凿隧道时要固定好支撑顶网和锚杆，防止冒顶和坍塌。对隧道和河道采取监控手段并进行联锁声光报警，当发生隧道顶端出现裂纹、渗水等危险情况时，人员应立即撤离。
⑦振动设备应进行降噪处理，设备固定螺栓加装垫片，工作人员配发耳塞。
⑧可能情况下采用湿式作业，降低粉尘，并配发防尘口罩或面罩。
⑨开凿隧道时要对隧道内的含氧量和有毒气体、易燃易爆气体进行检测。各项指标合格后，在专人监护的情况下，方可作业。作业过程应进行机械通风。
⑩照明设施良好，不影响作业人员作业。
⑪根据危险有害因素分析评价结果制定专项应急预案，配备应急器材和应急人员。

4. I 公司项目经理甲应履行的安全生产责任有：
①建立健全并落实本单位全员安全生产责任制，加强安全生产标准化建设。
②组织制订并实施本单位安全生产规章制度和操作规程。
③组织制订并实施本单位安全生产教育和培训计划。
④保证本单位安全生产投入的有效实施。
⑤组织建立并落实安全风险分级管控和隐患排查治理双重预防工作机制，督促、检查本单位的安全生产工作，及时消除生产安全事故隐患。
⑥组织制订并实施本单位的生产安全事故应急救援预案。
⑦及时、如实报告生产安全事故。

5. 304地铁车站工程中需要编制安全专项施工方案的分项工程包括：①基坑支护、降水工程；②土方开挖工程；③模板工程及支撑体系；④起重吊装及安装拆卸工程；⑤脚手架工程；⑥拆除、爆破工程。

案例 14

1. 特种设备有叉车、货用电梯、压力管道。

2. 检维修方案应包含：①作业安全风险分析；②控制措施；③应急处置措施；④安全验收标准。

3. (1)直接经济损失：①医疗护理费16万元；②丧葬抚恤费310万元；③作业人员歇工工资3万元；④事故罚款8万元；⑤仓库建筑物与仓库存放物品被烧毁损失费130万元；⑥清理现场费用1万元；⑦现场抢救费用2万元。
(2)间接经济损失：①停工损失费11万元；②新员工的技术安全培训费2万元。

4. 该起事故的直接原因：位于仓库西起第二列、南起第三排立柱处，现场施工人员使用液化丙烷、氧气进行气割动火作业，引燃周边可燃物，形成火灾。

5. 动火作业许可证管理的主要内容：
①动火作业应办理动火作业许可证(以下简称"动火证")，实行一个动火点、一张动火证的动火作业管理，不得随意涂改和转让动火证，不得异地使用或扩大使用范围。
②特级动火、一级动火、二级动火的动火证应以明显标记加以区分。
③特级动火作业的动火证由主管领导审批，一级动火作业的动火证由安全管理部门审批，二级动火作业的动火证由动火点所在车间审批。
④特级动火作业和一级动火作业的动火证有效期不超过8h；二级动火作业的动火证有效期不超过72h；每日动火前应进行动火分析。
⑤动火作业超过有效期限，应重新办理动火证。

案例 15

1. 该酒厂储酒池可能存在的危险有害因素有：机械伤害；物体打击；触电；火灾；中毒和窒息；其他伤害。

2. (1)直接原因:储酒池内二氧化碳含量高氧气含量少,三人缺氧窒息死亡。
(2)间接原因:
①作业前未对储酒池进行通风和检测。
②从业人员的安全意识薄弱。
③通风设施不完善,没有对进入有限空间作业的员工配备气体检测报警仪等劳动防护用品和器材。
④储酒池未设置强制通风风机。

3. 专项培训内容包括:
①有限空间作业的安全规章制度。
②作业现场和作业过程中可能存在的危险、有害因素及应采取的具体安全措施,例如中毒窒息。
③作业过程中所使用的呼吸器的使用方法及使用注意事项。
④发生窒息中毒事故的预防、避险、逃生、自救、互救等知识。
⑤相关事故案例和经验、教训。

4. 有限空间作业过程检测与通风要求:
①有限空间作业应当严格遵守"先通风、再检测、后作业"的原则。
②检测人员进行检测时,应当记录检测的时间、地点、气体种类、浓度等信息。检测记录经检测人员签字后存档。检测人员应当采取相应的安全防护措施,防止中毒窒息等事故发生。
③在有限空间作业过程中,工贸企业应当采取通风措施,保持空气流通,禁止采用纯氧通风换气。
④发现通风设备停止运转、有限空间内氧含量浓度低于或者有毒有害气体浓度高于国家标准或者行业标准规定的限值时,工贸企业必须立即停止有限空间作业,清点作业人员,撤离作业现场。
⑤在有限空间作业过程中,工贸企业应当对作业场所中的危险有害因素进行定时检测或者连续监测。作业中断超过30min,作业人员再次进入有限空间作业前,应当重新通风、检测合格后方可进入。

案例 16

1. 对受限空间作业前进行清洗或置换的检测指标有:
①含氧指数;②有毒气体(物质)浓度;③可燃气体浓度。

2. 作业人员在缺氧或有毒、易燃易爆的受限空间的防护措施有:
①缺氧或有毒的受限空间经清洗或置换仍达不到规范要求的,应佩戴隔绝式呼吸器,必要时应拴救生绳。
②易燃易爆的受限空间经清洗或置换仍达不到规范要求的,应穿防静电工作服及防静电工作鞋,使用防爆型低压灯具及防爆工具。

3. (1)受限空间内照明及用电安全方面的要求:
①受限空间照明电压应小于或等于36V,在潮湿容器、狭小容器内作业电压应小于或等于12V。
②在潮湿容器中,作业人员应站在绝缘板上,同时保证金属容器接地可靠。
(2)受限空间内作业监护的注意事项:
①在受限空间外应设有专人监护,作业期间监护人员不应离开。
②在风险较大的受限空间作业时,应增设监护人员,并随时与受限空间内作业人员保持联络。

4. 根据案例描述,廖某是A公司的安全生产第一责任人,应对安全生产工作全面负责。廖某的安全生产职责的主要内容有:
①建立健全并落实本单位全员安全生产责任制,加强安全生产标准化建设。
②组织制订并实施本单位安全生产规章制度和操作规程。
③组织制订并实施本单位安全生产教育和培训计划。
④保证本单位安全生产投入的有效实施。
⑤组织建立并落实安全风险分级管控和隐患排查治理双重预防工作机制,督促、检查本单位的安全生产工作,及时消除生产安全事故隐患。
⑥组织制订并实施本单位的生产安全事故应急救援预案。
⑦及时、如实报告生产安全事故。

5. (1)直接原因:A公司工人张某在受限空间(外加剂储罐)作业时违反操作规程,在有害气体环境下,没有佩戴任何安全防护装备的情况下进入储罐作业,导致有害气体中毒晕倒溺亡。
(2)间接原因:
①A公司安全生产规章制度及教育培训落实不到位,导致工人的安全意识淡薄,违反操作规程。
②A公司安全生产管理职责落实不到位。
③B公司对承包单位安全生产工作未能统一协调与管理。

案例 17

1. (1)总经理黄某是该企业安全生产的第一责任人。
(2)理由:生产经营单位主要负责人是本单位安全生产的第一责任人,对安全生产工作全面负责。案例背景中,总经理黄某全面负责该企业安全生产与综合管理工作,这说明黄某是该企业安全生产的第一责任人。

2. 案例背景中,副厂长朱某负责该企业安全生产的日常管理工作,这说明副厂长朱某是专职安全生产分管负责人,协助本单位主要负责人履行安全生产管理职责。他的安全生产职责如下:
①组织或者参与拟订本单位安全生产规章制度、操作规程和生产安全事故应急救援预案。
②组织或者参与本单位安全生产教育和培训,如实记录安全生产教育和培训情况。
③组织开展危险源辨识和评估,督促落实本单位重大危险源的安全管理措施。
④组织或者参与本单位应急救援演练。
⑤检查本单位的安全生产状况,及时排查生产安全事故隐患,提出改进安全生产管理的建议。
⑥制止和纠正违章指挥、强令冒险作业、违反操作规程的行为。
⑦督促落实本单位安全生产整改措施。

3. 转炉汽包检维修方案的主要内容:
①转炉汽包检维修作业安全风险分析。
②转炉汽包检维修的安全风险控制措施。
③转炉汽包检维修的应急处置措施。
④转炉汽包检维修作业安全验收标准。

4. "5S"安全管理法又称为"五常法则"或"五常法",是指对生产现场的各种要素进行合理配置和优化组合的动态过程,即令所使用的人、财、物等资源处于良好的、平衡的状态。"5S"工作的主要内容:整理、整顿、清扫、清洁、素养。其中,素养是"5S"的核心。

5. (1)直接原因:
①死者李某未经审批确认安全保障措施的情况下冒险进入转炉工段3号汽包内作业,导致其窒息死亡。
②死者王某未确认施救环境安全保障措施的情况下,盲目施救,施救时其身体堵住3号汽包人孔且难以进退,造成局部含氧量下降,导致其窒息死亡。
(2)间接原因:
①该企业对精炼厂检修期间进入有限空间作业监管不到位。
②员工安全培训教育缺乏实效性,员工安全防范意识薄弱。
③有限空间突发事故应急演练针对性不够,应急处

置措施不完善。

案例 18

1. (1)该事故背景中涉及的特种作业为高处作业。
(2)从事特种作业的人员应当具备的条件:
①年满18周岁,且不超过国家法定退休年龄。
②经社区或者县级以上医疗机构体检健康合格,并无妨碍从事相应特种作业的器质性心脏病、癫痫病、美尼尔氏症、眩晕症、癔病、震颤麻痹症、精神病、痴呆症以及其他疾病和生理缺陷。
③具有初中及以上文化程度。
④具备必要的安全技术知识与技能。
⑤相应特种作业规定的其他条件。

2. 从业人员车间级岗前安全教育培训内容包括:
①工作环境及危险因素。
②所从事工种可能遭受的职业伤害和伤亡事故。
③所从事工种的安全职责、操作技能及强制性标准。
④自救互救、急救方法、疏散和现场紧急情况的处理。
⑤安全设备设施、个人防护用品的使用和维护。
⑥本车间(工段、区、队)安全生产状况及规章制度。
⑦预防事故和职业危害的措施及应注意的安全事项。
⑧有关事故案例。
⑨其他需要培训的内容。

3. (1)未为从业人员缴纳工伤保险费属于资金投入责任主体责任未落实。
(2)安全生产主体责任的主要内容:
①设备设施(或物质)保障责任。
②资金投入责任。
③机构设置和人员配备责任。
④规章制度制定责任。
⑤安全教育培训责任。
⑥安全生产管理责任。
⑦事故报告和应急救援责任。
⑧法律法规、规章规定的其他安全生产责任。

4. "十不吊"包括:①超载不吊;②6级以上强风不吊;③散装物装得太满或捆扎不牢不吊;④安全装置失灵不吊;⑤吊物上站人不吊;⑥斜吊不吊;⑦指挥信号不明不吊;⑧埋在地下的构件不吊;⑨光线阴暗看不清物不吊;⑩吊物边缘无防护措施不吊。

案例 19

1. (1)直接原因:值班员刘某违规进入高压开关柜,遭

受 6kV 高压电击。
(2)间接原因:①该起事故中,当事人在合闸操作后到主控室监控屏确认刀闸的分合指示时,二次信号系统传输出现异常,现场刀闸状态与主控室监控屏显示不符,导致运行人员误判断。
②检修现场没有安排人员实施现场安全监督,现场人员安全护具佩戴不合规。
③检修工作组织协调存在漏洞。
④安全教育不到位,员工安全意识淡薄。值班人员对高压带电作业危险认识不足,两名当事人在倒闸送电过程强行打开开关柜柜门,进入开关柜观察处理问题,共同违章。

2. 重大事故隐患治理方案的主要内容:①治理的目标和任务;②采取的方法和措施;③经费和物资的落实;④负责治理的机构和人员;⑤治理的时限和要求;⑥安全措施和应急预案。

3. (1)《变电站倒闸操作规程》属于设备设施安全管理制度。
(2)设备设施安全管理制度还包括:①"三同时"制度;②定期巡视检查制度;③定期维护检修制度;④定期检测、检验制度。

4. 应急演练的主要内容:①预警与报告;②指挥与协调;③应急通信;④事故监测;⑤警戒与管制;⑥疏散与安置;⑦医疗卫生;⑧现场处置;⑨社会沟通;⑩后期处置;⑪其他。

案例 20

1. (1)直接原因:导热油泄漏进入 7 号沥青池,高温导热油和沥青在密闭的沥青池内混合,挥发的气体组分与沥青池上部空间空气形成爆炸性混合气体,现场作业人员使用手持式切割机切透盖板产生火花,遇到沥青池上部气相空间爆炸性混合气体引起爆炸,引发沥青池内导热油、沥青燃烧并形成火灾。
(2)间接原因:
①安全生产规章制度和操作规程不健全。
②对燃气导热油炉(特种设备)没有按照要求每年进行检验检测,设备设施维护保养不到位。
③未严格落实全员安全教育培训,成型车间 3 名锅炉工仅 1 人持有锅炉工操作人员证书。
④现场人员在处理导热油泄漏时,未辨识维修过程中可能存在的危险有害因素,未制订安全可靠的维修方案和现场处置方案,没有严格执行动火作业管理制度,现场管理人员违章指挥,操作人员违章动火作业。

2. 安全现状评价的工作步骤:①前期准备;②辨识与分析危险、有害因素;③划分评价单元;④定性、定量评价;⑤提出安全对策措施建议;⑥作出安全评价结论;⑦编制安全评价报告。

3. 产生的火花遇到沥青池上部气相空间爆炸性混合气体引起爆炸属于其他爆炸。

4. 沥青燃烧引起的火灾属于 B 类火灾。B 类火灾指液体或可熔化固体物质火灾。

5. 防范生产安全事故的建议:
①建立完善"横向到边、纵向到底"的安全生产责任体系,切实把安全生产责任落实到生产经营的每个环节、每个岗位和每名员工。真正做到安全责任到位、安全投入到位、安全培训到位、安全管理到位、应急救援到位。
②落实全员安全生产教育培训,并强化对重点岗位、重点人员和特种作业人员的教育培训,确保员工熟练掌握安全生产规章制度和岗位操作规程,要严格执行特种作业人员持证上岗制度。
③对类似工艺的沥青池进行安全技术升级改造,采用更为安全可靠的加热方式,要按照要求每年对导热油炉和导热油进行检验检测,要定期对沥青池内部导热油管道进行维护保养,确保设施设备运行安全。
④切实强化对动火作业的安全管理,制定完善的动火作业安全操作规程和管理制度。严格动火作业危险有害因素辨识分析、层级上报、审查审批、人员防护、现场监护、应急处置等内容的落实,严禁无关人员进入动火作业现场。
⑤强化应急管理,编制并完善应急预案,定期进行实战应急演练,对动火作业等特殊作业要制定切实有效的现场处置方案,确保作业安全。
⑥做好企业安全风险分级管控和隐患排查治理双重预防体系建设,将风险分级管控和隐患排查治理工作"落地"。

案例 21

1. 该次作业过程中涉及的危险有害因素有:物体打击;高处坠落;坍塌;触电;车辆伤害;机械伤害;起重伤害;其他伤害。

2. 物料提升机的操作要求:
①开机运行前必须检查确认本机各零部件及其功能是否齐全、完整。
②物料在吊篮内均匀分布,不得超出吊篮。散料应装箱或装笼,严禁超载使用。

③严禁人员攀登、穿越提升机架体和乘吊篮上下。
④设指挥人员,信号不清不得开机,作业中任何人发出紧急停车信号,应立即执行。
⑤发生特殊情况断电后,重新恢复作业前,确认提升机动作正常后方可继续使用。
⑥发现安全装置、通信装置失灵时,应立即停机修复,作业中不得随意使用极限限位装置。
⑦使用中经常检查钢丝绳、滑轮工作情况,发现磨损严重,及时更换。
⑧处于工作状态时,不得进行保养、维修,排除故障应在停机后进行。

3. 注册安全工程师在工作中应履行的义务:
①保证执业活动的质量,承担相应的责任。
②接受继续教育,不断提高执业水准。
③在本人执业活动所形成的有关报告上署名。
④维护国家、公众的利益和受聘单位的合法权益。
⑤保守执业活动中的秘密。
⑥不得出租、出借、涂改、变造执业证和执业印章。
⑦不得同时在两个或者两个以上单位受聘执业。
⑧法律、法规规定的其他义务。

4. 事故调查报告的主要内容包括:
①事故发生单位概况。
②事故发生经过和事故救援情况。
③事故造成的人员伤亡和直接经济损失。
④事故发生的原因和事故性质。
⑤事故责任的认定以及对事故责任者的处理建议。
⑥事故防范和整改措施。

案例 22

1. 特种设备有:①起重机械 31 台;②叉车 8 辆;③压力容器 11 台;④压力管道 1 单元;⑤电梯 3 部。

2. 叉车的高压胶管应通过下列试验检测:①耐压试验;②长度变化试验;③爆破试验;④脉冲试验;⑤泄漏试验。

3. 叉车安全技术档案的主要内容:
①叉车的设计文件、产品质量合格证明、安装及使用维护保养说明、监督检验证明等相关技术资料和文件。
②叉车的定期检验和定期自行检查记录。
③叉车的日常使用状况记录。
④叉车及其附属仪器仪表的维护保养记录。
⑤叉车的运行故障和事故记录。

4. 对达到设计使用年限仍可继续使用的叉车,使用单位应当加强安全管理,并采取以下措施,确保其使用安全:
①增加维护保养的频次和项目。
②缩短检验和检测的周期。
③增加检验和检测的项目。

5. 该厂存在的危险及有害因素:
①人的因素:叉车司机李某情绪异常,未看清行人;谢某在出行过程中,疏于观察周围情况。
②物的因素:厂区路口、车间门口、转弯处等危险地段未设置反光镜、安全警示标志和限速措施。
③环境因素:车间未设置良好的照明设施,造成照度不足。
④管理因素:未配备持证特种设备安全管理员,安全教育培训制度不完善,事故应急预案存在缺陷,现场安全管理不到位。

案例 23

1. (1)直接原因:
①魏某违反有关制度规定,无视酯化罐人孔处喷涂的"受限空间,审批进入"警示标志,在未经审批,没有采取通风、检测措施,没有采取有效防护措施的情况下,进入甲醇浓度较高的有限空间。
②葛某违反有关制度规定,盲目施救。
(2)间接原因:
①该药业有限公司安全生产责任制落实不到位。
②车间安全管理不严,操作人员违反安全管理制度、违章作业的行为未得到有效制止。
③员工的安全教育培训未落实。
④安全生产投入不到位。
⑤应急救援器材配备与现场危险有害因素不相适应。

2. 有限空间安全作业的具体内容:
①严格实行有限空间作业审批制度,严禁无关人员和无作业准备人员擅自进入有限空间作业。
②严格做到"先通风、再检测、后作业",严禁通风、检测不合格作业。
③作业人员必须配备个人防中毒窒息等防护装备,作业现场设置完整准确的安全警示标志,务必保证作业人员在充分的防护监护措施中进行作业。
④在进行作业前,务必对作业人员进行全面系统的有限空间作业安全教育培训,未合格通过该教育培训的人员不得安排其上岗作业。
⑤严格制订完善有效的应急措施,作业现场应配备具有针对性的应急装备。
⑥出现事故时,严禁盲目施救。

3. 车间级安全教育培训的重点内容:
①本岗位工作及作业环境范围内的安全风险辨识、评价和控制措施。
②典型事故案例。
③岗位安全职责、操作技能及强制性标准。
④自救互救、急救方法。
⑤疏散和现场紧急情况的处理。
⑥安全设施、个人防护用品的使用和维护。

4. 企业防范此类事故的措施与对策:
①建立健全安全生产责任制,将责任制落实到车间,落实到岗位,全面提升管理人员的责任意识和从业人员的安全意识。
②加强对员工的安全教育和安全技能培训,从落实规章制度和操作规程入手,培养作业人员良好的工作作风,自觉养成遵章守纪的良好习惯。
③全面开展隐患排查治理,重点对有限空间作业进行检查,查制度落实,查设备完好的情况,查人员操作的技能,查防护用具的匹配,及时消除安全隐患,切实防止安全生产事故的发生。
④加强作业现场可视化管理,做好警示醒目、设置规范、岗位风险辨识的工作。
⑤建立和完善应急救援预案,配置相应的应急救援器材,及时进行实战演练,不断提高全员的应急处置能力。

案例 24

1. (1)直接原因:电焊工张某违章操作,在乙醇储罐顶上进行电焊(动火)作业,引起罐内含有乙醇的爆炸性混合气体发生闪爆。
(2)间接原因:
①回收溶剂中转罐区自动化控制系统安装未制订安全专项施工方案。
②自动化控制设备安装未聘请有资质单位施工。
③危险场所动火等特殊作业未严格执行《化学品生产单位特殊作业安全规范》要求办理动火及登高等特殊作业审批手续,之前已办理有安全作业证审批不规范。
④动火作业风险辨识及安全措施不到位。
⑤涉及动火作业的乙醇储罐未采取清空、置换、通风、检测、注水等安全措施。

2. 《安全现状评价报告》的主要内容有:①目的;②评价依据;③概况;④危险、有害因素的辨识与分析;⑤评价单元的划分;⑥评价方法;⑦安全对策措施建议;⑧评价结论。

3. 动火作业分为二级动火、一级动火、特级动火三个级别。
二级动火作业:办理的动火证有效期的最长时限为72h;审批部门为动火点所在车间。
一级动火作业:办理的动火证有效期的最长时限为8h;审批部门为安全管理部门。
特级动火作业:办理的动火证有效期的最长时限为8h;审批部门为主管厂长或总工程师。

4. (1)重大危险源是 1 号库房、2 号库房。
(2)理由:根据案例背景的描述,综合仓库分为 1、2、3 号库房,各库房均独立设置。说明 1、2、3 号库房均可划分为独立的储存单元。
再根据临界量(甲醇的临界量为 500t,乙醇的临界量为 500t,丙酮的临界量为 500t,液氨的临界量为 10t,环氧乙烷的临界量为 10t),判断如下:
1 号库房:$q/Q=550/500=1.1>1$,是重大危险源。
2 号库房:$q_1/Q_1+q_2/Q_2=300/500+200/500=1$,是重大危险源。
3 号库房:$q_1/Q_1+q_2/Q_2=8/10+1/10=0.9<1$,不是重大危险源。

案例 25

1. (1)直接原因包括:气缸超压;"O"形石棉密封垫从螺栓松动部位开裂;液氨泄漏;人员盲目施救。
(2)间接原因包括:①压缩机部件未及时检修维护,作业人员制冷操作严重失误;②2 台冷却器液位均处于满液位状态,冷却器超压,严重违反了相关的操作规程;③安全投入不足,安全防护用品不足。

2. 车间级培训内容:
①工作环境及危险因素。
②所从事工种可能遭受的职业伤害和伤亡事故。
③所从事工种的安全职责、操作技能及强制性标准。
④自救互救、急救方法、疏散和现场紧急情况的处理。
⑤安全设备设施、个人防护用品的使用和维护。
⑥本车间(工段、区、队)安全生产状况及规章制度。
⑦预防事故和职业危害的措施及应注意的安全事项。
⑧有关事故案例。
⑨其他需要培训的内容。

3. 企业应采取的应急处置措施:
①救援者现场准备。救护人员在救护之前应做好自身呼吸系统、皮肤的防护。
②切断毒性危险化学品来源。将中毒者移至空气新鲜、通风良好的地方,迅速启动通风排毒设施或打开门窗。

③迅速脱去被毒性危险化学品污染的衣服、鞋袜、手套等,并用大量的清水或解毒液彻底清洗被毒性危险化学品污染的皮肤。
④让中毒者呼吸氧气。
⑤及时拨打"110""120"电话并及时送往医院救治。
4. 应当认定为工伤的情况:
①在工作时间和工作场所内,因工作原因受到事故伤害的。
②工作时间前后在工作场所内,从事与工作有关的预备性或者收尾性工作受到事故伤害的。
③在工作时间和工作场所内,因履行工作职责受到暴力等意外伤害的。
④患职业病的。
⑤因工外出期间,由于工作原因受到伤害或者发生事故下落不明的。
⑥在上下班途中,受到非本人主要责任的交通事故或者城市轨道交通、客运轮渡、火车事故伤害的。
⑦法律、行政法规规定应当认定为工伤的其他情形。

案例 26

1. 气瓶的附件:
①气瓶安全附件,包括气瓶阀门(含组合阀件、简称瓶阀)、安全泄压装置、紧急切断和充装限位装置等。
②气瓶保护附件,包括固定式瓶帽、保护罩、底座、防震圈等。
③安全仪表,包括压力表,液位计等。
2. 李某对本单位安全生产工作负有的职责:
①建立健全并落实本单位全员安全生产责任制,加强安全生产标准化建设。
②组织制订并实施本单位安全生产规章制度和操作规程。
③组织制订并实施本单位安全生产教育和培训计划。
④保证本单位安全生产投入的有效实施。
⑤组织建立并落实安全风险分级管控和隐患排查治理双重预防工作机制,督促、检查本单位的安全生产工作,及时消除生产安全事故隐患。
⑥组织制订并实施本单位的生产安全事故应急救援预案。
⑦及时、如实报告生产安全事故。
3. 装卸搬运气瓶的管理要求:
(1)建立相应的安全管理、应急预案制度,对气瓶的押运人员、驾驶人员、装卸人员都应进行相关的气

体知识教育。
(2)在搬运前应了解气体名称、性质和安全搬运注意事项,要备齐工器具和防护用品。
(3)搬运前检查气瓶的气体产品合格证、警示标志是否与充装气体及气瓶标志的介质名称一致,要佩戴瓶帽、防震圈。
(4)搬运气瓶要注意:①气瓶轻装、轻卸。②严禁抛、滑、滚、碰。③严禁拖拽、随地平滚、顺坡横或竖滑下或用脚踢;严禁肩扛、背驮、怀抱、臂挟、托举等;当人工将气瓶向高处举放或气瓶从高处落地时必须二人同时操作。
(5)严禁用叉车、翻斗车或铲车搬运气瓶。
4. 事故调查组的职责:
①查明事故发生的经过、原因、人员伤亡情况及直接经济损失。
②认定事故的性质和事故责任。
③提出对事故责任者的处理建议。
④总结事故教训,提出防范和整改措施。
⑤提交事故调查报告。

案例 27

1. 安全生产费用使用范围:
①完善、改造、维护安全防护设施设备支出(不含"三同时"要求初期投入的安全设施)。
②配备、维护、保养应急救援器材、设备支出和应急演练支出。
③开展重大危险源和事故隐患评估、监控和整改支出。
④安全生产检查、评价(不包括新建、改建、扩建项目安全评价)、咨询和标准化建设支出。
⑤安全生产宣传、教育、培训支出。
⑥配备和更新现场作业人员安全防护用品支出。
⑦安全生产适用的新技术、新标准、新工艺、新装备的推广应用。
⑧安全设施及特种设备检测检验支出。
⑨其他与安全生产直接相关的支出。
2. 事故报告内容:
①事故单位概况。
②事故发生的时间、地点以及事故现场情况。
③事故的简要经过。
④事故已经造成或者可能造成的伤亡人数(包括下落不明的人数)和初步估计的直接经济损失。
⑤已经采取的措施。
⑥其他应当报告的情况。
3. 安全生产规章制度制订流程:①起草;②会签或公

开征求意见;③审核;④签发;⑤发布;⑥培训;⑦反馈;⑧持续改进。
4. 机械制造企业以上年度实际营业收入为计提依据,采取超额累退方式按照以下标准平均逐月提取:
①营业收入不超过1000万元的,按照2%提取。
②营业收入超过1000万元至1亿元的部分,按照1%提取。
③营业收入超过1亿元至10亿元的部分,按照0.2%提取。
④营业收入超过10亿元至50亿元的部分,按照0.1%提取。
⑤营业收入超过50亿元的部分,按照0.05%提取。
故:2019年度安全生产费用 = 1000×2% + 9000×1% + 90000×0.2% + 20000×0.1% = 310(万元)。

案例28

1. (1)直接原因:吴某在未按操作规程关闭冲压机电源、无第二人现场监护的情况下违规打开安全防护门作业。
(2)间接原因:
①公司安全管理不到位,102车间冲压机作业现场未设置安全警示标志、未设置岗位操作规程。
②公司安全教育培训不到位,从业员工尚未真正掌握本岗位工作所必需的安全生产知识和技能,工人作业过程中麻痹大意,自我防护意识不强。
③公司负责人、安全管理负责人和有关部门负责人没有尽到安全监管责任,隐患排查不到位。对作业人员打开安全防护门作业未切断电源、未有第二人现场监护作业的行为监督排查不到位,没有及时发现并纠正。

2. (1)冲压机安全保护控制装置包括双手操作式、光电感应保护装置等。
(2)双手操作式安全保护控制装置要求:
①双手操作的原则。
②重新启动的原则。
③最小安全距离的原则。
④操纵器的装配要求。
⑤对需多人协同配合操作的压力机,应为每位操作者都配置双手操纵装置,并且只有全部操作者协同操作双手操纵装置时,滑块才能启动运行。
(3)光电感应保护装置应满足以下功能:①保护范围;②自保功能;③回程不保护功能;④自检功能;⑤装置响应时间不得超过20ms;⑥抗干扰性。

3. 事故防范和整改措施:
①A公司应加大对事故隐患排查力度,及时发现并消除在安全管理、设备设施等方面的隐患。
②A公司应结合实际,及时修订安全生产责任制度、规章制度和操作规程。
③在事发冲压机安全防护门醒目位置应设置安全警示标志,冲压机岗位操作规程。
④A公司应加强对公司员工的安全教育培训力度,使职工增强安全意识,操作中禁止麻痹大意、违规作业。
⑤强化各部位的日常检查并做好相应的检查记录,强化作业现场的安全管理。
⑥A公司应根据保障安全需要,102车间冲压机安全防护门钥匙应指定专人保管,并制定使用钥匙的相关规定。

4. 安全生产主体责任包括:
①设备设施(或物资)保障责任。具备安全生产条件,依法为从业人员提供劳动防护用品等。
②资金投入责任。按规定提取和使用安全生产费用。
③机构设置和人员配备责任。依法设置安全生产管理机构,配备专职安管人员。
④规章制度制定责任。建立、健全安全生产责任制和各项规章制度、操作规程、应急救援预案并督促落实。
⑤安全教育培训责任。开展安全生产宣传教育,从业人员持证上岗。
⑥安全生产管理责任。安全风险管控及隐患排查治理。
⑦事故报告和应急救援责任。按规定报告生产安全事故,及时开展事故救援。
⑧法律法规、规章规定的其他安全生产责任。

案例29

1. 叉车使用安全技术:
①叉装物件时,被装物件质量应在该机允许荷载范围内。
②叉装时,物件应靠近起落架,其重心应在起落架中间,确认无误,方可提升。
③物件提升离地后,应将起落架后仰,方可行驶。
④两辆叉车同时装卸一辆货车时,应有专人指挥联系,保证安全作业。
⑤不得单叉作业和使用货叉顶货或拉货。
⑥以内燃机为动力的叉车,进入仓库作业时,应有良好的通风设施。严禁在易燃、易爆的仓库内作业。
⑦严禁货叉上载人。

2. 叉车月检项目:
   ①安全装置、制动器、离合器等有无异常,可靠性和精度。
   ②重要零部件(如吊具、货叉、制动器、铲、斗及辅具等)的状态。
   ③电气、液压系统及其部件的泄漏情况及工作性能。
   ④动力系统和控制器。
3. 企业安全文化建设基本要素及内容:
   ①安全承诺。企业应建立包括安全价值观、安全愿景、安全使命和安全目标等在内的安全承诺。
   ②行为规范与程序。建立清晰界定的组织结构和安全职责体系。
   ③安全行为激励。企业应建立员工安全绩效评估系统,建立将安全绩效与工作业绩相结合的奖励制度。
   ④安全信息传播与沟通。企业应建立安全信息传播系统,优化安全信息的传播内容。
   ⑤自主学习与改进。企业应建立有效的安全学习模式,建立正式的岗位适任资格评估和培训系统。
   ⑥安全事务参与。全体员工都应认识到自己负有对自身和同事安全做出贡献的重要责任。
   ⑦审核与评估。企业应对自身安全文化建设情况进行定期的全面审核。
4. 企业安全文化建设的操作步骤:
   (1)建立机构。
   (2)制定规划:①对本单位的安全生产观念、状态进行初始评估;②对本单位的安全文化理念进行定格设计;③制订出科学的时间表及推进计划。
   (3)培训骨干。
   (4)宣传教育。
   (5)努力实践。

案例 30

1. (1)液氨泄漏的应急处置措施:
   ①该液氨输送管道立即停止输送液氨。
   ②向消防部门、环保部门、公安部门、应急管理部门报警。
   ③疏散影响区域附近所有人员,向上风向转移,防止吸入接触。
   ④按照应急预案,组织机构到位,成立现场应急指挥小组。
   ⑤处置人员佩戴好防化服和空气呼吸器,用防爆工具等进行堵漏处理。
   (2)注意事项:
   ①处置过程中,杜绝一切明火。
   ②现场处置人员,穿防静电工作服。
   ③使用不产生火花的防爆工具或设备设施。
   ④修复完毕后,清理现场残留液氨。

2. 综合安全管理制度的内容:①安全生产管理目标、指标和总体原则;②安全生产责任制;③安全管理定期例行工作制度;④承包与发包工程安全管理制度;⑤安全设施和费用管理制度;⑥重大危险源管理制度;⑦危险物品使用管理制度;⑧消防安全管理制度;⑨安全风险分级和隐患排查治理双重预防工作制度;⑩交通安全管理制度;⑪防灾减灾管理制度;⑫事故调查报告处理制度;⑬应急管理制度;⑭安全奖惩制度。

3. 构建双重预防机制的主要内容:
   ①全面开展安全风险辨识。
   ②科学评定安全风险等级。
   ③有效管控安全风险。
   ④实施安全风险公告警示。
   ⑤建立完善的隐患排查治理体系。

4. 该工厂注册安全工程师参与并签署意见的安全工作有:
   ①制订安全生产规章制度、安全技术操作规程和作业规程。
   ②排查事故隐患,制定整改方案和安全措施。
   ③制订从业人员安全培训计划。
   ④选用和发放劳动防护用品。
   ⑤生产安全事故调查。
   ⑥制订重大危险源检测、评估、监控措施和应急救援预案。
   ⑦其他安全生产工作事项。

案例 31

1. 特种设备安全技术档案内容:
   ①特种设备的设计文件、产品质量合格证明、安装及使用维护保养说明、监督检验证明等相关技术资料和文件。
   ②特种设备的定期检验和定期自行检查记录。
   ③特种设备的日常使用状况记录。
   ④特种设备及其附属仪器仪表的维护保养记录。
   ⑤特种设备的运行故障和事故记录。

2. 该施工现场存在的危险有害因素:机械伤害;车辆伤害;起重伤害;触电;火灾;容器爆炸;其他伤害;高处坠落;坍塌。

3. 气瓶安全操作要求:
   ①气瓶在使用前必须逐个检查。

②气瓶在使用和贮存过程中,应放置平稳。
③乙炔瓶和氧气瓶应分室存放,室内要配置灭火器。
④搬运气瓶要旋紧瓶帽,轻装轻卸,用推车运送,严禁肩扛、拖拉、抛、滑或其他易碰撞摔跌的搬运办法。
⑤开启气瓶要用手或专用工具缓慢操作,严禁用锤子、凿子打开阀门,避免损坏阀门造成事故。
⑥瓶阀冻结时,严禁明火烘烤,应使用热水解冻。
⑦气瓶不得靠近热源和电气设备。
⑧夏天,要防止气瓶直接暴露在阳光下。
⑨气瓶使用时应直立放置,防止倾倒,严禁卧放。
⑩瓶内气体严禁用尽,必须留有余压。

4. A公司应采取的安全措施:
①彻底排查事故隐患,对存在的事故隐患要进行整改。
②结合企业实际,全面落实安全生产责任制,建立健全完善各项规章制度并严格执行,细化操作规程,严防违章作业、违章指挥、违反劳动纪律的现象发生。
③宣传工业气体安全使用知识,包括安全储存、搬运、使用及相关作业要求。
④配置安全作业工器装备,配发员工劳动防护用品,配备应急救援灭火器材等。
⑤有关人员应加强上岗培训和安全教育。
⑥动火作业时,严格按照有关规范要求,点火源与易燃易爆物品保持必要的安全距离。
⑦作业现场配备必要的消防器材。

案例 32

1. A烟花厂对B公司的安全管理要求:
①工程开工前生产经营单位应对承包方负责人、工程技术人员进行全面的安全技术交底,并应有完整的记录。
②在有危险性的生产区域内作业,有可能造成事故的,生产经营单位应要求承包方做好作业安全风险分析,并制订安全措施。
③在承包商队伍进入作业现场前,发包单位要对其进行消防安全、设备设施保护及社会治安方面的教育。
④发包单位、承包商安全监督管理人员,应经常深入现场,检查指导安全施工,要随时对施工安全进行监督,发现有违反安全规章制度的情况,及时纠正,并按规定给予惩处。
⑤承包商施工队伍严重违章作业,导致设备故障等严重影响安全生产的后果,生产经营单位可以要求承包商进行停工整顿,并有权决定终止合同的执行。

2. 建设项目安全设施设计审查资料清单:
①建设项目审批、核准或者备案的文件。
②建设项目安全设施设计审查申请。
③设计单位的设计资质证明文件。
④建设项目安全设施设计。
⑤建设项目安全预评价报告及相关文件资料。
⑥法律、行政法规、规章规定的其他文件资料。

3. (1)事故直接原因:电缆断裂被风吹到炸药上成为其引燃源最终导致爆炸事故。
(2)事故间接原因:
①销毁炸药的非本厂人员,由无资质的劳务公司进行。
②新建项目与炸药销毁处并无足够的安全距离。
③堆放的需要销毁的炸药远远超过安全量。
④违规夜间加班,造成操作人员身体状态下降。
⑤班组长张某安全巡查不到位。
⑥在建项目所用电缆机械强度不足。
⑦有关政府部门监管不力。

4. 电缆敷设的一般规定:
①应避免电缆遭受机械性外力、过热、腐蚀等危害。
②满足安全要求条件下,应保证电缆路径最短。
③应便于敷设、维护。
④宜避开将要挖掘施工的地方。

案例 33

1. 本次事故的直接经济损失包括:
①四名职工每人丧葬费为20万元。
②李某、孔某家属抚恤费用为每人5万元。
③现场抢救及清理现场费用共计3万元。
④罚款10万元。
直接经济损失 = 20×4+2×5+3+10 = 103(万元)。

2. 董某的培训内容包括:
①国家安全生产方针、政策和有关安全生产的法律、法规、规章及标准。
②安全生产管理基本知识、安全生产技术、安全生产专业知识。
③重大危险源管理、重大事故防范、应急管理和救援组织以及事故调查处理的有关规定。
④职业危害及其预防措施。
⑤国内外先进的安全生产管理经验。
⑥典型事故和应急救援案例分析。
⑦其他需要培训的内容。

3. 经案例得知污水池为毒性不明区域,施救人员所从事的是移动性作业,故施救人员可佩戴:①供氧式氧气呼吸器;②供氧式空气呼吸器;③生氧面具。上述三类呼吸器适合于毒性气体浓度高、毒性不明或缺氧的可移动性作业。

4. A公司应采取的管理措施:
①建立健全本单位的安全生产责任制并保障落实。
②加强企业安全生产标准化建设并建立企业特色的安全文化。
③建立健全本单位的规章制度和操作规程,制订本单位的事故应急救援预案。
④设置安全管理机构并配备符合要求的安全管理人员。
⑤加强员工的安全培训和教育,提高员工的安全意识及危险源辨识和风险分析的能力。
⑥加强现场安全管理检查、杜绝违章,加强作业现场隐患整改力度。

案例 34

1. 整改措施包括:
①加强培训,发电厂铲车司机等特种作业人员须取得特种作业人员操作资格证书,才能上岗作业。
②作业人员要正确佩戴和使用防护用品,杜绝未戴安全帽的违章行为。
③需更换或修补皮带引桥内的电缆,避免漏电、短路的发生。
④清除皮带引桥地面的大量煤尘。

2. 进入磨煤机检修应配备的防护设备及用品:
①防爆工具设备。其作用是防止爆炸。
②防静电工作服。其作用是防止产生静电火花。
③防静电鞋。其作用是防止产生静电火花。
④防尘、防毒口罩。其作用是防止吸入尘、毒物质。
⑤安全帽。其作用是防止物体打击。
⑥安全带。其作用是防止高处坠落。
⑦防护手套。其作用是防止手受伤。

3. G发电厂现存材料中的化学品及其类别:
①柴油。类别为易燃液体。
②液氨。类别为有毒品。
③盐酸。类别为腐蚀品。
④氢氧化钠。类别为腐蚀品。
⑤氮气。类别为压缩气体。
⑥氢气。类别为易燃气体、压缩气体。
⑦燃煤。类别为自燃性物品。

4. G发电厂脱硫脱硝系统液氨泄漏时应采取的应急处置措施:
①现场人员立即向值班室上报事故,启动应急预案。
②迅速组织撤离危险区域内人员,并向上风向转移。
③救援人员佩戴呼吸器等防护用品,进入氨气危害区域,关闭泄漏处前段阀门,采取措施堵漏。
④用喷雾水对泄漏区进行稀释,引入事故池,并加强通风。
⑤禁止吸烟、明火和电气设备启动。
⑥设置警戒线和警示说明,安排专人监护。
⑦拨打119、120等电话请求救援。

案例 35

1. A公司及施工现场存在的特种设备有:一台130t/h燃煤锅炉;压力管道;5辆叉车;乙炔气瓶;氧气瓶。

2. 特种设备安全技术档案应包含:
①特种设备的设计文件、制造单位、产品质量合格证明、使用维护说明等文件以及安装技术文件和资料。
②特种设备的定期检验和定期自行检查的记录。
③特种设备的日常使用状况记录。
④特种设备及其安全附件、安全保护装置、测量调控装置及有关附属仪器仪表的日常维护保养记录。
⑤特种设备运行故障和事故记录。
⑥高耗能特种设备的能效测试报告、能耗状况记录以及节能改造技术资料。

3. (1)事故直接原因:冯某违反劳动纪律,在拉拽钢筋过程中接打电话,注意力分散,致使钢筋搭到附近高压线上,直接导致事故发生。

(2)事故间接原因:
①公司厂房建筑项目未批先建,并擅自将建设项目承包给无资质的建筑队施工。
②A公司安全管理职责不落实,安全管理制度不健全,外协施工队伍管理失控。
③建筑队无营业执照,无建筑施工资质,安排人员进行建筑施工。
④未建立健全建筑施工的安全管理制度和安全操作规程。
⑤未对作业人员进行安全教育培训。
⑥现场作业中,未充分考虑危险因素和进行风险辨识。

(3)事故性质:这是一起因违法建设、安全防护不到位、工人违反劳动纪律造成的生产安全责任事故。

4. 班组级培训内容为:岗位安全操作规程;岗位之间工作衔接配合的安全与职业卫生事项;有关事故案例;其他需要培训的内容。

5. A公司对施工队现场安全管理要求：
①工程开工前生产经营单位应对承包方负责人、工程技术人员进行全面的安全技术交底，并应有完整的记录。
②在有危险性的生产区域内作业，有可能造成事故的，生产经营单位应要求承包方做好作业安全风险分析，并制定安全措施。
③在承包商队伍进入作业现场前，发包单位要对其进行消防安全、设备设施保护及社会治安方面的教育。
④发包单位、承包商安全监督管理人员，应经常深入现场，检查指导安全施工，要随时对施工安全进行监督，发现有违反安全规章制度的情况，及时纠正，并按规定给予惩处。
⑤承包商施工队伍严重违章作业，导致设备故障等严重影响安全生产的后果，生产经营单位可以要求承包商进行停工整顿，并有权决定终止合同的执行。

案例36

1. 本次事故共造成9人死亡，21人重伤，根据《生产安全事故报告和调查处理条例》，本次事故属于较大事故。较大事故由事故发生地设区的市级人民政府负责调查。事故调查组由有关人民政府、应急管理部门、负有安全生产监督管理职责的有关部门、监察机关、公安机关以及工会派人组成，并应当邀请人民检察院派人参加。事故调查组可以聘请有关专家参与调查。

2. 事故调查组应履行的职责：
①查明事故发生的经过、原因、人员伤亡情况及直接经济损失。
②认定事故的性质和事故责任。
③提出对事故责任者的处理建议。
④总结事故教训，提出防范和整改措施。
⑤提交事故调查报告。

3. 李某的安全生产职责：
①建立健全并落实本单位全员安全生产责任制，加强安全生产标准化建设。
②组织制订并实施本单位安全生产规章制度和操作规程。
③组织制订并实施本单位安全生产教育和培训计划。
④保证本单位安全生产投入的有效实施。
⑤组织建立并落实安全风险分级管控和隐患排查治理双重预防工作机制，督促、检查本单位的安全生产工作，及时消除生产安全事故隐患。
⑥组织制订并实施本单位的生产安全事故应急救援预案。
⑦及时、如实报告生产安全事故。

4. 该工厂存在的安全隐患：
①在车间未停车的状态下进行扩建作业。
②物料（标砖）堆垛阻碍了安全出口。
③在产生火花的地点堆放易燃易爆品。
④安全管理人员没有相应资质。

5. 砂轮机操作要求：
①在任何情况下都不允许超过砂轮的最高工作速度，安装砂轮前应核对砂轮主轴的转速，在更换新砂轮时应进行必要的验算。
②应使用砂轮的圆周表面进行磨削作业，不宜使用侧面进行磨削。
③无论是正常磨削作业、空转试验还是修整砂轮，操作者都应站在砂轮的斜前方位置，不得站在砂轮正面。
④禁止多人共用一台砂轮机同时操作。
⑤砂轮机的除尘装置应定期检查和维修，及时清除通风装置管道里的粉尘，保持有效的通风除尘能力。
⑥发生砂轮破坏事故后，必须检查砂轮防护罩是否有损伤，砂轮卡盘有无变形或不平衡，检查砂轮主轴端部螺纹和紧固螺母，合格后方可使用。

案例37

1. 生产经营单位的安全生产管理机构的安全生产职责：
①组织或者参与拟订本单位安全生产规章制度、操作规程和生产安全事故应急救援预案。
②组织或者参与本单位安全生产教育和培训，如实记录安全生产教育和培训情况。
③组织开展危险源辨识和评估，督促落实本单位重大危险源的安全管理措施。
④组织或者参与本单位应急救援演练。
⑤检查本单位的安全生产状况，及时排查生产安全事故隐患，提出改进安全生产管理的建议。
⑥制止和纠正违章指挥、强令冒险作业、违反操作规程的行为。
⑦督促落实本单位安全生产整改措施。

2. （1）粉尘爆炸的条件：
①粉尘本身具有可燃性。
②粉尘悬浮在空气（或助燃气体）中并达到一定浓度。

③有足以引起粉尘爆炸的起始能量。
(2)粉尘爆炸的特点：
①粉尘爆炸速度或爆炸压力上升速度比爆炸气体小,但燃烧时间长,产生的能量大,破坏程度大。
②爆炸感应期较长。
③有产生二次爆炸的可能性。
④粉尘有不完全燃烧现象。

3. 本次事故属于重大事故。根据《生产安全事故报告和调查处理条例》,事故一般分级如下表所示。背景资料中:"职工急性中毒25人,重伤65人,轻伤112人,死亡28人,直接经济损失880万元"属于重大事故。

比较项目	特别重大事故	重大事故	较大事故	一般事故
死亡 x/人	$x \geq 30$	$10 \leq x < 30$	$3 \leq x < 10$	$x < 3$
重伤 y/人（包括急性工业中毒）	$y \geq 100$	$50 \leq y < 100$	$10 \leq y < 50$	$y < 10$
直接经济损失 z/万元	$z \geq 10000$	$5000 \leq z < 10000$	$1000 \leq z < 5000$	$z < 1000$

4. 为预防此类事故再次发生,A 公司应采取的技术措施有：
①建筑结构。生产场所不得设置在危房和违章建筑内,应当有两个以上直通室外的安全出口,疏散门向外开启,通道确保畅通。
②通风除尘。安装相对独立的通风除尘系统,并设置有接地装置。回收的粉尘应储存在独立干燥的场所,除尘器采用防爆除尘器,并配套相应的防爆风机,通风管道上应设置泄爆片。
③有效清洁。每天对生产场所进行清理,应当采用不产生火花、静电、扬尘等方法清理,禁止使用压缩空气进行吹扫。及时对除尘系统收集的粉尘进行清理,使作业场所积累的粉尘量降至最低。
④禁火措施。生产场所严禁各类明火,需在生产场所进行动火作业时,必须停止生产作业,并采取相应的防护措施。
⑤电气电路。生产场所电气线路应当采用镀锌钢管套管保护,在车间外安装空气开关和漏电保护器,设备、电源开关及相关的电气元件应当采用防爆防静电措施。

截分金题卷一

一、单项选择题

1. D [解析]选项A错误:爆炸环境中的动力源,应采用全气动或全液压控制操纵机构,或采用"本质安全"电气装置,避免一般电气装置容易出现火花而导致爆炸的危险。属于本质安全设计措施。选项B错误:机械传动机构常见的防护装置有用金属铸造或金属板焊接的防护箱body,一般用于齿轮传动或传输距离不大的传动装置的防护;金属骨架和金属网制成的防护网常用于皮带传动装置的防护;栅栏式防护适用于防护范围比较大的场合,或作为移动机械移动范围内临时作业的现场防护,或高处临边作业的防护等。选项C错误:对于简单机器,一般只需提供有关标志和使用操作说明书;对于结构复杂的机器,特别是有一定危险性的大型设备,除了各种安全标志和使用说明书(或操作手册)外,还应配备有关负载安全的图表、运行状态信号,必要时提供报警装置等。属于使用安全信息。选项D正确:冲压设备的施压部分要安设如挡手板、拨手器联锁电钮、安全开关、光电控制等防护装置。当人体某一部分进入危险区之前,使滑块停止运动。属于安全防护措施。故选D。

2. B [解析]选项A错误:砂轮主轴端部螺纹应满足防松脱的紧固要求,其旋向须与砂轮工作时旋转方向相反,砂轮机应标明砂轮的旋转方向;端部螺纹应足够长,切实保证整个螺母旋入压紧($L > 1$cm);主轴螺纹部分须延伸到紧固螺母的压紧面内,但不得超过砂轮最小厚度内孔长度的$1/2$($h > H/2$)。选项B正确:一般用途的砂轮卡盘直径不得小于砂轮直径的$1/3$,切断用砂轮的卡盘直径不得小于砂轮直径的$1/4$;卡盘结构应均匀平衡,各表面平滑无锐棱,夹紧装配后,与砂轮接触的环形压紧面应平整、不得翘曲;卡盘与砂轮侧面的非接触部分应有不小于1.5mm的足够间隙。选项C错误:砂轮防护罩的总开口角度应不大于$90°$,如果使用砂轮安装轴水平面以下砂轮部分加工时,防护罩开口角度可以增大到$125°$。而在砂轮安装轴水平面的上方,在任何情况下防护罩开口角度都不大于$65°$。选项D错误:砂轮防护罩任何部位不得与砂轮装置各运动部件接触,砂轮卡盘外侧面与砂轮防护罩开口边缘之间的间距一般应不大于15mm。故选B。

3. B [解析]选项A错误:外露的传动装置(齿轮传动、摩擦传动、曲柄传动或皮带传动等)必须有防护罩。防护罩需用铰链安装在锻压设备的不动部件上。选项B正确:锻压机械的启动装置必须能保证对设备进行迅速开关,并保证设备运行和停车状态的连续可靠。选项C错误:电动启动装置的按钮盒,其按钮上需标有"启动""停车"等字样。停车按钮为红色,其位置比启动按钮高10~12mm。选项D错误:启动装置的结构应能防止锻压机械意外地开动或自动开动。较大型的空气锤或蒸汽-空气自由锤一般是用手柄操纵的,应该设置简易的操作室或屏蔽装置。故选B。

4. A [解析]选项A正确:锯片与法兰盘应与锯轴的旋转中心线垂直,防止锯片旋转时的摆动;锯片与法兰盘应与锯轴同心,防止产生不平衡离心力。选项B错误:圆锯片连续断裂2齿或出现裂纹时应停止使用,圆锯片有裂纹不允许修复使用。选项C错误:分料刀的引导边应是楔形的,以便于导入。其圆弧半径不应小于圆锯片半径。选项D错误:应能在锯片平面上作上下和前后方向的调整,分料刀顶部应不低于锯片圆周上的最高点;与锯片最靠近点与锯片的距离不超过3mm,其他各点与锯片的距离不得超过8mm。故选A。

5. B [解析]选项A错误:保护导体分为人工保护导体和自然保护导体。交流电气设备应优先利用建筑物的金属结构、生产用的起重机的轨道、配线的钢管等自然导体作保护导体。在低压系统,允许利用不流经可燃液体或气体的金属管道作保护导体。选项B正确:保护导体干线必须与电源中性点和接地体(工作接地、重复接地)相连。保护导体支线与保护干线相连。为提高可靠性,保护干线应经两条连接线与接地体连接。选项C错误:接地装置应尽量避免敷设在腐蚀性较强的地带。为防止机械损伤和化学腐蚀,接地线与铁路或公路的交叉处及其他可能受到损伤处,均应穿管或用角钢保护。接地线穿过墙壁、楼板、地坪时,应敷设在明孔、管道或其他坚固的保护管中。接地线与建筑物伸缩缝、沉降缝交叉时,应弯成弧状或另加补偿连接件。选项D错误:接地装置地下部分的连接应采用焊接,并应采用搭焊,不得有虚焊。故选B。

6. C [解析]选项A正确:当自然接地体的接地电阻符合要求时,可不敷设人工接地体(发电厂和变电

所除外)。选项B正确:自然接地体至少应有两根导体在不同地点与接地网相连(线路杆塔除外)。选项C错误:非经允许,接地线不得作其他电气回路使用。不得利用蛇皮管、管道保温层的金属外皮或金属网以及电缆的金属护层作接地线。选项D正确:为了减小自然因素对接地电阻的影响,接地体上端离地面深度不应小于0.6m(农田地带不应小于1m),并应在冰冻层以下。接地体宜避开人行道和建筑物出入口附近。接地体的引出导体应引出地面0.3m以上。接地体离独立避雷针接地体之间的地下水平距离不得小于3m;离建筑物墙基之间的地下水平距离不得小于1.5m。故选C。

7. C [解析]选项A正确:①遮栏高度不应小于1.7m,下部边缘离地面高度不应大于0.1m;户内栅栏高度不应小于1.2m;户外栅栏高度不应小于1.5m;②对于低压设备,遮栏与裸导体的距离不应小于0.8m,栏条间距离不应大于0.2m;网眼遮栏与裸导体之间的距离不宜小于0.15m。选项B正确:架空线路应避免跨越建筑物,架空线路不应跨越可燃材料屋顶的建筑物。架空线路必须跨越建筑物时,应与有关部门协商并取得该部门的同意。架空线路应与有爆炸危险的厂房和有火灾危险的厂房保持必需的防火间距。选项C错误:见下表。

导线与建筑物的最小距离			
线路电压/kV	≤1	10	35
垂直距离/m	2.5	3.0	4.0
水平距离/m	1.0	1.5	3.0

选项D正确:架空线路导线与绿化区或公园树木的距离不得小于3m。故选C。

8. B [解析]选项B正确:1)应装设不切断电源的报警式漏电保护装置:①公共场所的通道照明电源和应急照明电源;②消防用电梯及确保公共场所安全的电气设备;③用于消防设备的电源(如火灾报警装置、消防水泵、消防通道照明等);④用于防盗报警的电源;⑤其他不允许突然停电的场所或电气装置的电源。2)可以不安装漏电保护装置:①使用特低电压供电的电气设备;②一般环境条件下使用的具有双重绝缘或加强绝缘结构的电气设备;③使用隔离变压器且二次侧为不接地系统供电的电气设备;④其他没有漏电危险和触电危险的电气设备。⑤壁挂式空调电源插座。故选B。

9. D [解析]选项A错误:当可燃物质比空气重时,

电气线路宜在较高处敷设或直接埋地;架空敷设时宜采用电缆桥架;电缆沟敷设时,沟内应充砂,并宜设置排水措施。电气线路宜在有爆炸危险的建、构筑物的墙外敷设。在爆炸粉尘环境,电缆应沿粉尘不易堆积并且易于粉尘清除的位置敷设。选项B错误:钢管配线可采用无护套的绝缘单芯或多芯导线。选项C错误:在爆炸性气体环境内钢管配线的电气线路必须做好隔离密封。选项D正确:爆炸危险环境应优先采用铜线。在有剧烈振动处应选用多股铜芯软线或多股铜芯电缆。爆炸危险环境不宜采用油浸纸绝缘电缆。故选D。

10. B [解析]选项A错误:工艺过程中产生的静电可能引起爆炸和火灾,也可能给人以电击,还可能妨碍生产。选项B正确:带静电的人体接近接地导体或其他导体时,以及接地的人体接近带电的物体时,均可能发生火花放电,导致爆炸或火灾。静电能量虽然不大,但因其电压很高而容易发生放电。如果所在场所有易燃物质,又有由易燃物质形成的爆炸性混合物,包括爆炸性气体和蒸气,以及爆炸性粉尘等,即可能由静电火花引起爆炸或火灾。选项C错误:静电电击是静电放电造成的瞬间冲击性的电击。由于生产工艺过程中积累的静电能量不大,静电电击不会使人致命。但是,不能排除由静电电击导致严重后果的可能性。例如,人体可能因静电电击而坠落或摔倒,造成二次事故。静电电击还可能引起工作人员紧张而妨碍工作等。选项D错误:生产过程中产生的静电,可能妨碍生产或降低产品质量。例如,在电子技术领域,生产过程中产生的静电可能引起计算机等设备中电子元件误动作,可能对无线电设备产生干扰,还可能击穿集成电路的绝缘等。故选B。

11. D [解析]选项D正确:吊运气瓶应做到:①将散装瓶装入集装箱内,固定好气瓶,用机械起重设备吊运;②不得使用电磁起重机吊运气瓶;③不得使用金属链绳捆绑后吊运气瓶;④不得吊气瓶瓶帽吊运气瓶。严禁用叉车、翻斗车或铲车搬运气瓶。故选D。

12. C [解析]选项A错误:司机在正常操作过程中,不得利用极限位置限制器停车;不得利用打反车进行制动;不得在起重作业过程中进行检查和维修;不得带载调整起升、变幅机构的制动器,或带载增大作业幅度;吊物不得从人头顶上通过,吊物和起重臂下不得站人。选项B错误:工作中突然断电时,应将所有控制器置零,关闭总电源。重新工作前,应先检查起重机工作是否正常,确认安全后方可正常操作。选项C正确:用两台或多台起重机吊运同一重物时,每台起重机都不得超载。吊运过程应保持钢丝绳垂直,保持运行同步。吊运时,有关负责人员和安全技术人员应在场指导。选项D错误:摘钩卸载。吊物运输到位前,应选好安置位置,卸载不要挤压电气线路和其他管线,不要阻塞通道;针对不同吊物种类应采取不同措施加以支撑、垫稳、归类摆放,不得混码、互相挤压、悬空摆放,防止吊物滚落、侧倒、塌垛;摘钩时应等所有吊索完全松弛再进行,确认所有绳索从钩上卸下再起钩,不允许抖绳摘索,更不允许利用起重机抽索。故选C。

13. B [解析]选项A错误:由于无缝气瓶瓶体上不宜开孔,高压无缝气瓶容积较小,安全泄放量也小,不需要太大的泄放面积,因此用于永久气体气瓶的爆破片一般装配在气瓶阀门上。选项B正确:盛装易燃气体的气瓶瓶阀的手轮,选用阻燃材料制造。选项C错误:瓶阀出气口的连接型式和尺寸,设计成能够防止气体错装、错用的结构,盛装助燃和不可燃气体瓶阀的出气口螺纹为右旋,可燃气体瓶阀的出气口螺纹为左旋。选项D错误:爆破片-易熔塞复合装置由爆破片与易熔塞串联组装而成。易熔合金塞装设在爆破片排放一侧。这种复合装置兼有爆破片与易熔塞的优越性,尤其是密封性能更佳,因为它具有双重密封机构。由于结构较为复杂,爆破片-易熔塞复合装置一般是用于对密封性能要求特别严格的气瓶。如盛装三氟化硼、氯化氢、硅烷、氟乙烯、溴化氢等气体的气瓶。至于盛装其他气体的气瓶,如果在经济上或安全上有特殊密封性要求的,也可以装设这种复合装置,如汽车用天然气钢瓶。故选B。

14. B [解析]选项A错误:交流电气设备应优先利用建筑物的金属结构、生产用的起重机的轨道、配线的钢管等自然导体作保护导体。选项B正确:人工保护导体可以采用多芯电缆的芯线、与相线同一护套内的绝缘线、固定敷设的绝缘线或裸导体等。选项C错误:为提高可靠性,保护干线应经两条连接线与接地体连接。为了保持保护导体导电的连续性,所有保护导体,包括有保护作用的PEN线上均不得安装单极开关和熔断器;选项D错误:保护导体应有防机械损伤和化学腐蚀的措施,保护导体的接头应便于检查和测试(封装的除外);可拆开的接头必须是用工具才能拆开的接头;各设备的保护(支线)不得串联连接,即不得利用设备的外露导电部分作为保护导体的一部分。故选B。

15. C [解析]选项A错误:发现锅炉缺水时,应首先判断是轻微缺水还是严重缺水,然后酌情采取不同的处理方法。选项B错误:发现锅炉满水后,应冲洗水位表,检查水位表有无故障;一旦确认满水,应立即关闭给水阀停止向锅炉上水,启用省煤器再循环管路,减弱燃烧,开启排污阀及过热器、蒸汽管道上的疏水阀,待水位恢复正常后,关闭排污阀及各疏水阀;查清事故原因并予以消除,恢复正常运行。如果满水时出现水击,则在恢复正常水位后,还须检查蒸汽管道、附件、支架等,确定无异常情况,才可恢复正常运行。选项C正确、选项D错误:发现汽水共腾时,应减弱燃烧力度,降低负荷,关小主汽阀,加强蒸汽管道和过热器的疏水,全开连续排污阀,并打开定期排污阀放水,同时上水,以改善锅水品质;待水质改善、水位清晰时,可逐渐恢复正常运行。故选C。

16. D [解析]选项A错误:从防止产生过大热应力出发,上水温度最高不超过90℃,水温与筒壁温差不超过50℃。对水管锅炉,全部上水时间在夏季不小于1h,在冬季不小于2h,冷炉上水至最低安全水位时应停止上水,以防止受热膨胀后水位过高。选项B错误:并汽也叫并炉、并列,即新投入运行锅炉向共用的蒸汽母管供汽。并汽前应减弱燃烧,打开蒸汽管道上的所有疏水阀,充分疏水以防水击;冲洗水位表,并使水位维持在正常水位线以下;使锅炉的蒸汽压力稍低于蒸汽母管内气压,缓慢打开主汽阀及隔绝阀,使新启动锅炉与蒸汽母管连通。选项C错误:对省煤器的保护措施是:对钢管省煤器,在省煤器与锅筒间连接再循环管,在点火升压期间,将再循环管上的阀门打开,使省煤器中的水经锅筒、再循环管(不受热)重回省煤器,进行循环流动。但在上水时应将再循环管上的阀门关闭。选项D正确:为使水位保持正常,锅炉在低负荷运行时,水位应稍高于正常水位,以防负荷增加时水位降得过低;锅炉在高负荷运行时,水位应稍低于正常水位,以免负荷降低时水位升得过高。故选D。

17. C [解析]选项A错误:叉装物件时,被装物件重量应在该机允许荷载范围内。当物件重量不明时,应将该物件叉起离地100mm后检查机械的稳定性,确认无超载现象后,方可运送。选项B错

误:物件提升离地后,应将起落架后仰,方可行驶。选项C正确:不得单叉作业和使用货叉顶货或拉货。选项D错误:以内燃机为动力的叉车,进入仓库作业时,应有良好的通风设施。严禁在易燃、易爆的仓库内作业。故选C。

18. C [解析]选项A错误:杠杆式安全阀的加载机构对振动敏感,常因振动产生泄漏。弹簧式安全阀对振动的敏感性小,可用于移动式的压力容器。选项B错误:如果压力容器的介质不洁净、易于结晶或聚合,用爆破片作为泄压装置。对于工作介质为剧毒气体或可燃气体(蒸气)里含有剧毒气体的压力容器,其泄压装置应采用爆破片而不宜用安全阀。选项C正确:爆破片的另一个作用是,如果压力容器的介质不洁净、易于结晶或聚合,这些杂质或结晶体有可能堵塞安全阀,使得阀门不能按规定的压力开启,失去了安全阀泄压作用,在此情况下就只得用爆破片作为泄压装置。此外,对于工作介质为剧毒气体或可燃气体(蒸气)里含有剧毒气体的压力容器,其泄压装置应采用爆破片而不宜用安全阀,以免污染环境。因为对于安全阀来说,微量的泄漏是难免的。选项D错误:凡有重大爆炸危险性的设备、容器及管道,都应安装爆破片(如气体氧化塔等)。泄爆设施适用于有爆炸危险的厂房或厂房内有爆炸危险的部位。故选C。

19. C [解析]选项A正确:安全阀的作用是为了防止设备和容器内压力过高而爆炸,包括防止物理性爆炸(如锅炉、蒸馏塔等的爆炸)和化学性爆炸(如乙炔发生器的乙炔受压分解爆炸等)。安全阀在泄出气体或蒸汽时,产生动力声响,还可起到报警的作用。选项B正确:安全阀按其结构和作用原理可分为杠杆式、弹簧式和脉冲式等。按气体排放方式分为全封闭式、半封闭式和敞开式三种。选项C错误:对于工作介质为剧毒气体或可燃气体(蒸气)里含有剧毒气体的压力容器,其泄压装置应采用爆破片而不宜采用安全阀,以免污染环境。因为对于安全阀来说,微量的泄漏是难免的。选项D正确:安全阀用于泄放可燃液体时,宜将排泄管接入事故储槽、污油罐或其他容器;用于泄放高温油气或易燃、可燃气体等遇空气可能立即着火的物质时,宜接入密闭系统的放空塔或事故储槽。故选C。

20. C [解析]选项A正确:感光探测器适用于监视

有易燃物质区域的火灾发生,如仓库、燃料库、变电所、计算机房等场所,特别适用于没有阴燃阶段的燃料火灾(如醇类、汽油、煤气等易燃液体、气体火灾)的早期检测报警。选项 B 正确:选用线型光束感烟探测器时应注意,无遮挡的大空间或有特殊要求的房间,宜选红外光束感烟探测器;有大量粉尘或水雾滞留、可能产生蒸气和油雾、在正常情况下有烟滞留、探测器固定的建筑结构由于振动等会产生较大位移的场所,不宜选择红外光束感烟探测器。选项 C 错误:紫外火焰探测器适用于有机化合物燃烧的场合,如油井、输油站、飞机库、可燃气罐、液化气罐、易燃易爆品仓库等,特别适用于火灾初期不产生烟雾的场所(如生产储存酒精、石油等场所)。有机化合物燃烧时,辐射出波长约为 250 nm 的紫外光。火焰温度越高,火焰强度越大,紫外光辐射强度也越高。选项 D 正确:对于经常有风速 0.5m/s 以上气流存在、可燃气体无法滞留的场所,或经常有热气、水滴、油烟的场所,或环境温度经常超过 40℃的场所,不宜安装可燃气体探测器。有铅离子(Pb+)存在的场所,或有硫化氢气体存在的场所,不能使用可燃气体探测器,否则会出现气敏元件中毒而失效。在有酸、碱等腐蚀性气体存在的场所,也不宜使用可燃气体探测器。故选 C。

二、案例分析题

案例(1)

1. C [解析]选项 C 正确。

   (1)直接经济损失的统计范围:

   ①人身伤亡后所支出的费用,包括医疗费用(含护理费用)、丧葬及抚恤费用、补助及救济费用、歇工工资。

   ②善后处理费用,包括处理事故的事务性费用、现场抢救费用、清理现场费用、事故罚款和赔偿费用。

   ③财产损失价值,包括固定资产损失价值、流动资产损失价值。

   (2)间接经济损失的统计范围:

   ①停产、减产损失价值。

   ②工作损失价值。

   ③资源损失价值。

   ④处理环境污染的费用。

   ⑤补充新职工的培训费用。

   ⑥其他损失费用。综上所述,本题选择 C。

2. B [解析]选项 B 正确:使用电焊机作业时,电焊机与动火点的间距不应超过 10m,不能满足要求时应将电焊机作为动火点进行管理。故选 B。

3. CE [解析]见下表。

一级要素(8个)	二级要素(28个)	一级要素(8个)	二级要素(28个)
1. 目标职责	1.1 目标	4. 现场管理	4.3 职业健康
	1.2 机构和职责		4.4 警示标志
	1.3 全员参与	5. 安全风险管控及隐患排查治理	5.1 安全风险管理
	1.4 安全生产投入		5.2 重大危险源辨识与管理
	1.5 安全文化建设		5.3 隐患排查治理
	1.6 安全生产信息化建设		5.4 预测预警
2. 制度化管理	2.1 法规标准识别	6. 应急管理	6.1 应急管理
	2.2 规章制度		6.2 应急处置
	2.3 操作规程		6.3 应急评估
	2.4 文档管理	7. 事故管理	7.1 报告
3. 教育培训	3.1 教育培训管理		7.2 调查和处理
	3.2 人员教育培训		7.3 管理
4. 现场管理	4.1 设备设施管理	8. 持续改进	8.1 绩效评定
	4.2 作业安全		8.2 绩效改进

4. BDE　[解析] 选项 B 正确、选项 D 正确、选项 E 正确:特别重大事故由国务院或者国务院授权有关部门组织事故调查组进行调查。重大事故、较大事故、一般事故分别由事故发生地省级人民政府、设区的市级人民政府、县级人民政府负责调查。根据事故的具体情况,事故调查组由有关人民政府、安全生产监督管理部门(应急管理部门)、负有安全生产监督管理职责的有关部门、监察机关、公安机关以及工会派人组成,并应当邀请人民检察院派人参加。事故调查组可以聘请有关专家参与调查。故选 BDE。

5. BCDE　[解析] 特种设备是指对人身和财产安全有较大危险性的锅炉、压力容器(含气瓶)、压力管道、电梯、起重机械、客运索道、大型游乐设施、场(厂)内专用机动车辆。选项 A 错误:交流电焊机是工厂内的一般生产设备,不属于特种设备。选项 B 正确:额定起重量 5t 行车属于特种设备中的起重机械。选项 C 正确:电动叉车属于特种设备中的场(厂)内专用机动车辆。选项 D 正确:货运电梯属于特种设备中的电梯。选项 E 正确:氧气瓶、乙炔气瓶属于特种设备中的压力容器(含气瓶)。故选 BCDE。

案例(2)

1. 气瓶附件包括:①瓶阀;②瓶帽;③保护罩;④安全泄压装置;⑤防震圈;⑥气瓶专用爆破片;⑦安全阀;⑧液位计;⑨紧急切断;⑩充装限位装置。

2. 叉车的使用安全要求:
(1)叉装物件时,严禁超载。
(2)叉装时,物件应靠近起落架,其重心应在起落架中间。
(3)物件提升离地后,应将起落架后仰,方可行驶。
(4)不得单叉作业和使用货叉顶货或拉货。
(5)装载不稳的货物时,应采用安全绳加固。
(6)进入仓库作业时,应有良好的通风设施。
(7)严禁货叉上载人。

3. 气瓶的装卸运输要求:
(1)熟知气体性质。
(2)配带瓶帽、防振圈。
(3)严禁用叉车、翻斗车或铲车搬运气瓶。
(4)氧气瓶不可与可燃气体气瓶同车。
(5)运输气瓶的车上严禁烟火。
(6)夏季运气瓶要防晒。

(7)严禁用自卸汽车、挂车或长途客运汽车运送气瓶。

4. 整改措施:
(1)加强安全教育培训,考核合格,持证上岗。
(2)建立健全安全生产责任制。
(3)落实安全生产规章制度和操作规程。
(4)加强安全生产检查,落实整改措施。
(5)保证安全投入的有效实施。
(6)正确佩戴与使用劳动防护用品。
(7)完善应急预案,配备应急设备,加强应急演练。

案例(3)

1. E 企业 2022 年度千人重伤率和百万工时死亡率为:
E 企业 2022 年度的千人重伤率 = $(2 \div 1500) \times 1000 = 1.33$。
E 企业 2022 年度的百万工时死亡率 = $1 \div (1500 \times 8 \times 250) \times 10^6 = 0.33$。

2. 油罐区应设置的安全标志及其所属类别:
(1)禁止标志:禁止吸烟、禁止烟火、禁止穿化纤服装。
(2)警告标志:当心火灾、当心爆炸。
(3)指令标志:必须戴安全帽、必须穿静电防护服。
(4)提示标志:紧急出口、应急电话等。

3. 动火作业现场存在的主要危险有害因素有:
(1)火灾。
(2)容器爆炸。
(3)触电。
(4)物体打击。
(5)高处坠落。
(6)其他爆炸。
(7)机械伤害。
(8)其他伤害。

4. 防止事故发生应采取的安全技术措施:
(1)放空污油罐内剩余油料。
(2)油罐内用氮气等惰性气体吹扫置换。
(3)检测油罐内氧气浓度及可燃气体浓度。
(4)佩戴安全带、焊接手套、焊接护目镜等劳动防护用品。
(5)加装漏电保护装置,设备接地。
(6)配备消防灭火器材。

案例(4)

1. 事故的间接原因:

(1)作业人员安全培训不到位,缺乏安全意识和操作技能。
(2)未严格落实安全生产规章制度、操作规程。
(3)未进行风险辨识,未采取安全防护措施进入受限空间作业。
(4)相关人员未履行安全生产管理职责。
(5)未认真督促检查本单位安全生产工作,及时消除生产安全事故隐患。
(6)作业过程中未督促作业人员按要求使用防爆工器具。
(7)未给从业人员提供符合标准的劳动防护用品,并监督、教育从业人员正确佩戴和使用。
(8)相关安全监督人员未及时到作业现场发现并制止违章作业。

2. (1)气体检测指标包括氧气浓度、有毒有害气体浓度和易燃易爆物质浓度。
(2)人员进入饱充罐内进行除垢作业的安全措施:
1)办理作业审批手续。
2)必须做到先通风、再检测、后作业。
3)清点作业人员及工器具。
4)必须对作业人员进行安全培训,培训合格后方可作业。
5)正确佩戴与使用劳动防护用品或设备。
6)保持出入口畅通,设置明显的警示标志标识。
7)设置监护人员,监护人员不得离开作业现场。
8)制定应急措施,配备应急装备。

3. 现场增设有限空间作业安全告知牌的主要内容:
(1)主要危险有害因素。
(2)后果。
(3)事故预防及应急措施。
(4)报告电话。

4. U公司对T公司在T0503石脑油罐清罐作业中进行安全管理的主要内容:
(1)签订安全管理协议。
(2)审查资质,查验特种作业人员和安全管理人员资格。
(3)进行作业现场安全交底和教育培训。
(4)审查安全作业规程、施工方案和应急预案。
(5)对作业进行全过程监督。
(6)定期对安全业绩进行评价。
(7)安全监督管理人员应经常深入现场检查指导。

5. T公司对有限空间作业人员进行安全教育培训的主要内容:
(1)工作环境及危险因素。
(2)岗位作业安全操作规程。
(3)岗位安全职责和操作技能。
(4)自救互救、急救方法和现场紧急情况的处理。
(5)个人防护用品的使用和维护。
(6)安全生产状况及规章制度。
(7)预防事故的措施。
(8)应注意的安全事项。
(9)有关事故案例。

截分金题卷二

一、单项选择题

1. D [解析]选项D正确:本质安全技术是指通过改变机器设计或工作特性,来消除危险或减小与危险相关的风险的保护措施。①合理的结构型式;②限制机械应力以保证足够的抗破坏能力;③使用本质安全的工艺过程和动力源;④控制系统的安全设计;⑤材料和物质的安全性;⑥机械的可靠性设计;⑦遵循安全人机工程学的原则。故选D。

2. C [解析]选项A正确:污染较小的造型、制芯工段应位于全年最小频率风向的下风侧;砂处理、清理等工段宜用轻质材料或实体墙等设施与其他部分隔开;大型铸造车间的砂处理、清理工段可布置在单独的厂房内;造型、落砂、清砂、打磨、切割、焊补等工序宜固定作业工位或场地,以方便采取防尘措施。选项B正确:浇注作业一般包括烘包、浇注和冷却三个工序;浇注前检查浇包是否符合要求;升降机构、倾转机构、自锁机构及抬架是否完好、灵活、可靠;浇包盛铁水不得太满,不得超过容积的80%,以免洒出伤人;浇注时,所有与金属溶液接触的工具,如扒渣器、火钳等均需预热,防止与冷工具接触产生飞溅。选项C错误:铸造车间应安排在高温车间、动力车间的建筑群内,建在厂区其他不释放有害物质的生产建筑的下风侧。选项D正确:铸造车间除设计有局部通风装置外,还应利用天窗排风或设置屋顶通风器。熔化、浇注区和落砂、清理区应设避风天窗。有桥式起重设备的边跨,宜在适当高度位置设置能启闭的窗扇。故选C。

3. C [解析]选项A错误:照明条件与作业疲劳有一

定的联系,适当的照明条件能提高工人的近视力和远视力。因为在亮光下,瞳孔缩小,视网膜上成像更为清晰,视物清楚;当照明不良时,因反复努力辨认,易使视觉发生疲劳,工作难以持久。选项 B 错误:不良照明条件可能导致不良后果;照明不良的另一极端情况是对象目标与背景亮度的对比过大,或者物体周围背景发出刺目耀眼的光线,这被称为眩光。眩光条件下,人们会因瞳孔缩小而影响视网膜的视物,导致视物模糊。选项 C 正确:色彩对人体其他系统的机能和生理过程也有一定的影响。例如,红色色调会使人的各种器官机能兴奋和不稳定,有促使血压升高及脉搏加快的作用;而蓝色、绿色等色调则会抑制各种器官的兴奋并使机能稳定,可起到一定的降低血压及减缓脉搏的作用。选项 D 错误:对引起眼睛疲劳而言,蓝、紫色最甚,红、橙色次之,黄绿、绿、绿蓝等色调不易引起视觉疲劳且认读速度快、准确度高。故选 C。

4. C [解析] 选项 A 错误:肌肉疲劳是指过度紧张的肌肉局部出现酸痛现象,一般只涉及大脑皮层的局部区域;精神疲劳则与中枢神经活动有关,是一种弥散的、不愿再做任何活动的懒惰感觉,意味着肌体迫切需要得到休息。选项 B 错误:作业者因素包括作业者的熟练程度、操作技巧、身体素质及对工作的适应性,营养、年龄、休息、生活条件以及劳动情绪等。选项 C 正确、选项 D 错误:大多数影响因素都会带来生理疲劳,但是肌体疲劳与主观疲劳感未必同时发生,有时肌体尚未进入疲劳状态,却出现了心理疲劳;如劳动效果不佳、劳动内容单调、劳动环境缺乏安全感、劳动技能不熟练等原因会诱发心理疲劳。故选 C。

5. B [解析] 选项 B 正确:TN 系统分为 TN-S、TN-C-S、TN-C 三种方式。TN-S 系统是保护零线与中性线完全分开的系统;TN-C-S 系统是干线部分的前一段保护零线与中性线共用,后一段保护零线与中性线分开的系统;TN-C 系统是干线部分保护零线与中性线完全共用的系统。在 TN 系统中,中性线用 N 表示,专用的保护线用 PE 表示,共用的保护线与中性线用 PEN 表示。TN-S 系统可用于有爆炸危险、火灾危险性较大,安全要求较高的场所,宜用于有独立附设变电站的车间。TN-C-S 系统宜用于厂内设有总变电站、厂内低压配电的场所及非生产性楼房。TN-C 系统可用于无爆炸危险、火灾危险性不大、用电设备较少、用电线路简单且安全条件较好的场所。故选 B。

6. D [解析] 选项 A 错误:具有依靠安全电压供电的设备属于Ⅲ类设备。选项 B 错误:对于电动儿童玩具及类似电器,当接触时间超过 1s 时,推荐干燥环境中工频安全电压有效值的限值取 33V,直流安全电压的限值取 70V;潮湿环境中工频安全电压有效值的限值取 16V,直流安全电压的限值取 35V。选项 C 错误、选项 D 正确:凡特别危险环境使用的手持电动工具应采用 42V 安全电压的Ⅲ类工具;凡有电击危险环境使用的手持照明灯和局部照明灯应采用 36V 或 24V 安全电压;金属容器内、隧道内、水井内以及周围有大面积接地导体等工作地点狭窄、行动不便的环境应采用 12V 安全电压;6V 安全电压用于特殊场所。故选 D。

7. C [解析] 选项 A 错误:为了减小自然因素对接地电阻的影响,接地体上端离地面深度不应小于 0.6m(农田地带不应小于 1m),并应在冰冻层以下;接地体宜避开人行道和建筑物出入口附近;接地体的引出导体应引出地面 0.3m 以上;接地体离独立避雷针接地体之间的地下水平距离不得小于 3m;离建筑物墙基之间的地下水平距离不得小于 1.5m。选项 B 错误:为防止机械损伤和化学腐蚀,接地线与铁路或公路的交叉处及其他可能受到损伤处,均应穿管或用角钢保护;接地线穿过墙壁、楼板、地坪时,应敷设在明孔、管道或其他坚固的保护管中;接地线与建筑物伸缩缝、沉降缝交叉时,应弯成弧状或另加补偿连接件;选项 C 正确:接地装置地下部分的连接应采用焊接,并应采用搭焊,不得有虚焊。选项 D 错误:接地线与管道的连接可采用螺纹连接或抱箍螺纹连接,但必须采用镀锌件,以防止锈蚀;在有振动的地方,应采取防松动措施。故选 C。

8. A [解析] 选项 A 正确:电气线路宜在爆炸危险性较小的环境或远离释放源的地方敷设;当可燃物质比空气重时,电气线路宜在较高处敷设或直接埋地;架空敷设时宜采用电缆桥架;电缆沟敷设时,沟内应充砂,并宜设置排水措施;电气线路宜在有爆炸危险的建、构筑物的墙外敷设;在爆炸粉尘环境,电缆应沿粉尘不易堆积并且易于粉尘清除的位置敷设。选项 B 错误:钢管配线可采用无护套的绝缘单芯或多芯导线。选项 C 错误:爆炸危险环境不宜采用油浸纸绝缘电缆。对于爆炸危险环境中的移动式电气设备,1区和21区应采用重型电缆,2区和22区应采用中型电缆。选项D错误:爆炸危险环境应优先采用铜线。在有剧烈振动处应选用多股铜芯软线或多股铜芯电缆。故选A。

9. C [解析]选项A错误:工艺控制是从材料的选用、摩擦速度或流速的限制、静电松弛过程的增强、附加静电的消除等方面采取措施,限制和避免静电的产生和积累。选项B错误:接地的主要作用是消除导体上的静电;金属导体应直接接地。选项C正确:为防止大量带电,相对湿度应在50%以上;为了提高降低静电的效果,相对湿度应提高到65%～70%;对于吸湿性很强的聚合材料,为了保证降低静电的效果,相对湿度应提高到80%～90%;应当注意,增湿的方法不宜用于消除高温绝缘体上的静电。选项D错误:静电消除器主要用来消除非导体上的静电;尽管不一定能把带电体上的静电完全消除掉,但可消除至安全范围以内。故选C。

10. A [解析]选项A正确:发生汽水共腾时,水位表内也出现泡沫,水位急剧波动,汽水界线难以分清;过热蒸汽温度急剧下降;严重时,蒸汽管道内发生水冲击;汽水共腾与满水一样,会使蒸汽带水,降低蒸汽品质,造成过热器结垢及水击振动,损坏过热器或影响用汽设备的安全运行。选项B错误、选项C错误、选项D错误:发现汽水共腾时,应减弱燃烧力度,降低负荷,关小主汽阀;加强蒸汽管道和过热器的疏水;全开连续排污阀,并打开定期排污阀放水,同时上水,以改善锅水品质;待水质改善、水位清晰时,可逐渐恢复正常运行。故选A。

11. C [解析]选项A正确:应当遵循先入库先发出的原则。应设立明显的警示标志,如禁止烟火、当心爆炸等。选项B正确:气瓶瓶库屋顶应为轻型结构,应有足够的泄压面积,透明的玻璃上应涂白漆,应有通风换气装置,地面平坦且不打滑,瓶库内不得有地沟、暗道,严禁明火和其他热源;冬季集中供暖库房设计温度为10℃,严禁采用煤炉、电热器取暖。可燃、有毒、窒息性库房应有自动报警装置。选项C错误:气瓶入库应按照气体的性质、公称工作压力及空实瓶分类存放,应有明确的标志。可燃气体的气瓶不可与氧化性气体气瓶同库储存,氢气不准与笑气(N_2O,氧化剂)、氨、氯乙烷、乙炔等同库。选项D正确:库房应

设有相应的灭火器材,库房周围严禁存放易燃易爆物品,库房内应设有适当的通道。故选C。

12. B [解析]选项A错误:司机在正常操作过程中,不得利用极限位置限制器停车;不得利用打反车进行制动;不得在起重作业过程中进行检查和维修;不得带荷载调整起升、变幅机构的制动器,或带荷载增大作业幅度;吊物不得从人头顶上通过,吊物和起重臂下不得站人。选项B正确:工作中突然断电时,应将所有控制器置零,关闭总电源。重新工作前,应先检查起重机工作是否正常,确认安全后方可正常操作。选项C错误:吊载接近或达到额定值,或起吊危险器(液态金属、有害物、易燃易爆物)时,吊运前认真检查制动器,并用小高度、短行程试吊,确认没有问题后再吊运。选项D错误:开机作业前,应确认处于安全状态方可开机,所有控制器是否置于零位;起重机上和作业区内是否有无关人员,作业人员是否撤离到安全区内;起重机运行范围内是否有未清除的障碍物;起重机与其他设备或固定建筑物的最小距离是否在0.5m以上;电源断路装置是否加锁或有警示标牌;流动式起重机是否按要求平整好场地,支脚是否牢固可靠。故选B。

13. A [解析]选项A正确:瓶阀出气口的连接型式和尺寸,设计成能够防止气体错装、错用的结构,盛装助燃和不可燃气体瓶阀的出气口螺纹为右旋,可燃气体瓶阀的出气口螺纹为左旋。选项B错误:气瓶保护罩或者固定式瓶帽应当具有良好的抗撞击性,不得用铸铁制造。选项C错误:其中用于溶解乙炔的易熔塞合金装置,其公称动作温度为100℃;公称动作温度为70℃的易熔塞合金装置用于除溶解乙炔气瓶外的公称工作压力小于或等于3.45MPa的气瓶;公称动作温度为102.5℃的易熔塞合金装置用于公称工作压力大于3.45MPa且不大于30MPa的气瓶;车用压缩天然气气瓶的易熔塞合金装置的动作温度为110℃。选项D错误:防振圈是指套在气瓶外面的弹性物质,是气瓶防振圈的简称。防振圈的主要功能是防止气瓶受到直接冲撞。同时套装在气瓶外面的防振圈也有利于保护气瓶外表面漆色、字体和色环等识别标记。另外防振圈还可以减少气瓶瓶身的磨损,延长气瓶使用寿命。故选A。

14. C [解析]选项A错误:叉装物件时,被装物件重

量应在该机允许荷载范围内;当物件重量不明时,应将该物件叉离地100mm后检查机械的稳定性,确认无超载现象后,方可运送。选项B错误:物件提升离地后,应将起落架后仰,方可行驶。选项C正确:不得单叉作业和使用货叉顶货或拉货。选项D错误:两辆叉车同时装卸一辆货车时,应有专人指挥联系,保证安全作业。故选C。

15. C [解析] 选项A错误:工业阻火器分为机械阻火器、液封和料封阻火器;工业阻火器常用于阻止爆炸初期火焰的蔓延;一些具有复合结构的机械阻火器也可阻止爆轰火焰的传播。选项B错误:工业阻火器在工业生产过程中时刻都在起作用,对流体介质的阻力较大,工业阻火器对于纯气体介质才是有效的。选项C正确:主动式、被动式隔爆装置是靠装置某一元件的动作来阻隔火焰,这与工业阻火器靠本身的物理特性来阻火是不同的。选项D错误:只是在爆炸发生时才起作用,因此它们在不动作时对流体介质的阻力很小,有些隔爆装置甚至不会产生任何压力损失。对气体中含有杂质(如粉尘、易凝物等)的输送管道,应当选用主动式、被动式隔爆装置为宜。故选C。

16. B [解析] 选项A正确:易燃易爆系统检修动火前,使用惰性气体进行吹扫置换。选项B错误:对爆炸危险度大的可燃气体(如乙炔、氢气等)以及危险设备和系统,在连接处应尽量采用焊接接头,减少法兰连接。选项C正确:采用烟道气时应经过冷却,并除去氧及残余的可燃组分;氮气等惰性气体在使用前应经过气体分析,其中含氧量不得超过2%。选项D正确:使用汽油、丙酮、乙醇等易燃溶剂的生产,可以用四氯化碳、三氯乙烷或丁醇、氯苯等不燃溶剂或危险性较低的溶剂代替;又如四氯化碳用于代替溶解脂肪、沥青、橡胶等所用的易燃溶剂;但这类不燃溶剂具有毒性,在发生火灾时能分解释放出光气,因此应采取相应的安全措施。故选B。

17. C [解析] 选项A错误:加热易燃物料时,不得采用电炉、火炉、煤炉等直接加热。选项B错误:明火加热设备的布置,应远离可能泄漏易燃气体或蒸气的工艺设备和储罐区,并应布置在其上风向或侧风向;对于飞溅火花的加热装置,应布置在上述设备的侧风向。选项C正确:在输送、盛装易燃物料动火时,应对系统和环境进行彻底地清洗或清理;如该系统与其他设备连通时,应将相连的管道拆下、断开或加堵金属盲板隔绝,再进行清洗。选项D错误:摩擦和撞击往往是可燃气体、蒸气和粉尘、爆炸物品等着火爆炸的根源之一;在易燃易爆场合,工人应禁止穿钉鞋,不得使用铁器制品,搬运应当用专门的运输工具,禁止在地面上滚动、拖拉或抛掷;设备不能用发生火花的各种金属制造,应当使其在真空中或惰性气体中操作。故选C。

18. C [解析] 选项C正确:清水灭火器适用于扑救可燃固体物质火灾,即A类火灾。不能用水扑灭的火灾主要包括:①密度小于水和不溶于水的易燃液体的火灾,如汽油、煤油、柴油等;苯类、醇类、醛类、酮类、酯类及丙烯腈等大容量储罐,如用水扑救,则水会沉在液体下层,被加热后会引起爆沸,形成可燃液体的飞溅和溢流,使火势扩大;②遇水产生燃烧物的火灾,如金属钾、钠、碳化钙等,不能用水,而应用砂土灭火;③硫酸、盐酸和硝酸引发的火灾,不能用水流冲击;④电气火灾未切断电源前不能用水扑救,因为水是良导体,容易造成触电;⑤高温状态下化工设备的火灾不能用水扑救,以防高温设备遇冷水后骤冷,引起形变或爆裂。故选C。

19. B [解析] 选项A正确:一般来说,粉尘粒度越细,分散度越高,可燃气体和氧的含量越大,火源强度、初始温度越高,湿度越低,惰性粉尘及灰分越少,爆炸极限范围越大,粉尘爆炸危险性也就越大。选项B错误:粉尘爆炸压力及压力上升速率(dp/dt)主要受粉尘粒度、初始压力、粉尘爆炸容器、湍流度等因素的影响;粒度对粉尘爆炸压力上升速率的影响比其对粉尘爆炸压力的影响大得多。选项C正确:当粉尘粒度越细,比表面越大,反应速度越快,爆炸上升速率就越大。随着初始压力的增大,对密闭容器的粉尘爆炸压力及压力上升速率也增大,当初始压力低于压力极限时(如数十毫巴),粉尘则不再可能发生爆炸。选项D正确:与可燃气爆炸一样,容器尺寸会对粉尘爆炸压力及压力上升速率有很大的影响。故选B。

20. B [解析] 选项A错误:烟火药各成分混合宜采用转鼓等机械设备,每栋工房定机1台,定员1人;手工混药,每栋工房定员1人。选项B正确、选项C错误、选项D错误:不应使用球磨机混合氯酸盐烟火药等高感度药物;摩擦药的混合,应将氧化剂、还原剂分别用水润湿后方可混合,混合后的烟火药应保持湿度;不应使用干法和机械法混合摩擦药物;每次药物混合后,宜采用竹、木、纸等不易产生静电的材质容器盛装,及时送入下道工序或药物中转库存放,并立即标识;混合药(除黑火药外)应及时用于制作产品或效果件,湿药应即混即用,保持湿度,防止发热;干药在中转库的停滞时间小于或等于24h;采用湿法配制含铝、铝镁合金等活性金属粉末的烟火药时,应及时做好通风散热处理。故选B。

二、案例分析题

案例(1)

1. C [解析] 特别重大事故由国务院或者国务院授权有关部门组织事故调查组进行调查。重大事故由事故发生地省级人民政府负责调查。较大事故由事故发生地设区的市级人民政府负责调查。一般事故由事故发生地县级人民政府负责调查。

2. B [解析] 企业安全生产费用可由企业用于以下范围的支出:①购置购建、更新改造、检测检验、检定校准、运行维护安全防护和紧急避险设施、设备支出[不含按照"建设项目安全设施必须与主体工程同时设计、同时施工、同时投入生产和使用"(以下简称"三同时")规定投入的安全设施、设备];②购置、开发、推广应用、更新升级、运行维护安全生产信息系统、软件、网络安全、技术支出;③配备、更新、维护、保养安全防护用品和应急救援器材、设备支出;④企业应急救援队伍建设(含建设应急救援队伍所需应急救援物资储备、人员培训等方面)、安全生产宣传教育培训、从业人员发现报告事故隐患的奖励支出;⑤安全生产责任保险、承运人责任险等与安全生产直接相关的法定保险支出;⑥安全生产检查检测、评估评价(不含新建、改建、扩建项目安全评价)、评审、咨询、标准化建设、应急预案制修订、应急演练支出;⑦与安全生产直接相关的其他支出。

3. ABD [解析] 事故调查报告应当包括下列内容:①事故发生单位概况;②事故发生经过和事故救援情况;③事故造成的人员伤亡和直接经济损失;④事故发生的原因和事故性质;⑤事故责任的认定以及对事故责任者的处理建议;⑥事故防范和整改措施。

4. ABD [解析] 安全带:防止坠落。安全帽:保护头部。手套:防护手部。

5. BCDE [解析] 戊、丁、丙搭建脚手架,乙用电焊机分别在落灰斗和锅炉底部各焊接4个吊耳。

案例(2)

1. S厂机修车间存在的物理性危险和有害因素:
    (1)非电离辐射。
    (2)电危害。
    (3)噪声。
    (4)振动危害。
    (5)明火。
    (6)高温物质。
    (7)运动物危害。
    (8)有害光照。

2. 机修车间应修复和增设的机械设备安全保护装置:
    (1)联锁装置。
    (2)能动装置。
    (3)保持—运行控制装置。
    (4)双手操纵装置。
    (5)敏感保护装置。
    (6)有源光电保护装置。
    (7)机械抑制装置。
    (8)行程限制装置。

3. S厂机械维修部气瓶间的安全技术要求:
    (1)气瓶瓶库屋顶应为轻型结构,应有足够的泄压面积。
    (2)应有通风换气装置,地面平坦且不打滑。
    (3)瓶库内不得有地沟、暗道,严禁明火和其他热源。
    (4)库房应有自动报警装置。
    (5)气瓶的库房应与其他建筑物保持一定的距离,应为单层建筑,墙壁及屋顶的建筑材料应为防火材料。
    (6)库房应设有相应的灭火器材,库房周围严禁存放易燃易爆物品。
    (7)空、实瓶应分开放置,并有明显标志。
    (8)气瓶放置应整齐,并佩戴瓶帽,立放时,应有防倾倒措施;横放时,头部朝向一方。

4. (1)液氨罐区构成重大危险源。
    (2)液氨储罐泄漏应采取的应急处置措施:
    ①上报事故,启动应急预案。
    ②关闭有关阀门,用喷雾水稀释。

207

③疏散现场及周边受影响人员。
④查找泄漏点,对泄漏点进行处理。
⑤消除危险区域内火源。
⑥加强通风,监测风向及氨气浓度。
⑦应急人员应佩戴好相应的安全防护装备。
⑧现场设置警戒和警示说明。
⑨场外安全区域拨打救援电话。

案例(3)

1. (1)事故等级:较大事故。事故性质:责任事故。
   (2)事故调查组由设区的市级部门人员和专家组成:
   1)人民政府。
   2)应急管理部门。
   3)负有安全生产监督管理职责的有关部门。
   4)监察机关。
   5)公安机关。
   6)工会。
   7)人民检察院。
   8)有关专家。

2. 手喷车间的防爆专项检查应包括的主要内容:
   (1)安全警示标志标识。
   (2)安全规章制度和操作规程。
   (3)安全检查记录。
   (4)防护用品及设备
   (5)消防器材。
   (6)应急处置措施。
   (7)易燃易爆物质浓度监测报警装置。
   (8)设备接地,静电消除设施。
   (9)通风装置。
   (10)防爆电气线路及设备。

3. A公司员工乙的主要职责:
   (1)组织或者参与拟订本单位安全生产规章制度、操作规程和生产安全事故应急救援预案。
   (2)组织或者参与本单位安全生产教育和培训,如实记录安全生产教育和培训情况。
   (3)组织开展危险源辨识和评估,督促落实本单位重大危险源的安全管理措施。
   (4)组织或者参与本单位应急救援演练。
   (5)检查本单位的安全生产状况,及时排查生产安全事故隐患,提出改进安全生产管理的建议。
   (6)制止和纠正违章指挥、强令冒险作业、违反操作规程的行为。
   (7)督促落实本单位安全生产整改措施。

4. 防范生产安全事故的建议:
   (1)拆除厂房四周墙壁窗户铁丝网或螺丝钉,整个厂房设置至少2个安全出口。
   (2)及时清理风机内壁附着黑色燃烧残留物。
   (3)加强安全检查,落实整改措施。
   (4)制定安全生产规章制度和安全操作规程。
   (5)建立、健全安全生产责任制。
   (6)加强员工的消防安全教育培训。
   (7)制订应急预案并进行有针对性的应急演练。

案例(4)

1. 直接原因:(1)内浮顶储罐的浮盘铝合金浮箱组件有内漏积液(苯),在拆除浮箱过程中,浮箱内的苯外泄在储罐底板上且未被及时清理。易燃的苯蒸气与空气混合形成爆炸性混合物,达到爆炸极限浓度。
   (2)罐内作业人员拆除浮箱过程中,使用的非防爆工具及作业过程可能产生的点火能量,遇混合气体发生爆燃。

2. 可能发生的事故类型:
   (1)物体打击。
   (2)机械伤害。
   (3)中毒与窒息。
   (4)触电。
   (5)火灾。
   (6)高处坠落。
   (7)其他爆炸。
   (8)灼烫。
   (9)其他伤害。

3. A公司苯罐囊式内浮船密封的拆除及安装作业应配备的应急物资:①空气呼吸器;②防爆通信;③应急照明;④急救箱;⑤安全绳;⑥防爆通风机;⑦灭火设施;⑧气体检测仪;⑨防护服。

4. (1)除上述作业以外须实施作业许可管理的作业活动:①临近高压输电线路作业;②危险场所动火作业;③临时用电作业;④爆破作业;⑤封道作业。
   (2)A公司苯罐检修方案应包括的主要内容:①作业安全风险分析;②控制措施;③应急处置措施;④安全验收标准。

5. B公司作业前应对作业人员进行安全技术交底的主要内容:①告知作业内容;②作业过程中可能存在的安全风险;③作业安全要求;④应急处置措施。